"十三五"高等职业教育计算机系列规划教材

U0869943

XIANGYINGSHI WANGYE KAIFA SHIZHAN

响应式网页开发实战

主　编　陈莉莉　李玉君
副主编　冉　娜　肖业清　侯竺君

北京邮电大学出版社
www. buptpress. com

内容简介

本书包含 HTML5、jQuery Mobile、Bootstrap 三部分内容，在比较移动 Web 开发和 PC 端 Web 开发异同点的基础上，介绍 HTML5 中针对移动网页开发的新技术、移动网页构架 jQuery Mobile 在移动网页中的典型应用和 Bootstrap 在跨平台 Web 开发中的使用。

本书适合作为高等职业教育响应式网页开发课程的教材，也可供广大网页制作爱好者使用。

图书在版编目（CIP）数据

响应式网页开发实战 / 陈莉莉，李玉君主编. -- 北京：北京邮电大学出版社，2019.8（2022.7 重印）

ISBN 978-7-5635-5843-8

Ⅰ.①响… Ⅱ.①陈… ②李… Ⅲ.①网页制作工具 Ⅳ.①TP393.092.2

中国版本图书馆 CIP 数据核字（2019）第 186135 号

书　　名：响应式网页开发实战
主　　编：陈莉莉　李玉君
责任编辑：边丽新
出版发行：北京邮电大学出版社
社　　址：北京市海淀区西土城路 10 号(邮编：100876)
E-mail：publish@bupt.edu.cn
经　　销：各地新华书店
印　　刷：大厂回族自治县聚鑫印刷有限责任公司
开　　本：787 mm×1 092 mm　1/16
印　　张：16.75 插页 1
字　　数：408 千字
版　　次：2019 年 8 月第 1 版　2022 年 7 月第 2 次印刷

ISBN 978-7-5635-5843-8　　定　价：48.00 元

前 言

网页设计与开发是软件类专业的核心课程。随着移动互联网的发展，网页应用从PC端扩展到各种移动设备，其应用形式包括浏览器访问和移动App嵌入访问。为了适应网页应用的发展变化，在教学中引入兼容不同设备及屏幕大小的响应式网页开发内容，显得尤为必要。本书面向具有一定网页开发基础的读者，介绍跨设备的响应式网页开发技术。

本书由HTML5、jQuery Mobile、Bootstrap三部分组成。HTML5是当前HTML规范的最新版本，是响应式网页开发的基础，该部分主要介绍了HTML5相较于HTML4的新增元素，特别介绍了针对移动网页应用的离线存储和地理定位技术。jQuery Mobile是以jQuery为基础，针对移动平台推出的前端框架，运用该框架能开发兼容运行于各种流行智能手机、平板电脑和桌面系统的网页，同时它又是其他响应式网页框架的基础，该部分主要在jQuery语法基础上介绍了jQuery Mobile响应式布局、样式和一些部件及其事件。Bootstrap是当前流行的响应式网页开发框架，该部分主要介绍了Bootstrap响应式布局、样式和相关组件。各部分相互关联，又保持相对独立，学习者既可依序递进学习各章内容，也可根据自身实际选取其中部分内容进行学习。

全书建议学时安排如下表所示。

内　　容	学时数			
	讲授和演示	讨论和练习	实　训	合　计
第1章　响应式网页开发基础知识	1			1
第2章　HTML5概述	1	1		2
第3章　HTML5新增页面元素和属性	5		5	10
第4章　HTML5离线存储	3	3	3	9
第5章　HTML5地理定位	2	2	2	6
第6章　HTML5综合项目			4	4

续表

内　　容	学时数			
	讲授和演示	讨论和练习	实　训	合　计
第 7 章　jQuery Mobile 概述	1			1
第 8 章　jQuery Mobile 布局	2	2	2	6
第 9 章　jQuery Mobile 样式	2	2	2	6
第 10 章　jQuery Mobile 部件及事件	2	2	2	6
第 11 章　jQuery Mobile 综合项目			4	4
第 12 章　Bootstrap 概述	1			1
第 13 章　Bootstrap 布局	2	2	2	6
第 14 章　Bootstrap 样式	2	2	2	6
第 15 章　Bootstrap 组件	2	2	2	6
第 16 章　Bootstrap 综合项目			6	6
合计	26	18	36	80

本书采用任务驱动的方式组织编写，以任务为载体，以任务实现为目标，介绍相关知识点，开展任务实施指导，安排任务实训内容。具体来说，主体章节由“任务目标—任务描述—任务知识—任务实施—任务实训(—任务拓展)”组成。在实际教学中，前 4 个环节可采用教师讲授和学生讨论练习的方式集体完成任务描述的内容；后 2 个环节主要由学生独立完成，以便检查学生的学习效果，帮助其解决存在的问题，其中，“任务拓展”是对任务实训中必要内容的补充。

本书由陈莉莉、李玉君任主编，冉娜、肖业清和侯竺君任副主编。其中，陈莉莉编写了第 1 章、第 7 章和第 11 章，并负责全书的总体设计和统稿工作；李玉君编写了第 12 章至第 16 章；冉娜编写了第 2 章、第 3 章和第 6 章；肖业清编写了第 8 章至第 10 章；侯竺君编写了第 4 章和第 5 章。

本书的出版受到了希望教育集团和四川托普信息技术职业学院的大力支持，在此表示感谢。

由于编者水平有限，书中难免存在不足之处，敬请广大读者批评指正。如有意见或建议，请发邮件至 chenlili@scetop. com。

编　者

目 录

第 1 章 响应式网页开发基础知识

1.1 响应式网页简介

2010 年 5 月，著名网页设计师 Ethan Marcotte 首次提出了响应式的设计概念，随后响应式迅速席卷前端和设计领域，成为如今网页设计的大趋势。

在响应式网页概念没有被提出时，人们针对不同的浏览设备分别设计相应的网站进行管理，当然那时手机等移动设备还不如现在流行，网页浏览、购物需求主要还是集中在 PC 端。但是，很快大家就发现一个难题：即使是计算机这种设备，屏幕尺寸的型号种类也很多，难道企业要针对各种不同尺寸的屏幕独立设计一个网站吗？当然不是。在传统互联网行业，当大家面对上百种屏幕尺寸时，选取所谓的标准尺寸屏幕，如 17 英寸（1 英寸＝2.54 厘米）、19 英寸、22 英寸大小的屏幕，企业根据标准屏幕大小设计网站。然而，这只能确保部分用户可以得到相对较好的用户体验，另一部分用户就只能手动进行调整，如某团购网站在尺寸为 27 英寸、分辨率为1 280×1 024 的 PC 屏幕上的显示如图 1-1 所示，在尺寸为 14 英寸、分辨率为 1 366×768 的笔记本电脑屏幕上的显示如图 1-2 所示，对比图 1-1 和图 1-2 可以看出，该网站在图 1-2 所在屏幕的水平方向显示不全，只能通过拉动浏览器横向的滚动条查看更多详情，十分不便，用户纷纷反映体验很差。

响应式网页是一种网络页面设计布局，其理念是页面的设计与开发可根据用户行为及设备环境，如系统平台、屏幕尺寸、屏幕定向等进行相应的响应和调整。无论用户正在使用 PC、笔记本电脑、iPad 或其他移动设备，网页都能够自动切换分辨率、图片及相关脚本功能等，以适应不同设备，即网页能自动适应用户的设备环境，如图 1-3 所示。

图 1-1　某团购网站在 PC 屏幕上的显示效果

图 1-2　某团购网站在笔记本电脑屏幕上的显示效果

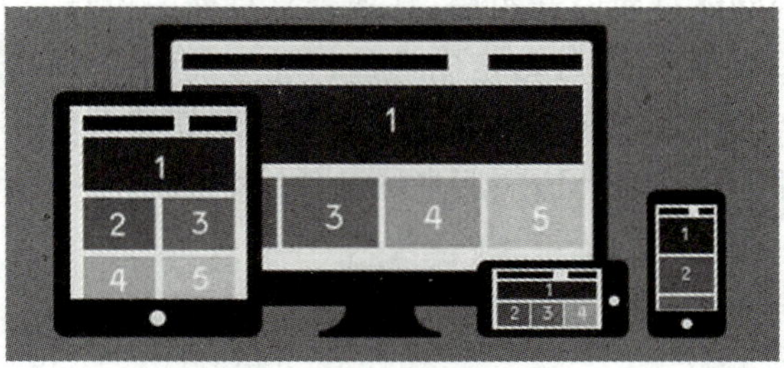

图 1-3　响应式网页理念

1.2 移动互联网的发展

在传统互联网阶段，因为响应式网页技术的适用范围较小，所以它并没有得到重视，但随着移动互联网的发展，Web 开发要求同时满足 PC 客户端和移动客户端的要求，相关的 Web 设计者才开始重视响应式网页设计。

响应式网页是随着移动互联网的发展而发展起来的，可以说，移动互联网是响应式网页开发技术发展的基础。

移动互联网是移动通信和互联网的结合体，用户可以通过手机、平板电脑等移动数据终端接入 Internet，实现信息交互。我国移动互联网的发展可分为如下 4 个阶段。

1. 萌芽阶段（2000—2007 年）

由于移动 2G 网速和手机智能化程度的限制，该时期我国移动互联网的发展处于一个简单的 WAP 应用期。WAP 应用即把 Internet 的 HTML 信息转换成 WML 描述的信息，并显示在手机上。

由于 WAP 只要求手机和 WAP 代理服务器的支持，而不要求现有的移动通信网络协议做任何改动，因而被广泛地应用于 GSM、CDMA、TDMA 等多种网络中。在移动互联网萌芽阶段，利用手机自带的支持 WAP 协议的浏览器访问企业 WAP 门户网站是当时移动互联网发展的主要形式。

2000 年 11 月 10 日，中国移动推出“移动梦网计划”，打造开放、合作、共赢的产业价值链，催生了一大批基于梦网的 SP 服务商，用户通过短信、彩信、手机上网等模式享受移动互联网服务。

2. 成长培育阶段（2008—2011 年）

2009 年 1 月 7 日，中华人民共和国工业和信息化部（以下简称工信部）宣布，批准中国移动、中国电信、中国联通三大电信运营商分别增加 TD-SCDMA、CDMA2000、WCMDA 技术制式的第三代移动通信业务经营许可，我国 3G 网络大规模建设正式铺开，中国移动互联网全面进入 3G 时代。

随着 3G 移动网络的部署和智能手机的出现，移动网速大幅提升初步突破了手机上网带宽瓶颈，安装简单应用软件的移动智能终端让移动上网功能得到大大增强，中国移动互联网掀开新的发展篇章。

在此期间，各大互联网公司都在摸索如何占领移动互联网的至高点，百度、腾讯、奇虎 360 等一些大型互联网公司通过推出手机浏览器的方式来抢占移动互联网市场，新浪、优酷土豆等其他一些互联网公司则是通过与手机制造商合作的方式来争取移动互联网的入口，其在智能手机出厂时，就把企业服务应用（如微博、视频播放器等）预安装在手机中。

3. 高速成长阶段（2012—2013 年）

进入 2012 年之后，由于移动上网需求大增，具有触摸屏功能的智能手机的大量普及和使用、安卓智能操作系统的大规模商业化应用、手机应用程序商店的出现等极大地丰富了手机上网功能，移动互联网应用呈现爆发式增长趋势。

腾讯公司于 2011 年 1 月 21 日推出即时通信微信服务，截至 2013 年 10 月底，腾讯微信的用户数量已经超过 6 亿，每日活跃用户 1 亿。同时，小米推出了米聊，阿里推出了来往，网易推出了易信等即时通信业务，纷纷抢占移动互联网即时通信市场，实现了移动端社交应用的快速拓展，让电信运营商措手不及。

除了利用即时通信抢占移动互联网入口之外，各大互联网公司都在推进自身业务向移动互联网转型。阿里加大了手机淘宝和手机支付宝业务的推广力度，2013 年“双十一”购物节，手机淘宝的支付宝成交额同比增长 560%，单日成交笔数占整体成交数的 21%，同比增长 420%，截至 2013 年底，手机支付宝用户数量超过 1 亿。在此期间，微信支付也快速发展，支付宝和微信展开了移动支付争夺大战。同时，百度加快将搜索等业务向移动端迁移，推出了手机搜索、手机地图等各类手机应用，新浪、网易等传统门户网站加快了在移动端的布局，纷纷加大对手机端新闻 App 应用的推广。

另外，滴滴出行、今日头条等一大批基于移动互联网应用服务创新和商业模式创新的应用大量涌现，改变着人们的生活和出行方式。

4. 全面发展阶段(2014 年至今)

2013 年 12 月 4 日，工信部正式向中国移动、中国电信和中国联通三大运营商发放了 TD-LTE 4G 牌照，中国 4G 网络正式大规模铺开。2015 年 2 月 27 日，工信部又向中国电信和中国联通发放“LTE/第四代数字蜂窝移动通信业务(FDD-LTE)”经营许可。4G 网络建设让中国移动互联网走上了快速发展的轨道。

4G 网速的提高和上网的便捷性，促使移动互联网应用开始全面发展，催生了许多公司利用移动互联网开展业务。在这个阶段，基本上所有的互联网公司都会设立专门的移动终端部门，负责公司产品在移动终端的战略布局和发展，这也加剧了移动互联网的用户争夺战。在此期间，阿里、腾讯等互联网公司围绕移动支付、打车应用、移动电子商务展开了激烈的争夺，京东、苏宁等推广钱包服务，采取了支付补贴的方式来吸引客户。

2019 年 6 月 6 日，工信部正式向中国电信、中国移动、中国联通、中国广电发放 5G 商用牌照。随着 5G 的发展，网速的极大提高将带来更加丰富多彩的移动互联网应用。

1.3 移动网页开发

由于手机等移动设备更方便携带，能让用户随时随地上网查看，如今手机早已超越计算机成为主要用于浏览网页的终端，CNNIC(中国互联网络信息中心)发布的《第 43 次中国互联网络发展状况统计报告》显示，截至 2018 年 12 月，我国手机网民规模达 8.17 亿，网民通过手机接入互联网的比例高达 98.6%。

在移动应用开发中，最初是以原生 App 的开发为主流的，但是，随着 HTML5 技术的不断发展，越来越多的应用开始转向 Web 浏览器端，出现了多种移动 Web 开发方式。当前，针对移动端的开发方式有 3 种，其应用举例如图 1-4 所示。

(1)Web App(移动网页)：在移动 Web 浏览器中运行的 Web 应用，如图 1-4(a)所示的手机搜狐网站，其网址为 http://m. sohu. com。

(2)Native App(原生应用)：用 Android 和 iOS 的原生语言开发的移动应用，如图 1-4(b)所示的医院网上挂号应用是基于 Android 开发的 App。

(3)Hybrid App(混合应用)：将移动网页封装在原生外壳中，以 App 的形式与用户交互。图 1-4(c)所示是在微信的腾讯新闻公众号中打开的新闻页面，该页面的源即为网页。

(a) 手机搜狐网站　　(b) 医院网上挂号应用　　(c) 腾讯新闻公众号

图 1-4 移动应用示例

表 1-1 列出了上述 3 种开发方式的特点和区别。

表 1-1 移动端开发方式比较

比 较 项	开发方式		
	Web App	Native App	Hybrid App
开发成本	低	高	中
维护更新	简单	复杂	简单
商店认可	不认可	认可	认可
安装	不需要	需要	需要
跨平台	优	差	中

从表 1-1 可以看出，Web App 这种开发方式具有开发成本低、维护更新简单、无须安装、跨平台等优点，在实际中得到越来越多的使用。这为响应式网页的开发提供了广阔的发展空间。

1.4 响应式网页设计概述

随着移动产品的日益丰富，出现了各种屏幕尺寸的手机、平板电脑等移动设备，如果针对每一种尺寸的设备都独立开发一个网站，成本会非常高。于是，响应式网页设计应运而生。值得一提的是，响应式网页设计不仅适用于各种移动设备，还可以直接用于 PC 端，响应式网页设计成为移动互联网开发的热点。

1.4.1 设计理念

响应式网页设计是一种针对任意设备都可以对网页内容进行完美布局的显示方式，在设计中要体现以下两点。

1. 一套设计，到处使用

“一套设计，到处使用”是响应式网页设计的核心，即只做一次开发，就可以在各种屏幕上进行友好显示，该设计思想可以在成本、设计、性能之间达到很好的平衡。

2. 移动优先

传统的网站大多数是先开发 PC 端，再根据 PC 端的网页及功能设计开发移动端。从用户体验来看，通常网站会在移动浏览器上缩放，这样虽然可以完整地呈现给人们想要浏览的内容，但鉴于移动设备屏幕大小的限制，过多的内容会使页面看起来杂乱不堪，用户也很难找到自己关注的内容。

随着移动互联网的发展，使用移动端上网的用户群早已经赶超 PC 端。针对移动端屏幕小、计算资源低等特点，如果先开发移动端，可以迫使开发人员在有限的环境中设计产品功能。这样做，一方面可以使产品的功能更加核心和简洁，另一方面有助于设计出性能更高的程序。因此，响应式网页设计并不是将整个网页缩放给用户，而是经过精心筛选组织，友好地将页面内容呈现给用户。

1.4.2 设计原则

在响应式网页设计中，需遵循以下两项原则。

1. 兼容主流设备屏幕

响应式网页即让网页在各种设备屏幕上自适应显示，因此，在设计网页时，须考虑设备屏幕对它的支持显示，具体说来，须了解与屏幕相关的指标术语，再针对相关参数进行设计。

(1)屏幕尺寸。屏幕尺寸是衡量设备大小的单位，它通过设备屏幕对角线的长度来表示，单位是英寸。图 1-5 所示的华为荣耀 7 的屏幕尺寸是 5.2 英寸。

(2)屏幕分辨率。屏幕分辨率是指屏幕竖向的高度和横向的宽度上具有的像素块数，如图 1-6 所示。分辨率常用长(px)×宽(px)来表示，px 是像素单位。图 1-5 所示的华为荣耀 7 的分辨率是 1 920×1 080，即表示在 5.2 英寸的屏幕中，竖向的高度有 1 920 个像素块，横向的宽度有 1 080 个像素块。

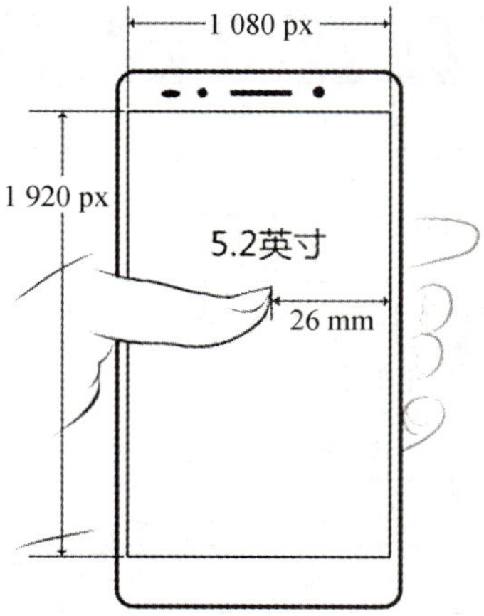

图 1-5 屏幕尺寸和分辨率示例

图 1-6 像素块

(3)屏幕尺寸比。屏幕尺寸比就是屏幕在高度上的像素与宽度上的像素的比例，所以也称分辨率比，如华为荣耀 7 的屏幕尺寸比＝1 920/1 080＝16∶9。

(4)屏幕像素密度。屏幕像素密度是每英寸屏幕所拥有的像素数，英文简称 PPI，它反映了设备显示的精细程度。该指数与屏幕尺寸和分辨率的关系可通过如下公式表达。

$$\text{PPI} = \frac{\sqrt{\text{横向像素数}^2 + \text{纵向像素数}^2}}{\text{屏幕尺寸}}$$

从公式中可以看出，屏幕尺寸固定，分辨率越高，PPI 越大；分辨率固定，屏幕尺寸越大，PPI 越小。

表 1-2 和表 1-3 分别列出了当前主流液晶显示器和手机(平板)屏幕的尺寸和分辨率。

表 1-2 主流液晶显示器屏幕尺寸和分辨率

尺 寸	分辨率/px
18.5 英寸	1 366×768
19 英寸	1 440×900
20 英寸	1 600×900
21.5 英寸	1 920×1 080
22 英寸	1 680×1 050
23 英寸	1 920×1 080
23.6 英寸	1 920×1 080
24 英寸	1 920×1 080
24 英寸	1 920×1 200
27 英寸	1 920×1 080
27 英寸	2 560×1 440
30 英寸	2 560×1 600

表 1-3　主流手机(平板)屏幕参数和代表机型

尺　寸	分辨率/px	代表机型
4 英寸	1 136×640	iPhone 5&5s
4.3 英寸	800×480	三星 I9100
4.5 英寸	1 280×720	华为 D1
5 英寸	1 920×1 080	三星 Galaxy 4、SONY L36h、小米 3&4、华为 P7& 荣耀 6
5.5 英寸	1 920×1 080	iPhone 6 Plus
6 英寸	2 160×1 080	魅族 16th
6.39 英寸	3 120×1 440	华为 Mate 20 Pro
6.39 英寸	2 340×1 080	小米 9
7.9 英寸	2 048×1 536	iPad Mini 2、iPad Mini 5
8 英寸	1 920×1 200	小米平板 4
8.4 英寸	2 560×1 600	华为 M5
9.7 英寸	2 048×1 536	iPad 3&4&Air
10.5 英寸	2 560×1 600	三星 Galaxy Tab S 10.5 系列

根据表 1-2 和表 1-3 列出的各屏幕参数，可将屏幕分为超小屏幕、小屏幕、中等屏幕、大屏幕四大类，具体如表 1-4 所示。在设计响应式网页时，需考虑适配表 1-4 所示的多种屏幕。

表 1-4　屏幕分类

屏幕类型	宽　度
超小屏幕	<768 px
小屏幕	≥768 px
中等屏幕	≥992 px
大屏幕	≥1 200 px

2. 兼容主流浏览器

响应式网页开发的基础是 HTML5，由于 HTML5 较 HTML4 是一个全新的标准，增加了很多新的特性，对多媒体的支持也更全面。但是，各大浏览器对它的支持并不完全一致，因此，浏览器对 HTML5 的支持是判断网页兼容性的重要指标。

当前浏览器种类繁多，支持 HTML5 的主流浏览器有 Chrome、Firefox、Safari、Opera、IE 等，各浏览器对 HTML5 的具体支持程度请参见下节中浏览器对 HTML5 的支持简介。在响应式网页设计中，须考虑浏览器的支持和兼容显示问题。

1.4.3　设计相关技术

响应式网页设计的核心技术包括媒体查询、弹性视觉媒体和流式布局等。

1. 媒体查询

媒体查询是基于 CSS3 的一种特性，可以根据视口宽度、设备方向等差异来改变页面的显示方式。响应式网页布局时，通过优先建立移动客户体验，利用媒体查询调整大屏幕，按照移动端优先设计原则保证 Web 为不同类型的客户提供最佳的客户体验。

2. 弹性视觉媒体

弹性视觉媒体是通过手指滑动进行屏幕调整，使页面根据用户的需要进行智能化调整，不需要通过拖动滚动条等浏览网页，从而页面具有可变性。该技术可通过弹性盒模型简单地实现，开发人员只需要声明布局应该具有的行为，而不需要给出具体的布局需求。

3. 流式布局

流式布局可以根据浏览器的宽度和屏幕的大小自动调整显示效果，让子元素按比例限制在其父元素范围内，相应于布局的其他部分按比例缩放，以适应其设计的大小。

本书通过 HTML5、jQuery Mobile、Bootstrap 讲述响应式网页设计的核心技术。其中，HTML5 篇主要包括 HTML5+CSS3 的基本网页设计、HTML5 针对移动开发提供的离线存储和地理定位等内容；jQuery Mobile 篇针对响应式网页开发中移动优先的理念，讲述 JavaScript 框架 jQuery Mobile，主要包括 jQuery Mobile 的布局、样式、小部件等；Bootstrap 篇是为提高开发效率引入的响应式网站构建框架，主要包括 Bootstrap 布局、样式、组件等。

在本书的篇章布局中，HTML5 篇是基础，jQuery Mobile 和 Bootstrap 篇是延伸和拓展，在实际的应用开发中，常常需要多种技术混合使用。全书着重讲述网页的响应式布局，但不局限于此，通过适时地引入网页交互的内容，让内容更贴近现实应用。

注意，除了 jQuery Mobile 和 Bootstrap 外，还有其他响应式网页设计框架，但是在此介绍的两个框架是响应式网页开发的基础和当前流行的框架。

1.5 开发测试工具

1.5.1 开发工具

1. Dreamweaver 简介

Dreamweaver 是集网页制作和网站管理于一身的所见即所得网页代码编辑器，最初由美国 Macromedia 公司开发。作为全球最流行、最优秀的网页编辑器，Dreamweaver 可以轻而易举地制作出跨操作系统平台、跨浏览器的充满动感的网页，是开发 Web 应用程序的理想工具。

Dreamweaver 在发展过程中经过了表 1-5 所示的版本变迁。

表 1-5　Dreamweaver 历史版本一览表

Macromedia 时代	Dreamweaver 1.0
	Dreamweaver 2.0
	Dreamweaver 2.01
	Dreamweaver 3
	Dreamweaver 4
	Dreamweaver 5
	Dreamweaver 6.0
	Dreamweaver MX
	Dreamweaver MX 2004
	Dreamweaver 8.0
Adobe 时代	Dreamweaver CS3
	Dreamweaver CS4
	Dreamweaver CS5
	Dreamweaver CS5.5
	Dreamweaver CS6
	Dreamweaver CreativeCloud(CC)
	Dreamweaver CC 2015
	Dreamweaver CC 2017
	Dreamweaver CC 2018

表 1-5 中所列的 Dreamweaver，按照自上而下的顺序，各版功能不断完善强大，最新推出的 Dreamweaver CC 新增了更加友善、直观的视觉化 CSS 编辑工具，创新的 jQuery UI Widget 和 Edge Web Fonts，CSS3 转换，完善的 HTML5、jQuery 和 jQuery Mobile 支持等。

但是，由于 Dreamweaver CC 对操作系统的兼容性和自身稳定性不如 Dreamweaver CS，所以，本书选用 CS 的最高版本 Dreamweaver CS6 作为开发环境，其安装按照提示完成即可。

2. Dreamweaver CS6 的使用

通过 Dreamweaver CS6 创建响应式网页时，选择页面类型为 HTML，文档类型为 HTML 5 即可，如图 1-7 所示。

为实现"所见即所得"，Dreamweaver CS6 提供了实时视图模拟网页在浏览器中打开的效果和通过多屏预览模拟网页在不同屏幕上的显示效果，如图 1-8 所示。但是，由于只有在实际的浏览器中显示的效果才是准确的，所以，在此未选用该功能，运行调试都在真实的浏览器中进行。

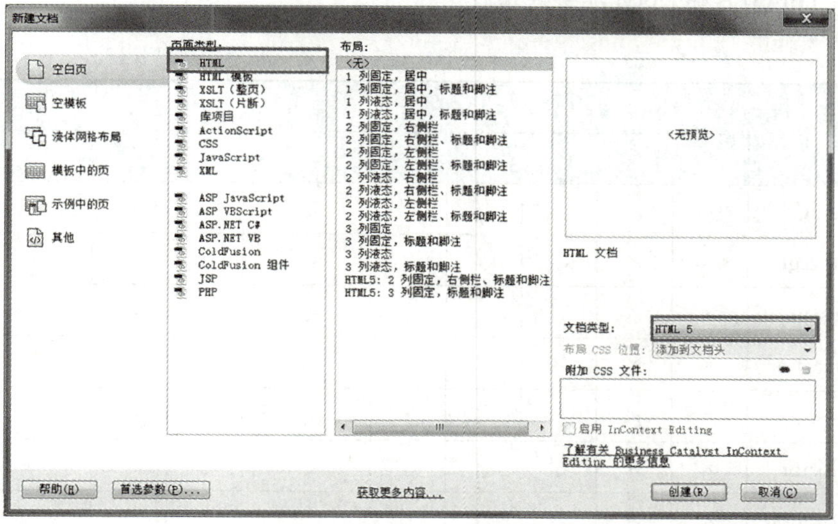

图 1-7　Dreamweaver CS6 新建文档对话框

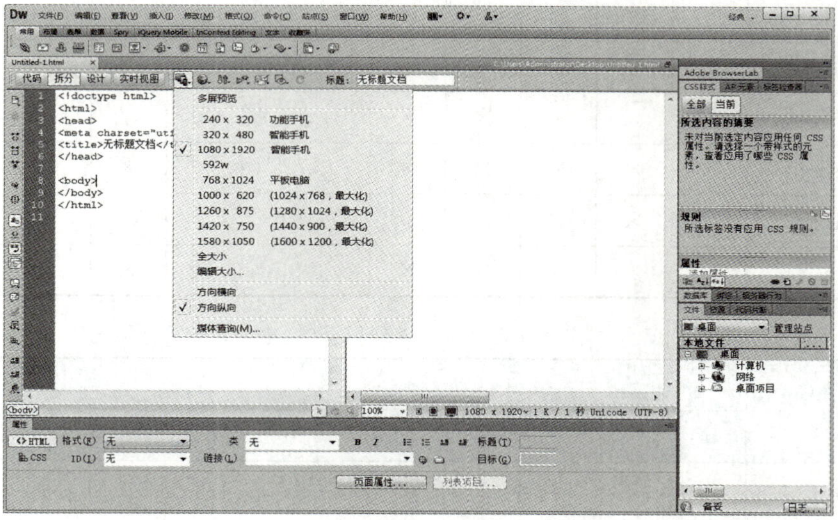

图 1-8　Dreamweaver CS6 模拟预览功能

1.5.2　测试工具

1. 浏览器对 HTML5 的支持简介

目前,市场上浏览器种类繁多,PC 端常见的浏览器有 IE、Firefox、Chrome、Opera 等,移动端常用的浏览器有 Android Browser、Mobile Safari、Chrome 等。

2014 年,W3C 正式宣布 HTML5 的标准规范已经制定完成,但是 HTML5 的标准化进程或许要到 2020 年才能最终完成,所以,各浏览器在对 HTML5 的支持上各有差异。

表 1-6～表 1-10 从不同的角度说明了 IE、Chrome、Firefox、Safari、Opera 五大主流浏览器的部分版本对 HTML5 和 CSS3 的支持情况。浏览器的各版本是向后兼容的,且越新推

出的版本对 HTML5 和 CSS3 的支持越好。

表 1-6　五大主流浏览器对 HTML5 Web 应用程序的支持情况

支持项	浏览器及其版本									
	IE 10					Chrome 3.6	Firefox 4		Safari 5	Opera 11.1
Local Storage	×	×	√	√	√	√	√	√	√	√
Session Storage	×	×	√	√	√	√	√	√	√	√
Post Message	×	×	√	√	√	√	√	√	√	√
Offline Applications	×	×	×	×	×	√	√	√	√	√
Workers	×	×	×	×	×	√	√	√	√	√
Query Selector	×	×	√	√	√	√	√	√	√	√
WebSQL Database	×	×	×	×	×	√	×	×	√	√
IndexDB Database	×	×	×	×	×	×	×	×	×	×
Drag and Drop	√	√	√	√	√	√	√	√	√	×
Hash Change	×	×	√	√	√	√	×	√	√	√
History Management	×	×	×	×	×	√	×	√	√	×
WebSockets	×	×	×	×	×	√	×	×	√	×
Geolocation	×	×	×	√	√	√	√	√	√	√
Touch	×	×	×	×	×	×	×	×	×	×

表 1-7　五大主流浏览器对 HTML5 图形和内嵌内容的支持情况

支持项	浏览器及其版本									
	IE 10					Chrome 3.6	Firefox 4		Safari 5	Opera 11.1
Canvas	×	×	×	√	√	√	√	√	√	√
Canvas Text	×	×	×	√	√	√	√	√	√	√
SVG	×	×	×	√	√	√	√	√	√	√
SVG Clipping Paths	×	×	×	√	√	√	√	√	√	√
SVG Inline	×	×	×	√	√	√	×	√	×	×
SMIL	×	×	×	√	√	√	×	√	√	√
WebGL	×	×	×	√	√	√	×	√	√	√
Audio	×	×	×	√	√	√	√	√	√	√
Video	×	×	×	√	√	√	√	√	√	√

表 1-8 五大主流浏览器对 HTML5 表单 input 类型的支持情况

支 持 项	浏览器及其版本									
	IE 10					Chrome 3.6	Firefox 4		Safari 5	Opera 11.1
input:search	×	×	×	×	×	√	×	√	√	√
input:phone	×	×	×	×	×	√	×	√	√	√
input:url	×	×	×	×	×	√	×	√	√	√
input:email	×	×	×	×	×	√	×	√	√	√
input:datetime	×	×	×	×	×	×	×	×	×	√
input:date	×	×	×	×	×	×	×	×	×	√
input:month	×	×	×	×	×	×	×	×	×	√
input:week	×	×	×	×	×	×	×	×	×	√
input:time	×	×	×	×	×	×	×	×	×	√
input:localtime	×	×	×	×	×	×	×	×	×	√
input:number	×	×	×	×	×	√	×	×	×	√
input:range	×	×	×	×	×	√	×	×	√	√
input:color	×	×	×	×	×	×	×	×	×	√

表 1-9 五大主流浏览器对 HTML5 表单属性的支持情况

支 持 项	浏览器及其版本									
	IE 10					Chrome 3.6	Firefox 4		Safari 5	Opera 11.1
autocomplete	×	×	×	×	×	×	×	√	×	√
autofocus	×	×	×	×	×	√	×	√	√	√
list	×	×	×	×	×	×	×	√	√	√
placeholder	×	×	×	×	×	√	×	√	√	√
min	×	×	×	×	×	√	×	×	√	√
max	×	×	×	×	×	√	×	×	√	√
multiple	×	×	×	×	×	√	×	√	√	√
pattern	×	×	×	×	×	√	×	√	√	√
required	×	×	×	×	×	√	×	√	√	√
step	×	×	×	×	×	√	×	×	√	√

表 1-10　五大主流浏览器对 CSS3 新增属性的支持情况

支持项	浏览器及其版本									
	IE 10					Chrome 3.6	Firefox 4		Safari 5	Opera 11.1
background-size	×	×	×	√	√	√	×	√	√	√
border-image	×	×	×	×	×	√	√	√	√	√
border-radius	×	×	×	√	√	√	√	√	√	√
box-shadow	×	×	×	√	√	√	√	√	√	√
text-shadow	×	×	×	×	×	√	√	√	√	√
box-flex	×	×	×	×	√	√	√	√	√	×
CSS Animations	×	×	×	×	×	√	×	×	√	×
CSS Columns	×	×	×	×	√	√	√	√	√	√
CSS Transforms	×	×	×	√	√	√	√	√	√	√
CSS Transforms 3D	×	×	×	×	×	×	×	×	×	×
CSS Transitions	×	×	×	×	×	√	×	√	√	√
CSS FontFace	√	√	√	√	√	√	√	√	√	√

观察表 1-6～表 1-10 可知，作为全球使用用户最多的 IE 浏览器的早期版本并未提供对 HTML5 的支持，IE 9 才开始支持标准，Chrome、Firefox、Safari、Opera 支持 HTML5 很多年，且支持度较好，但各有差异，如 Opera 对 HTML5 表单的支持优于其他浏览器，Chrome 对 HTML5 音频和视频的支持较好。总体说来，当前对 HTML5 和 CSS3 支持最好的是 Chrome，Safari 次之，Firefox 和 Opera 旗鼓相当。

2. Chrome 浏览器

Chrome 是一款由 Google 公司开发的免费网页浏览器，包括 WebKit 和 Mozilla 引擎，最初用于桌面计算机上，其 beta 测试版本在 2008 年 9 月 2 日发布，之后不断更新，其以简洁、快速、安全、健壮等特点得到广泛使用。

2012 年，Chrome 浏览器移动版发布，为 iOS、Android 等系统提供使用，在保持浏览器原有特点的情况下，实现了多终端使用浏览器，具有共享收藏历史信息等功能，是手机浏览器的一次巨大突破。

在此，选用 Chrome 浏览器的 V 67. 0. 3396. 62 作为书中示例的运行环境，并且选用 Chrome 浏览器自带的调试工具 Chrome DevTools 来做响应式测试。Chrome 浏览器可通过 Internet 免费下载，在此需根据你的系统选择下载 32 位或 64 位的安装文件。当然，若是 64 位系统，32 位和 64 位的安装文件均可。下面以 Ghost 中文网（网址为 http://www.ghostchina.com/）响应式网站为例，说明其使用方法。

启动 Chrome 后，在地址栏输入 http://www.ghostchina.com/并回车，将看到 Ghost 中文网在 PC 屏幕显示的效果，如图 1-9 所示。其中，PC 显示器的尺寸为 27 英寸，分辨率为 1 920×1 080。

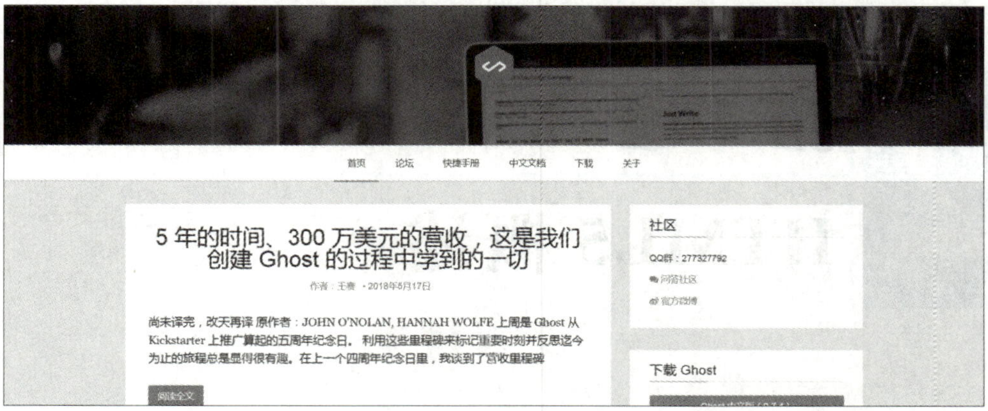

图 1-9　网站示例在 PC 屏幕显示效果

在 Chrome 浏览器中，按快捷键 F12 或执行“工具”→“更多工具”→“开发者工具”命令启用 Chrome DevTools，按照表 1-4 中的屏幕适配分类，分别选取超小屏幕和小屏幕代表 Galaxy S5 和 iPad，Ghost 中文网的显示效果如图 1-10 和图 1-11 所示。

图 1-10　网站示例在超小屏幕显示效果

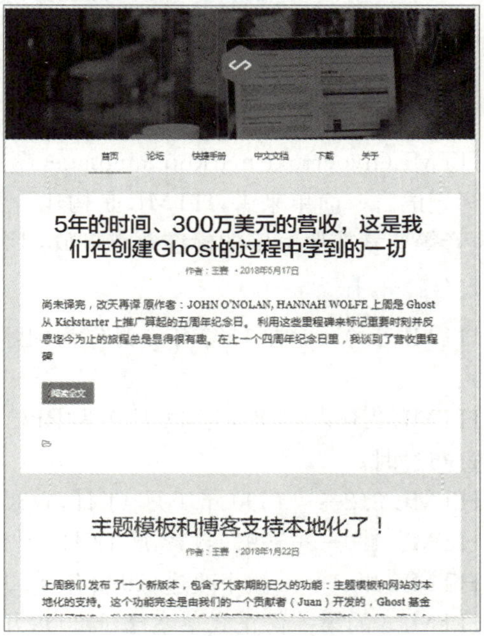

图 1-11　网站示例在小屏幕显示效果

本书所有示例将分别适配表 1-4 中的超小屏幕、小屏幕和中等屏幕进行浏览显示，以测试其自适应性。

第 2 章 HTML5 概述

2.1 HTML 的定义及版本介绍

1. 定义

HTML(hypertext markup language,超文本标记语言)是一种用来制作超文本文档的简单标记语言。简单来讲,HTML 是构建一套标记符号和语法规则,将所要显示的文字、图像、声音等要素按照一定的标准要求排放,形成一定的标题、段落、列表等单元。

2. HTML 版本

HTML 1.0——在 1993 年 6 月作为国际互联网工程任务组(IETF)工作草案发布(并非标准)。

HTML 2.0——1995 年 11 月作为 RFC 1866 发布,在 RFC 2854 于 2000 年 6 月发布之后被宣布过时。

HTML 3.2——1996 年 1 月 14 日,W3C 推荐标准。

HTML 4.0——1997 年 12 月 18 日,W3C 推荐标准。

HTML 4.01——微小改进,1999 年 12 月 24 日,W3C 推荐标准。

HTML5 的第一份正式草案已于 2008 年 1 月 22 日公布,目前仍在继续完善。

3. HTML5 新增元素和删除元素

HTML5 是当前 HTML 规范的最新版本,它不仅有良好的用户体验,而且取消了一些过时标签和新增了一些标签,还将代码化繁为简,严格遵循"简单至上"的原则。

1)HTML5 新增的元素

与 HTML4 相比,HTML5 新增的元素如表 2-1 所示。

表 2-1　HTML5 新增的元素

标　签	含　义
<section>	标签定义文档中的节(section、区段)。例如,章节、页眉、页脚或文档中的其他部分
<article>	标签规定独立的自包含内容
<aside>	标签表示 article 标签内容之外的、与 article 标签内容相关的辅助信息
<header>	标签定义文档的页眉(介绍信息)
<hgroup>	标签用于对网页或区段(section)的标题进行组合
<footer>	标签表示整个页面或页面中一个内容区块的脚注,一般来说,它包含创作者的姓名、创作日期及创作者的联系信息
<figure>	标签规定独立的流内容(图像、图表、代码等)
<figcaption>	标签定义 figure 元素的标题(caption)
<canvas>	标签定义图形,如图表和其他图像。该标签基于 JavaScript 的绘图 API
<video>	标签定义视频,如电影片段或其他视频流
<audio>	标签定义声音,如音乐或其他音频流
<embed>	标签定义嵌入的内容,如插件
email	必须输入 E-mail
url	必须输入 url 地址
number	必须输入数值
range	必须输入一定范围内的数值
Date Pickers(日期选择器)	拥有多个可供选取日期和时间的新输入类型
search	用于搜索域,域显示为常规的文本域
color	颜色选择器
<mark>	标签定义带有记号的文本。在需要突出显示文本时使用
<progress>	标签标示任务的进度(进程)
<ruby>	标签定义
<canvas>	标签定义图形,如图表和其他图像
<details>	标签用于描述文档或文档某个部分的细节
<keygen>	标签规定用于表单的密钥对生成器字段
<output>	标签定义不同类型的输出,如脚本的输出

2）HTML5 删除的元素

相较于 HTML4，HTML5 删除的元素如表 2-2 所示。

表 2-2　HTML5 删除的元素

标　签	含　义
能被 CSS 代替的标签	basefont、big、center、font、s、strike、tt、u。这些标签纯粹是为画面展示服务的，HTML5 中提倡把画面展示性功能放在 CSS 中统一编辑
不再使用 frame 框架	HTML5 不再支持，只支持 iframe 框架
只有部分浏览器支持的标签	部分浏览器支持 applet、bgsound、blink、marquee 等标签
其他被废除的标签	废除 rb，使用 ruby 替代； 废除 acronym，使用 abbr 替代； 废除 dir，使用 ul 替代； 废除 isindex，使用 form 与 input 相结合的方式替代； 废除 listing，使用 pre 替代； 废除 xmp，使用 code 替代； 废除 nextid，使用 guids； 废除 plaintex，使用“text/plian”（无格式正文）MIME 类型替代

2.2 HTML5 发展历史

HTML 是一种标记性语言，自 1999 年的 HTML4 版本后，一直未推出新的标准。为了推动 Web 前端的发展，一些致力于发展 Web App 的公司另行成立了 WHATWG 组织，直到 2007 年，W3C 从 WHATWG 接手相关工作才开始发展 HTML5。由此可见，HTML5 的发展史，有用户的需求在推动，有技术开发者的需求在推动，更有巨大的商业利益在推动。

HTML5 自诞生以来，大致经历了两个发展阶段，分别是 Web 增强阶段和移动互联网阶段。Web 增强阶段主要从丰富 Web 体验上扩展 HTML，具体表现在以下几个方面。

（1）HTML5 新增了离线存储、更丰富的表单（如 input type="date"）、js 线程、标准扩展 embed，以及很多 CSS3 新语法。

（2）HTML5 新增了 audio、video 流媒体支持。

（3）HTML5 新增了 canvas、header 和 section 等标签。

随着移动互联网的发展，HTML5 的跨平台优势进一步显现出来。HTML5 是唯一一个可以在 Windows、macOS、iOS、Android 等主流平台使用的跨平台语言，此即 HTML5 的移动互联网发展阶段。

2.3 HTML5 文档基本格式

HTML5 文档包括以下几个部分。

(1)<!doctype html>用于向浏览器说明当前文档使用的 HTML 版本为 HTML5。

(2)<html></html>分别表示文档的开始和结束,用于告知浏览器其自身是一个 HTML 文档。

(3)<head></head>为头部标签,用于定义 HTML 文档的头部信息,紧跟在<html>标签之后,包括<title>、<meta>、<link>、<style>等标签内容。

(4)<body></body>为主体标签,用于定义在浏览器中显示的网页内容,如图片、视频、音频、文本等。

下面以一个简单的 HTML5 百科(图 2-1)介绍为例,介绍 HTML 文档的基本格式。

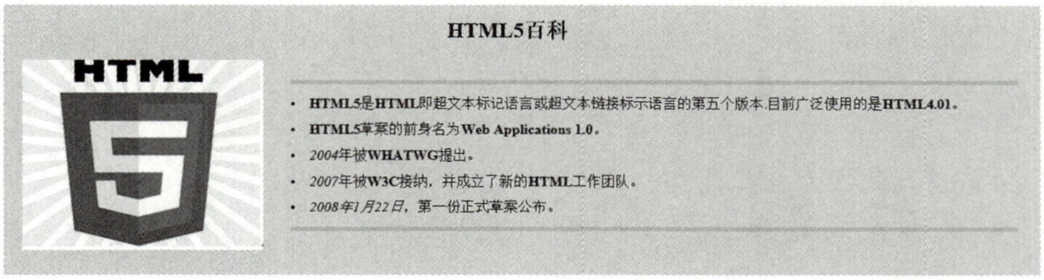

图 2-1　HTML5 百科介绍

网页显示的 HTML5 代码如下。

```
<!doctype html><!--文档类型声明,不区分大小写,告诉浏览器当前的文档类型-->
<html lang="zh-cn"><!--表示 html 文档开始,并告诉浏览器字符集为中文-->
<head><!--包含文档元数据开始-->
<meta content="width=device-width, initial-scale=1.0, minimum-scale=1.0, maximum-scale=1.0,user-scalable=no" name="viewport" /><!--让网页在手机端正常显示-->
<title>HTML5 百科</title><!--文档标题-->
<style><!--文档的 CSS 样式-->
img {float: left;margin-left: 10%;}
ul {width: 60%;float: left;padding-left: 30px;list-style: inside;}
ul li {line-height: 30px;}
</style>
</head><!--包含文档元数据结束-->
<body><!--表示 html 内容部分开始,也就是可见部分-->
<h2 align="center">HTML5 百科</h2>
<img src="images/h5.jpg"/>
```

```
    <ul>
      <hr size="3" color="#CCCCCC" >
      <li><strong>HTML5</strong>是<strong>HTML</strong>即超文本标记语言或超文本链接标示语言的第五个版本。目前广泛使用的是<strong>HTML4.01</strong>。</li>
      <li><strong >HTML5</strong>草案的前身名为<strong>Web Applications 1.0</strong>。</li>
      <li><em>2004</em>年被<strong>WHATWG</strong>提出。</li>
      <li><em>2007</em>年被<strong>W3C</strong>接纳,并成立了新的<strong>HTML</strong>工作团队。</li>
      <li><em>2008 年 1 月 22 日</em>,第一份正式草案公布。</li>
      <hr size="3" color="#CCCCCC" >
    </ul>
    </body><!--表示 html 内容部分结束-->
    </html><!--表示 html 文档结束-->
```

第 3 章 HTML5 新增页面元素和属性

3.1 旅游网页界面设计

3.1.1 任务目标

- 掌握 HTML5 结构元素的使用方法。
- 掌握分组元素的使用方法。
- 掌握 HTML5 移动端布局的方法。
- 掌握单位 em 和 rem 的使用方法。

3.1.2 任务描述

利用 HTML5 结构元素制作图 3-1 所示的旅游网页。

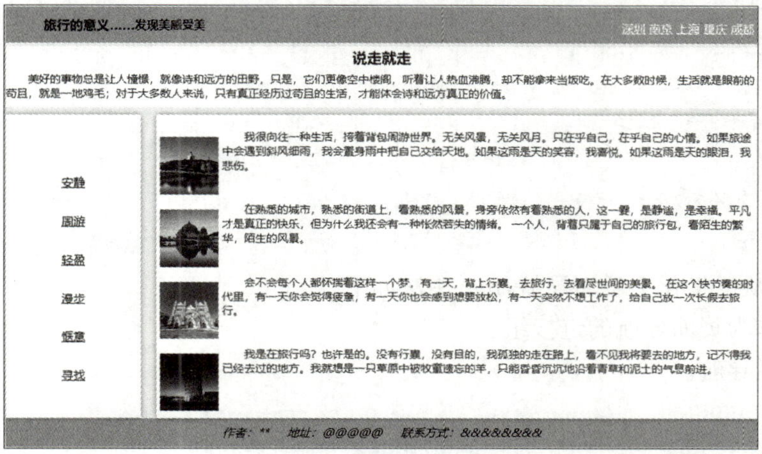

图 3-1　旅游网页效果

在 Chrome 浏览器中预览，得到图 3-1 所示的显示效果。同时，分别用 Chrome 模拟器 Galaxy S5 和 iPad，得到自适应的网页显示效果，如图 3-2 和图 3-3 所示。

图 3-2　网页在 Galaxy S5 模拟器中显示效果

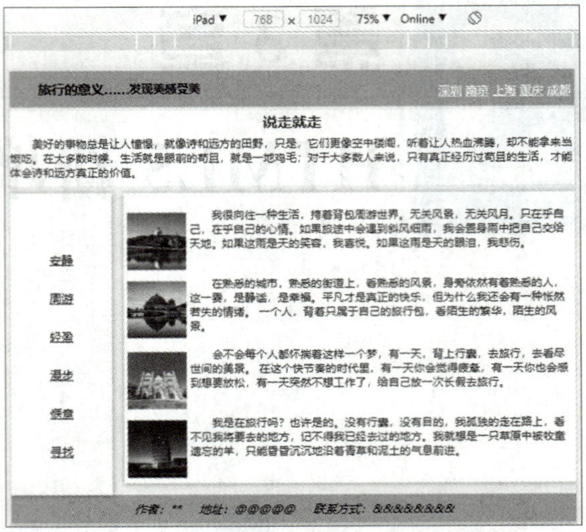

图 3-3　网页在 iPad 模拟器中显示效果

3.1.3　任务知识

1. 结构元素

(1)header：从语义化上看为文档的页眉，header 用法如下。

①一种具有引导和导航作用的结构元素。

②通常为放置在整个页面或页面内的一个内容区块的标题。

③一个网页内并没有限制 header 标签的个数。

```
<header>
<h1>我是大头</h1>
</header>
<article>
<header>
<h1>我是脖子</h1>
</header>
<p>我是身体</p>
</article>
```

(2)nav：从语义化上看为导航，nav 用法如下。

①通常作为页面导航的链接组。

②侧边栏导航。

```
<nav>
<ul>
```

```
<li><a href="#">菜单 1</a></li>
<li><a href="#">菜单 2</a></li>
<li><a href="#">菜单 3</a></li>
</ul>
</nav>
```

(3)article:从语义化上看为文档、页面,article 用法如下。

①通常是一篇文章、一个页面或一个独立完整的内容模块。

②一般会带一个标题,并放在 header 标签中。

③article 元素可以互相嵌套。

```
<article>
<header>
<h1>我的标签</h1>
</header>
<p>我的段落</p>
<article>
<div>我的内容</div>
</article>
</article>
```

(4)aside:从语义化上看为在旁边、侧边,aside 用法如下。

①在 article 标签内使用时,作为主要内容的附属信息部分,如有关的参考资料、名词解释等。

②在 article 标签外使用时,作为页面或站点全局的附属信息部分,如侧边栏、博客的友情链接部分、广告区域等。

```
<!--在 article 标签内使用时-->
<article>
<h1>马云是谁</h1>
<p>马云,男,1964 年 9 月 10 日出生于浙江省杭州市,中国著名企业家,阿里巴巴集团、淘宝网、支
付宝创始人……</p>
<aside>
<h1>参考资料</h1>
<p>百度网、维基百科……</p>
</aside>
</article>
```

(5)section:从语义化上看为部分,section 用法如下。

①用于页面内容的独立分块,往往是文章的一段。

②通常由内容和标题组成,没有标题的内容不推荐使用 section。

注意:一个容器需要被定义样式或为脚本定义行为时,推荐用 div 而非 section,不要将 section 用作设置样式的容器。

```
<section>
<h1>水果</h1>
<article>
<h2>苹果</h2>
<div>苹果是啥? </div>
</article>
<article>
<h2>橘子</h2>
<div>橘子是啥? </div>
</article>
</section>
<!--article 可以看成一种特殊种类的 section 元素，它比 section 更强调独立性-->
<article>
<h1>中国人物</h1>
<p>三国、两晋</p>
<section>
<h2>三国</h3>
<p>猛将猛将猛将猛将</p>
</section>
<section>
<h2>两晋</h3>
<p>猛将猛将猛将猛将</p>
</section>
</article>
```

(6)footer：从语义化上看为文档的脚注，footer 用法如下。

①一个内容块区的脚注。

②通常内容为联系信息、相关阅读、版权信息等。

```
<footer>
<ul>
<li>关于我们</li>
<li>版权信息</li>
<li>注意事项</li>
</ul>
</footer>
```

2. 分组元素

(1)figure。定义媒介内容的分组及它们的标题，figure 用法如下。

①标签规定独立的流内容(图像、图表、照片、代码等)。

②元素的内容应该与主内容相关，但若被删除，则不应对文档流产生影响。

```
<figure>
<p>我的大学</p>
```

```
<p>拍摄者：**</p>
<img src="mySchool.jpg" width="350" height="234"/>
</figure>
```

(2)figcaption。figcaption 用法如下。

①标签定义 figure 元素的标题(caption)。

②figcaption 元素应该被置于 figure 元素的第一个或最后一个子元素的位置。

```
<figure>
<figcaption>我的大学</figcaption>
<img src="mySchool.jpg" width="350" height="234"/>
</figure>
```

(3)hgroup:定义有关文档中的 section 的信息,hgroup 用法如下。

标签用于对网页或区段(section)的标题进行组合。

```
<hgroup>
<h2>旅行的意义……</h2>
<h3>发现美</h3>
<h3>感受美</h3>
</hgroup>
```

(4)相关 CSS3 样式。

①box-sizing:content-box|border-box|inherit。

表 3-1 列出了 box-sizing 的取值及含义。

表 3-1 box-sizing 的取值及含义

取值	解释
content-box	这是由 CSS2.1 规定的宽度和高度行为;宽度和高度分别应用到元素的内容框;在宽度和高度之外绘制元素的内边距和边框
border-box	为元素设定的宽度和高度决定了元素的边框盒。也就是说,为元素指定的任何内边距和边框都将在已设定的宽度和高度内进行绘制。通过从已设定的宽度和高度分别减去边框和内边距才能得到内容的宽度和高度
inherit	继承父元素 box-sizing 属性的值

使用时应注意浏览器的兼容性,下面是各个浏览器能识别的样式。

```
-webkit-box-sizing:100px;//forios-safari,android
-moz-box-sizing:100px;//forff
box-sizing:100px;//forother
<style>
.content-box{
box-sizing:content-box;
-moz-box-sizing:content-box;
width:100px;
```

```
height:100px;
padding:20px;
border:5pxsolid#E6A43F;
}
.border-box{
box-sizing:border-box;
-moz-box-sizing:border-box;
width:100px;
height:100px;
padding:20px;
border:5pxsolid#3DA3EF;
}
</style>
Body 内容为:
<div class="content-box">在宽度和高度之外绘制元素的内边距和边框</div>
<div class="border-box">在已设定内进行绘制</div>
```

效果图如图 3-4 所示。

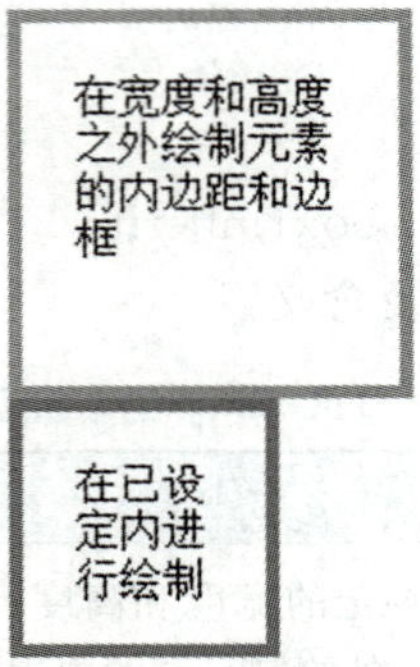

图 3-4　box-sizing 效果图

②box-shadow:h-shadow v-shadow blur spread color inset。

box-shadow 的含义是添加一个或多个阴影,其取值及含义如表 3-2 所示。

表 3-2　box-shadow 取值及含义

取　值	解　释
h-shadow	必需。水平阴影的位置。允许负值
v-shadow	必需。垂直阴影的位置。允许负值
blur	可选。模糊距离
spread	可选。阴影的尺寸
color	可选。阴影的颜色
inset	可选。将外部阴影(outset)改为内部阴影

```
<style>
div{
box-shadow:0 0 10px rgba(0,0,0,0.4);/* 盒子阴影:水平偏移,垂直偏移,模糊值,阴影颜色(其中rgb 指颜色,a 指透明度) */}
</style>
```

(5)移动端布局。

①meta 元素。

```
<meta name="viewport" content="width=device-width, initial-scale=1.0, minimum-scale=1.0,maximum-scale=1.0,user-scalable=no">
```

解释:

a. 窗口设定 name="viewport"。

b. 页面大小与屏幕等宽 width=device-width。

c. 初始缩放比例 initial-scale=1.0。

d. 允许缩放最小比例 minimum-scale=1.0。

e. 允许缩放最大比例 maximum-scale=1.0。

f. 用户是否可以缩放 user-scalable=no。

②不使用绝对宽度。所谓不使用绝对宽度,就是说 CSS 代码不能指定像素宽度,如 width:××px,只能使用最大宽度(max-width)和最大高度(max-height)。

③@media。@media 规则用于同一个 CSS 文件,根据不同的屏幕分辨率,选择不同的 CSS 规则,后面章节会进行详细介绍。

④单位 em 和 rem。em 是相对长度单位,是相对于当前对象内文本的字体尺寸。若当前对行内文本的字体尺寸未进行设置,则为相对于浏览器的默认字体尺寸。

任意浏览器的默认字体高都是 16 px。所有未经调整的浏览器都符合 1 em=16 px。那么 12 px=0.75 em,10 px=0.625 em。为了简化 font-size 的换算,需要在 CSS 中的 body 选择器中声明 font-size=62.5%,这就使 em 值变为 16 px×62.5%=10 px,这样 12 px=1.2 em,10 px=1 em,也就是说,只需要将原来的 px 数值除以 10,然后以 em 作为单位就可以了。

所以在写 CSS 代码时,需要注意以下 3 点。

a. body 选择器中声明 font-size=62.5%。

b. 将原来的 px 数值除以 10,然后以 em 作为单位。

c. 重新计算那些被放大的字体的 em 数值。避免字体大小的重复声明。

rem 是指相对于根元素的字体大小的单位。这个单位与 em 的区别在于,使用 rem 为元素设定字体大小时,仍然是相对大小,但相对的只是 HTML 根元素。这个单位可谓集相对大小和绝对大小的优点于一身,通过它既可以做到只修改根元素就成比例地调整所有字体大小,又可以避免字体大小逐层复合的连锁反应。

注意:①IE 9/IE 10 在用于伪元素时或使用字体简写声明时不支持 rem。

②Safari 5.0 和 5.1 虽然支持 rem,但是在使用媒体查询时不支持 rem。

3.1.4 任务实施

1. 任务分析

根据效果图分析布局，如图 3-5 所示。

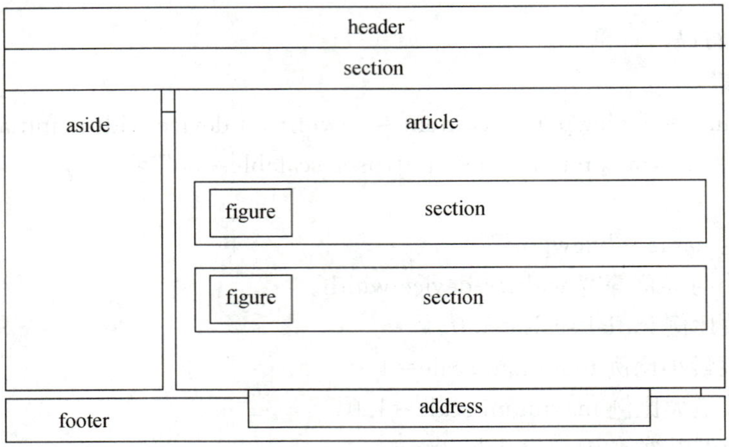

图 3-5 旅游网页布局

2. 任务代码

任务描述中需完成的网页是一个 HTML5 旅游基本页面，详细代码见本书配套资源中的 Task3-1. html，该网页所涉及的 CSS 文件见 Task3-1-1. css 和 Task3-1-2. css。

3.1.5 任务实训

利用前面所学的结构元素制作图 3-6 所示的新闻网页。

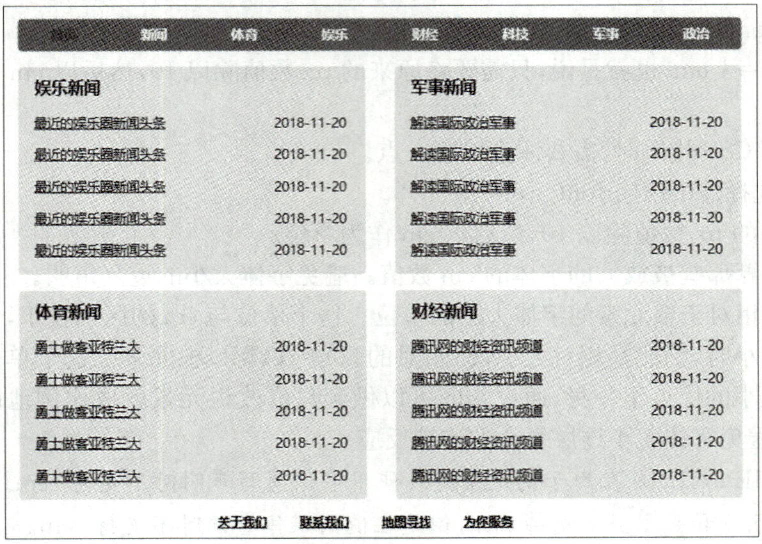

图 3-6 新闻网页效果

新闻网页的布局如图 3-7 所示，详细代码见 Task3-2.html。

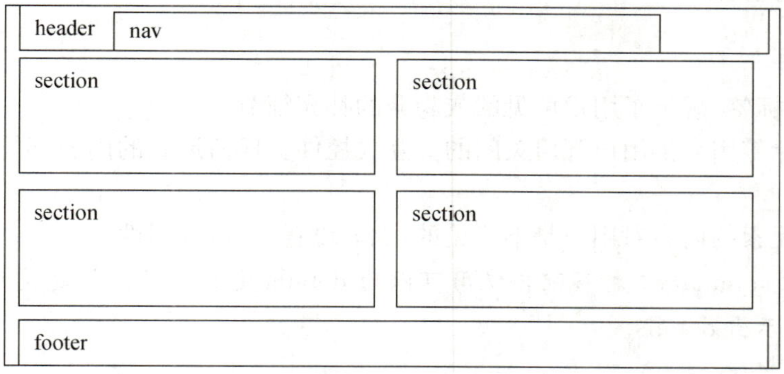

图 3-7　新闻网页布局

3.2 学习情况调查表界面设计

3.2.1 任务目标

- 掌握页面交互元素的使用方法。
- 掌握文本层次元素的使用方法。
- 掌握全局属性的使用方法。

3.2.2 任务描述

利用页面交互元素和文本层次元素制作图 3-8 所示的学习情况调查表网页。

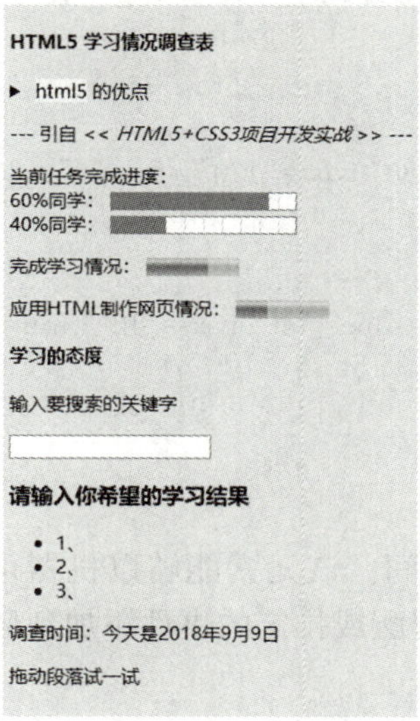

图 3-8　学习情况调查表网页的效果

3.2.3 任务知识

1. 页面交互元素

(1)details 标签:规定了用户可见的或隐藏的补充细节。

①details 标签用来供用户开启关闭的交互式控件。任何形式的内容都能被放在 details 标签里边。

②details 元素的内容对用户是不可见的,除非设置了 open 属性。

提示: 与<summary>标签配合使用可以为 details 定义标题。标题是可见的,用户单击标题时,会显示出 details。

```
<details>
<summary><mark>html5</mark>的优点</summary>
<p>1.取消过时标签,新增一些标签</p>
<p>2.解决浏览器兼容问题</p>
<p>3.代码化繁为简</p>
</details>
```

(2)progress 标签:定义运行中的任务进度。

```
<p>
当前任务完成进度:
<progress value="85" max="100">85%</progress>
</p>
```

(3)meter 标签:定义度量衡,仅用于已知最大和最小值的度量。例如,磁盘使用情况、查询结果的相关性等。注意:<meter>不能作为一个进度条来使用,进度条标签为<progress>。

注意: IE 浏览器不支持 meter 标签。

optimum 的值小于 low 值时显示绿色,大于 high 值时显示红色,在 low 值和 high 值之间时是黄色。

```
<p>
完成学习情况:<meter value="80" max="120" min="0">80/120</meter>
</p>
<p>
应用 HTML 制作网页情况:<meter value="40" max="120" min="0" low="50" high="90" optimum=
"40">40/120</meter>
</p>
```

2. 文本层次元素

(1)time:用于定义日期或时间。该元素能够以机器可读的方式对日期和时间进行编码。例如,用户代理能够把生日提醒或排定的事件添加到用户日程表中,搜索引擎也能够生成更智能的搜索结果。

该元素可以代表 24 小时中的某一时刻,在表示时刻时,允许有时间差。在设置时间或日期时,只需将该元素的属性“datetime”设为相应的时间或日期即可。

```
<p id="p1">
<time datetime="2018-9-9">今天是 2018 年 9 月 9 日</time>
<p>
<p id="p2">
<time datetime="2018-9-9T21:00">现在时间是 2018 年 9 月 9 日晚上 9 点</time>
<p>
<p id="p3">
<time datetime="2020-12-31">新款 PSP2 掌上游戏机将于 2020 年底上市</time>
</p>
<p id="p4">
<time datetime="2018-5-1" pubdate="true">本消息发布于 2018 年 9 月 1 日</time>
</p>
```

<p>元素 ID 号为“p1”中的<time>元素表示的是日期。页面在解析时，获取的是属性“datetime”中的值，而标记之间的内容只是用于显示在页面中。

<p>元素 ID 号为“p2”中的<time>元素表示的是日期和时间，它们之间使用字母“T”进行分隔。如果在整个日期与时间的后面加上一个字母 Z，则表示获取的是 UTC(世界统一时间)格式。

<p>元素 ID 号为“p3”中的<time>元素表示的是将来时间。

<p>元素 ID 号为“p4”中的<time>元素表示的是发布日期。

为了在文档中将这两个日期进行区分，在最后一个<time>元素中增加了“pubdate”属性，表示此日期为发布日期。

说明：<time>元素中的可选属性“pubdate”表示时间是否为发布日期，它是一个布尔值，该属性不仅可以用于<time>元素，还可以用于<article>元素。

(2)mark：主要功能是在文本中高亮显示某个或某几个字符，旨在引起用户的特别注意。其使用方法与<em>和<strong>有相似之处，但相比而言，HTML5 中新增的<mark>元素在突出显示时更加随意与灵活。

```
<h5>优秀开发人员的<mark>素质</mark></h5>
<p class="p3_5">
一个优秀的 Web 页面开发人员，必须具有
<mark>过硬</mark>的技术与
<mark>务实</mark>的专业精神
</p>
```

(3)cite：可以创建一个引用标记，用于文档中参考文献的引用说明，如书名或文章名称。一旦在文档中使用了该标记，被标记的文档内容将以斜体的样式展示在页面中，以区别于段落中的其他字符。

```
<p>
--引自<<<cite>HTML5+CSS3 项目开发实战</cite>>>--
</p>
```

3. 全局属性

(1)draggable:规定元素是否可拖动。

提示:链接和图像默认是可拖动的。

```
<p draggable="true">这是一个可拖动的段落。</p>
```

(2)hidden:规定该元素是无关的。被隐藏的元素不会显示。

```
<ul hidden="true">
<!--这里用来创建列表,hidden="true"表示不可见;若为 false 表示可见-->
<li>列表 1</li>
<!--列标签-->
<li>列表 2</li>
<li>列表 3</li>
</ul>
```

(3)spellcheck:规定是否必须对元素进行拼写或语法检查。

```
<input type="text" spellcheck="true|false"><!--spellcheck 开启注释-->
```

(4)contenteditable:规定是否允许用户编辑内容。

```
<h2>可编辑列表</h2>
<ul contenteditable="true">
<!--这里用来创建列表,contenteditable="true"表示可编辑;若为 false 表示不可编辑-->
<li>列表 1</li><!--列标签-->
<li>列表 2</li>
<li>列表 3</li>
</ul>
```

3.2.4 任务实施

任务描述中需完成的网页是一个学习情况调查表网页,其源代码详见 Task3-3. html。单击页面中的“html5 的优点”,显示内容如图 3-9 所示。

contenteditable="true"的效果如图 3-10 所示。

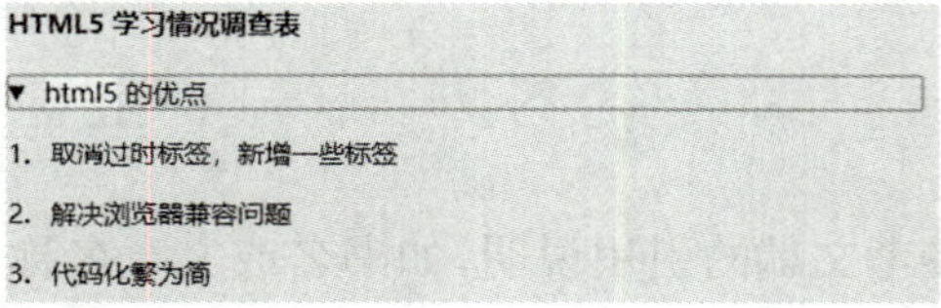

图 3-9 details 和 summary 使用效果

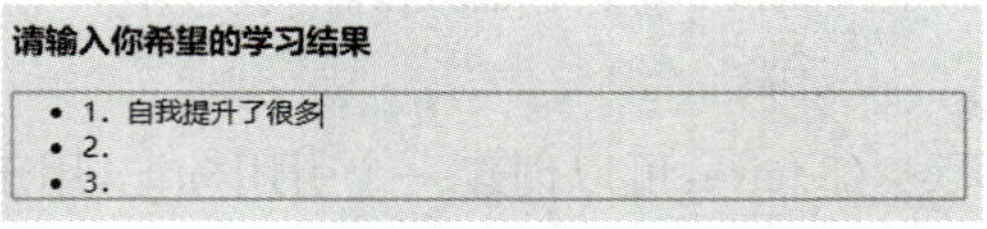

图 3-10 contenteditable 使用效果

3.2.5 任务实训

综合练习前面所学的标记,制作图 3-11 所示的网页。

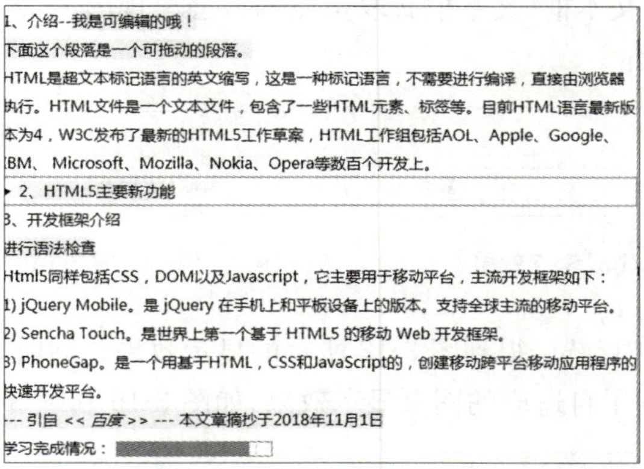

图 3-11　百度介绍网页效果图

其源代码见 Task3-4. html。

3.3 用户注册页面设计

3.3.1　任务目标

掌握表单元素和属性的使用。

3.3.2　任务描述

利用表单元素制作一个自适应的用户注册页面，如图 3-12 所示。

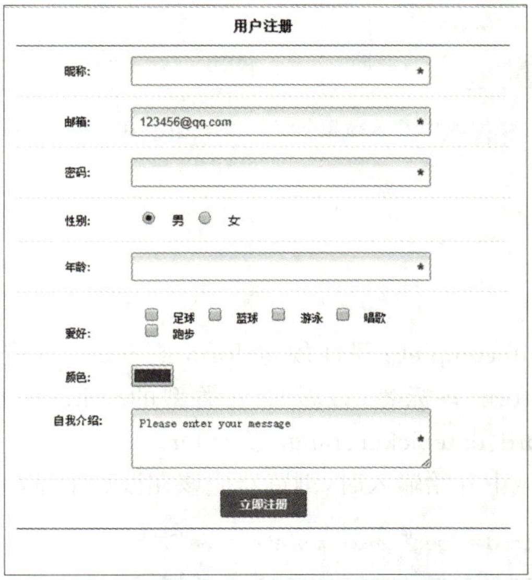

图 3-12　用户注册页面效果

当将鼠标指针放在文本框(文本框获取焦点)时,会出现图 3-13 所示的效果。若输入正确,则效果如图 3-14 所示。

图 3-13　文本框获取焦点效果

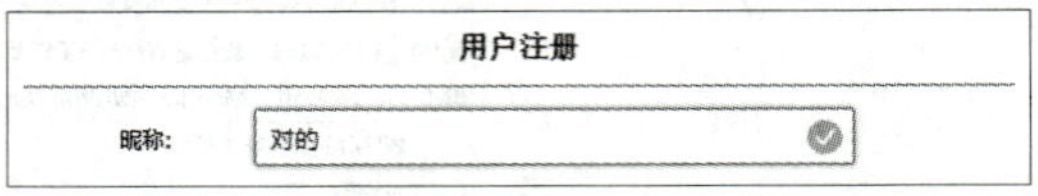

图 3-14　正确输入效果

在 Chrome 浏览器中预览,得到图 3-12 所示的显示效果。同时,分别用 Chrome 模拟器 Galaxy S5 和 iPad,得到了自适应的网页显示效果,如图 3-15 和图 3-16 所示。

图 3-15　网页在 Galaxy S5 模拟器中显示效果

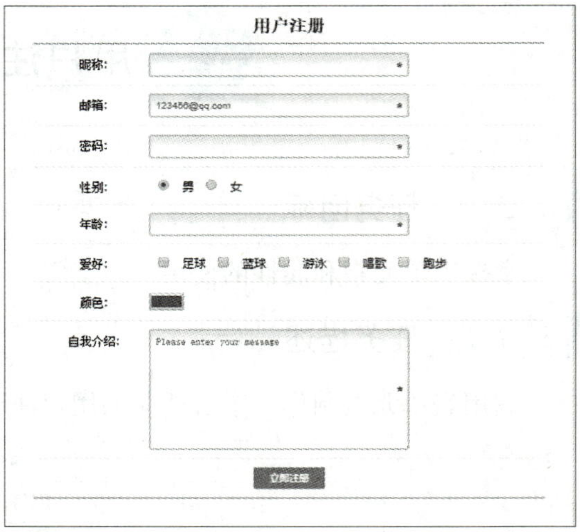

图 3-16　网页在 iPad 模拟器中显示效果

3.3.3　任务知识

1. 表单属性

(1)autocomplete:autocomplete 属性规定 form 或 input 域应该拥有自动完成功能。autocomplete 适用于＜form＞标签,以及以下类型的＜input＞标签:text、search、url、telephone、email、password、datepicker、range 及 color。

当用户在自动完成域中开始输入时,浏览器应该在该域中显示填写的选项。

```
<form action="" method="get" autocomplete="on">
Firstname:<input type="text" name="fname"/><br/>
Lastname:<input type="text" name="lname"/><br/>
```

```
E-mail:<input type="email" name="email" autocomplete="off"/><br/>
<input type="submit"/>
</form>
```

(2)novalidate:指定在提交表单时取消对表单进行有效的检查。为表单设置该属性时，可以关闭整个表单的验证，这样可以使 form 内的所有表单控件不被验证。novalidate 适用于<form>标签，以及以下类型的<input>标签：text、search、url、telephone、email、password、datepicker、range 及 color。

```
<form action="1.html" method="get" novalidate="true">
E-mail:<input type="email" name="user_email"/>
<input type="submit"/>
</form>
```

(3)input 元素的 type 属性。

①单行文本输入框<input type="text"/>。单行文本输入框常用来输入简短的信息，如用户名、账号、证件号码等，常用的属性有 name、value 和 maxlength。

②密码输入框<input type="password"/>。密码输入框用来输入密码，其内容将以圆点的形式显示。

③单选按钮<input type="radio"/>。单选按钮用于单项选择，在定义单选按钮时，必须为同一组中的选项指定相同的 name 值，这样单选才会生效。

④复选框<input type="checkbox"/>。复选框常用于多项选择，如选择兴趣、爱好等，可对其应用 checked 属性，指定默认选中项。

⑤普通按钮<input type="button"/>。普通按钮常常配合 JavaScript 脚本语言使用，初学者了解即可。

⑥提交按钮<input type="submit"/>。提交按钮是表单中的核心控件，用户完成信息的输入后，一般都需要单击提交按钮才能完成表单数据的提交。可以对其应用 value 属性，改变提交按钮上的默认文本。

⑦重置按钮<input type="reset"/>。当用户输入的信息有误时，可单击重置按钮取消已输入的所有表单信息。可以对其应用 value 属性，改变重置按钮上的默认文本。

⑧图像形式的提交按钮<input type="image"/>。图像形式的提交按钮用图像代替了默认的按钮，外观上更加美观。需要注意的是，必须为其定义 src 属性指定图像的 url 地址。

⑨隐藏域<input type="hidden"/>。隐藏域对用户是不可见的，通常用于后台程序，初学者了解即可。

⑩文件域<input type="file"/>。当定义文件域时，页面中将出现一个文本框和一个浏览按钮，用户可以通过填写文件路径或直接选择文件的方式将文件提交给后台服务器。

⑪email 类型<input type="email"/>。email 类型的 input 元素是一种专门用于输入 E-mail 地址的文本输入框，用来验证 email 输入框的内容是否符合 E-mail 邮件地址格式；如果不符合，就提示相应的错误信息。

⑫url 类型<input type="url"/>。url 类型的 input 元素是一种用于输入 URL 地址

的文本框。如果所输入的内容是 URL 地址格式的文本，就会提交数据到服务器；如果输入的值不符合 URL 地址格式，就不允许提交并有提示信息。

⑬tel 类型<input type="telephone"/>。telephone 类型用于提供输入电话号码的文本框，由于电话号码的格式千差万别，很难实现一个通用的格式。因此，telephone 类型通常会和 pattern 属性配合使用。

⑭search 类型<input type="search"/>。search 类型是一种专门用于输入搜索关键词的文本框，它能自动记录一些字符，如站点搜索或 Google 搜索等。在用户输入内容后，其右侧会附带一个删除图标，单击这个图标可以快速清除内容。

⑮color 类型<input type="color"/>。color 类型用于提供设置颜色的文本框，实现一个 RGB 颜色输入。其基本形式是#RRGGBB，默认值为#000000，通过 value 属性值可以更改默认颜色。单击 color 类型文本框，可以快速打开拾色器面板，方便用户选取一种颜色。

⑯number 类型<input type="number"/>。number 类型的 input 元素用于提供输入数值的文本框。在提交表单时，会自动检查该输入框中的内容是否为数字。如果输入的内容不是数字或数字不在限定范围内，就会出现错误提示。number 类型的输入框可以对输入的数字进行限制，规定允许的最大值和最小值、合法的数字间隔或默认值等。具体属性说明如下。

a. value：指定输入框的默认值。

b. max：指定输入框可以接受的最大输入值。

c. min：指定输入框可以接受的最小输入值。

d. step：输入域合法的间隔，若不设置，则默认值是 1。

⑰range 类型<input type="range"/>。range 类型的 input 元素用于提供一定范围内数值的输入范围，在网页中显示为滑动条。它的常用属性与 number 类型一样，通过 min 属性和 max 属性，可以设置最小值与最大值，通过 step 属性指定每次滑动的步幅。

⑱datepicker 类型<input type="date，month，week…"/>。datepicker 类型是指日期和时间类型，HTML5 中提供了多个可供选取日期和时间的输入类型，用于验证输入的日期和时间，具体如表 3-3 所示。

表 3-3　日期和时间类型

日期和时间类型	说　明
date	选取日、月、年
month	选取月、年
week	选取周和年
time	选取时间(小时和分钟)
datetime	选取时间、日、月、年(UTC 时间)
datetime-local	选取时间、日、月、年(本地时间)

2. input 元素的其他属性

(1)autofocus 属性。在 HTML5 中，autofocus 属性用于指定页面加载后是否自动获取焦点，将标记的属性值指定为 true 时，表示页面加载完毕后会自动获取该焦点。

(2)form 属性。在 HTML5 之前，如果用户要提交一个表单，必须把相关的控件元素都放在表单内部，即<form>和</form>标签之间。在提交表单时，会将页面中不是表单子元素的控件直接忽略掉。

(3)list 属性。通过 datalist 元素实现数据列表的下拉效果。而 list 属性用于指定输入框所绑定的 datalist 元素，其值是某个 datalist 元素的 id。

(4)multiple 属性。multiple 属性指定输入框可以选择多个值，该属性适用于 email 和 file 类型的 input 元素。multiple 属性用于 email 类型的 input 元素时，表示可以向文本框中输入多个 E-mail 地址，多个地址之间通过逗号隔开；multiple 属性用于 file 类型的 input 元素时，表示可以选择多个文件。

(5)min、max 和 step 属性。HTML5 中的 min、max 和 step 属性用于为包含数字或日期的 input 输入类型规定限值，也就是给这些类型的输入框加一个数值的约束，适用于 number 和 range 标签。具体属性说明如下。

a. max：规定输入框所允许的最大输入值。

b. min：规定输入框所允许的最小输入值。

c. step：为输入框规定合法的数字间隔，若不设置，则默认值是 1。

(6)pattern 属性。pattern 属性用于验证 input 类型输入框中用户输入的内容是否与所定义的正则表达式相匹配。pattern 属性适用于的类型是：text、search、url、telephone、email 和 password 的<input/>标记。正则表达式详述请参见其他教材。

(7)placeholder 属性。placeholder 属性用于为 input 类型的输入框提供相关提示信息，以描述输入框期待用户输入何种内容。在输入框为空时显式出现，而当输入框获得焦点时则会消失。

(8)required 属性。HTML5 中的输入类型不会自动判断用户是否在输入框中输入了内容，如果开发者要求输入框中的内容是必须填写的，那么需要为 input 元素指定 required 属性。required 属性用于规定输入框填写的内容不能为空，否则不允许用户提交表单。

(9)datalist 元素。datalist 元素用于定义输入框的选项列表，列表通过 datalist 内的 option 元素进行创建。如果用户不希望从列表中选择某项，也可以自行输入其他内容。datalist 元素通常与 input 元素配合使用来定义 input 的取值。在使用<datalist>标签时，需要通过 id 属性为其指定一个唯一的标识，然后为 input 元素指定 list 属性，将该属性值设置为 option 元素对应的 id 属性值即可。

```
<datalist id="browsers">
<option value="InternetExplorer">
<option value="Firefox">
<option value="Chrome">
<option value="Opera">
<option value="Safari">
</datalist>
<input list="browsers">
```

(10)keygen 元素。keygen 元素是用于表单的密钥生成器，能够使用户验证更为安全、可靠。当提交表单时会生成两个键：一个是私钥，它存储在客户端；一个是公钥。如果新的浏览器能够对 keygen 元素的支持度再增强一些，则有望使其成为一种有用的安全标准。keygen 元素的常用属性及说明如表 3-4 所示。

表 3-4　keygen 元素常用属性及说明

属　性	说　明
autofocus	使 keygen 字段在页面加载时获得焦点
challenge	若使用，则将 keygen 的值设置为在提交时询问
disabled	禁用 keytag 字段
form	定义该 keygen 字段所属的一个或多个表单
keytype	定义 keytypersa 生成 RSA 密钥
name	定义 keygen 元素的唯一名称 name 属性，用于在提交表单时搜集字段的值

```
<form action="1.html" method="get">
用户名:<input type="text" name="usr_name">
加密:<keygen name="security">
<input type="submit">
</form>
```

(11)output 元素。output 元素用于不同类型的输出，可以在浏览器中显示计算结果或脚本输出。其常用属性及说明如表 3-5 所示。

表 3-5　output 元素常用属性及说明

属　性	说　明
for	定义输出域相关的一个或多个元素
form	定义输入字段所属的一个或多个表单
name	定义对象的唯一名称

3.3.4　任务实施

任务描述中需完成的网页是一个用户注册页面，其源代码详见 Task3-5. html。

3.3.5　任务实训

利用表单元素，设计图 3-17 所示的表单。

图 3-17　表单制作

其完整源代码详见 Task3-6. html。

3.4 视频播放网页设计

3.4.1 任务目标

- 掌握 HTML5 的 video 元素的属性方法事件。
- 掌握 HTML5 的 audio 元素的属性方法事件。

3.4.2 任务描述

利用多媒体技术制作图 3-18 所示的视频播放网页，且能在 Chrome 模拟器 Galaxy S5 和 iPad 中自适应显示。

图 3-18 视频播放网页效果

3.4.3 任务知识

在 HTML5 出现之前并没有将视频和音频嵌入页面的标准方式，多媒体内容在大多数情况下都是通过第三方插件或集成在 Web 浏览器的应用程序中来置于页面中的。通过这样的方式实现的视频和音频功能，不仅需要借助第三方插件且实现代码复杂冗长，运用 HTML5 新增的 video 标签和 audio 标签可以避免这样的问题。

(1)video 元素的常用属性、方法和事件。在 HTML5 中，video 元素用于定义播放视频文件的标准，它支持 3 种视频格式，分别为 OGG、WebM 和 MPEG4，其基本语法格式如下。

```
<video src="视频文件路径" controls="controls"></video>
```

在上面的语法格式中，src 属性用于设置视频文件的路径，controls 属性用于为视频提供播放控件，这两个属性是 video 元素的基本属性。可以对它增加一些属性来优化视频的播放效果。video 元素的常用属性如表 3-6 所示。

表 3-6　video 元素的常用属性

属　性	值	描　述
autoplay	autoplay	当页面载入完成后自动播放视频
loop	loop	视频结束时重新开始播放
preload	preload	若出现该属性，则视频在页面加载时进行加载并预备播放。若使用“autoplay”，则忽略该属性
poster	url	当视频缓冲不足时，该属性值链接一个图像，并将该图像按照一定的比例显示出来
width		视频宽度
height		视频高度
muted		设置或返回视频是否静音

video 元素的常用方法如表 3-7 所示。

表 3-7　video 元素的常用方法

方　法	描　述
canPlayType(type)	能否播放某个资源文件，返回三个字符串之一：empty、maybe 或 probably
load()	重新加载资源
play()	播放
pause()	暂停

video 元素的常用事件如表 3-8 所示。

表 3-8　video 元素的常用事件

事　件	描　述
loadstart	当浏览器开始查找视频时
durationchange	当视频的时长已更改时
loadedmetadata	当浏览器已加载视频的元数据时
loadeddata	当浏览器已加载视频的当前帧时
progress	当浏览器正在下载视频时
canplay	当浏览器可以播放视频时
canplaythrough	当浏览器可在不因缓冲而停顿的情况下进行播放时

(2)audio 元素的常用属性、方法和事件。在 HTML5 中，audio 元素用于定义播放音频文件的标准，它支持 3 种音频格式，分别为 OGG、MP3 和 WAV，其基本格式如下。

```
<audio src="音频文件路径" controls="controls"></audio>
```

在上面的基本格式中，src 属性用于设置音频文件的路径，controls 属性用于为音频提供播放控件，这和 video 元素的属性非常相似。同样，<audio>和</audio>之间也可以插入文字，用于不支持 audio 元素的浏览器显示。audio 元素的属性、方法、事件和 video 一样，在此不再赘述。

（3）source 元素。在 HTML5 中，运用 source 元素可以为 video 元素或 audio 元素提供多个备用文件。运用 source 元素添加音频的基本格式如下。

```
<audio controls="controls">
<source src="音频文件路径" type="媒体文件类型">
<source src="音频文件路径" type="媒体文件类型">
  ……
</audio>
```

source 元素一般设置两个属性，即 src 用于指定媒体文件的路径，type 用于指定媒体文件的类型。

3.4.4 任务实施

任务描述中需完成的网页是一个视频播放网页，在 Dreamweaver CS6 中，创建 Task3-7. html，其用到的 CSS 文件为 css/Task3-3. css，js 文件为 js/Task3-1. js。

3.4.5 任务实训

制作一个音乐播放器，如图 3-19 所示。

音乐播放器实现的功能是可以播放、暂停，以及显示音乐的当前播放时间及总时间。例如，当单击“播放”按钮时，效果如图 3-20 所示。

图 3-19 音乐播放器

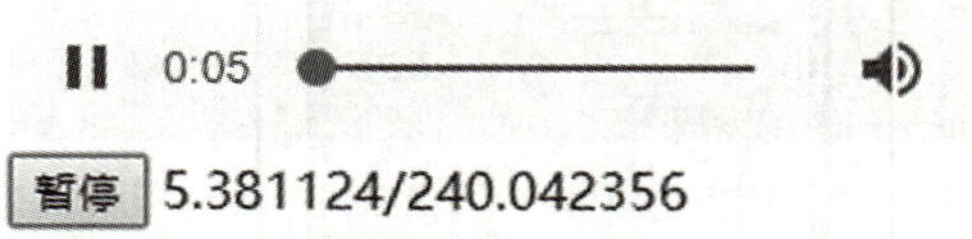

图 3-20 播放时效果

音乐播放器实现的完整源代码详见 Task3-8. html。

3.5 个人信息管理网页设计

3.5.1 任务目标

- 利用媒体查询实现响应式设计。
- 利用弹性盒布局实现响应式设计。

3.5.2 任务描述

利用媒体查询和弹性盒布局实现个人信息管理网页响应式设计，大屏幕下的网页如

图 3-21 所示。

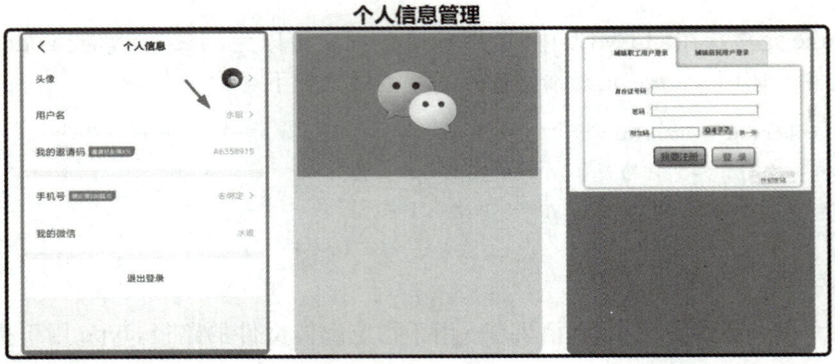

图 3-21　个人信息管理网页效果

在 Chrome 浏览器中，分别用模拟器 Galaxy S5 和 iPad 得到自适应的网页显示效果，如图 3-22 和图 3-23 所示。

图 3-22　网页在 Galaxy S5 模拟器中显示效果

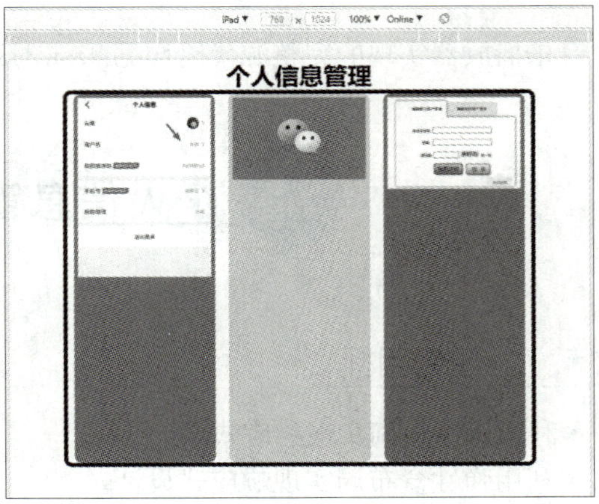

图 3-23　网页在 iPad 模拟器中显示效果

3.5.3 任务知识

1. 媒体查询

1)媒体查询的概念

使用媒体查询,可以针对不同的媒体类型定义不同的样式。媒体查询可以针对不同的屏幕尺寸设置不同的样式,如果需要设计响应式的页面,那么媒体查询是非常有用的。在重置浏览器大小的过程中,页面也会根据浏览器的宽度和高度重新进行渲染。

2)媒体查询的作用

媒体查询可以在不改变页面内容的情况下为特定的一些输出设备定制显示效果,是响应式布局实现的主要方式。

3)媒体查询的语法

(1)外联 CSS 语法。

```
<link rel="stylesheet" media="mediatype and|not|only (mediafeature)" href="mystylesheet.css">
```

①媒体类型:mediatype。

②关键字:and|not|only。

③媒体特征:mediafeature。

实例:

```
<link rel="stylesheet" media="screen and (min-width:1024px)" href="red.css"/>
```

(2)内嵌样式的语法。

```
@media mediatype and|not|only (mediafeature){…}
```

①媒体类型:mediatype。

②关键字:and|not|only。

③媒体特征:mediafeature。

例如,当页面宽度小于等于 960 px 时,执行下面的 CSS 代码。

```
@media screen and (max-width:960px){
body{background:red;}
```

当页面宽度大于 960 px 小于 1 200 px 时,执行下面的 CSS 代码。

```
@media screen and (min-width:960px) and (max-width:1200px){
body{background:yellow;}
```

2. 弹性盒布局

弹性盒布局是 CSS3 规范中提出的一种新的布局方式。它的目的是提供一种更加高效的方式来对容器中的条目进行布局、对齐和空间分配;这种布局模式已被主流浏览器所支持,可以在 Web 应用开发中使用。这里需要说明的是,flex 是 display 的一个属性值;设置了“display:flex”属性的元素称为 Flex 容器,它里面的所有子元素统称为容器成员,称为 Flex 项目。后面我们就使用 Flex 容器和 Flex 项目来进行介绍。Flex 容器有两根坐标轴:主轴(mainaxis)和交叉轴(crossaxis),如图 3-24 所示。

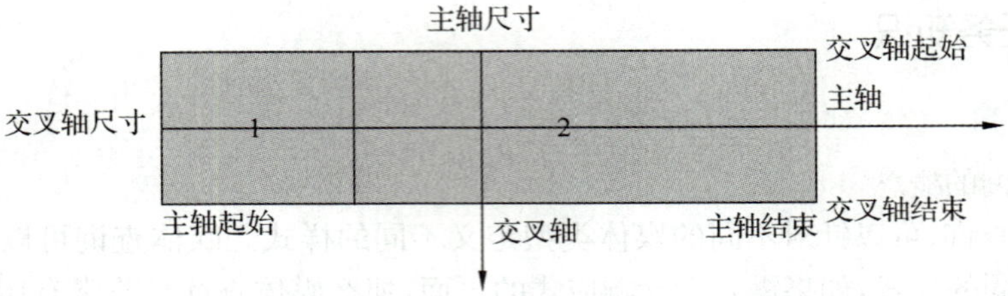

图 3-24　弹性盒布局中的轴

1)容器的属性

上面提到过,采用 Flex 布局元素,称为 Flex 容器,简称容器,那么容器属性就是设置在已经设置了 flex 属性的这个容器上的属性。

注意: 需要设置"display: flex;"属性,可以选择性设置 flex-direction; flex-wrap; flex-flow; justify-content; align-items; align-content 属性(以上这些属性都是设置在容器上面的)。其含义如表 3-9 所示。

表 3-9　容器属性 1

属　　性	解　　释
flex-direction	给容器设置主轴的方向
flex-wrap	设置容器是单行还是多行
flex-flow	是 flex-direction 和 flex-wrap 的复合简写形式
justify-content	定义容器中的项目在主轴方向上的对齐方式
align-items	定义弹性盒子元素在交叉轴上的对齐方式
align-content	定义多根轴线的对齐方式,若项目只有一根轴线,则不起作用

下面具体介绍容器属性相关的设置。

(1)display: flex 元素的弹性容器属性。以前学过的 display 相关属性值有 block、inline-block、inline 和 none。那现在再加一个弹性盒子属性值,即 flex 属性值。英文中的 flex 是弯曲的意思,所以在前端布局中,可以理解为布局相对比较随意。

display: flex 默认的排列方向为主轴为 x 轴,交叉轴默认为 y 轴,并且其方向是从右往左和从上往下的。

```
<div class="main">
<div class="box1">
<ul class="myflex">
<li>A</li><li>B</li><li>C</li><li>D</li>
</ul>
</div>
</div>
```

设置如下 CSS 后,效果如图 3-25 所示。

```
<style type="text/css">
 *{
  margin:0;
  padding:0;
  list-style:none;
  color:#FFF;
}
.main{
  width:800px;
  margin:100pxauto;
  box-shadow:0 0 15px 0 deeppink;
}
.main.box1.myflex{
  display:flex;/*给容器一个 display:flex 属性*/
}
.main.box1ulli{
  width:150px;
  height:40px;
  font:bolder 20px/40px "";
  text-align:center;
  background:#F00;
  margin-left:70px;
  box-shadow:0 0 10px 0 blue;
}
.main.box1ulli:nth-child(1){
  margin-left:0px;
}
</style>
```

图 3-25 display:flex 效果

(2)flex-direction 给容器设置主轴的方向。以前学过的 transform-origin、background-origin、background-clip 等，可以修改参考点的属性，那么 flex-direction 属性也是如此，其就是对默认的主轴或交叉轴的方向进行修改，主要有表 3-10 所示的几个属性值。

表 3-10 容器属性 2

属　性	解　释
row	主轴为水平方向，并且从左到右排列(默认)
row-reverse	主轴为水平方向，但是与默认相反，从右往左排列
column	主轴切换为垂直方向，起点在上沿，从上往下进行显示
column-reverse	主轴在垂直方向上，起点在下沿，从下往上进行显示

在如下 body 区域中设置样式表内容后，其在 iPad 中的效果如图 3-26 所示。

```
<div class="main">
<div class="box1">
<h3>row</h3>
<ul class="myflex">
<li>1</li>
<li>2</li>
<li>3</li>
<li>4</li>
</ul>
</div>
<div class="box2">
<h3>row-reverse</h3>
<ul class="myflex">
<li>1</li>
......
</ul>
</div>
<div class="box3">
<h3>column</h3>
<ul class="myflex">
<li>1</li>
......
</ul>
</div>
<div class="box4">
<h3>column-reverse</h3>
<ul class="myflex">
<li>1</li>
......
</ul>
</div>
</div>
```

```
<style type="text/css">
*{
margin:0;
padding:0;
list-style:none;
color:#FFF;
}
.main{
```

```
width:800px;
margin:100px auto;
box-shadow:0 0 15px 0 deeppink;
}
.maindiv{
width:800px;
height:200px;
box-shadow:0 0 15px 0 green yellow;
}
h3{
text-align:center;
color:#000;
}
.myflex{
display:flex;
}/*给容器一个 display:flex 属性*/
.mainulli{
width:150px;
height:40px;font:bolder 20px/40px "";
text-align:center;
background:red;
box-shadow:0 0 10px 0 blue;
}
.main.box1ul{
flex-direction:row;
}/*主轴为水平方向,并从左到右排列(默认),容器属性需要填在容器元素上*/
.main.box2ul{
flex-direction:row-reverse;
}/*主轴为水平方向,并从右往左排列*/
.main.box3ul{
flex-direction:column;
}/*主轴为垂直方向,并从上往下排列*/
.main.box4ul{
flex-direction:column-reverse;
}/*主轴为垂直方向,并从下往上进行显示*/
</style>
```

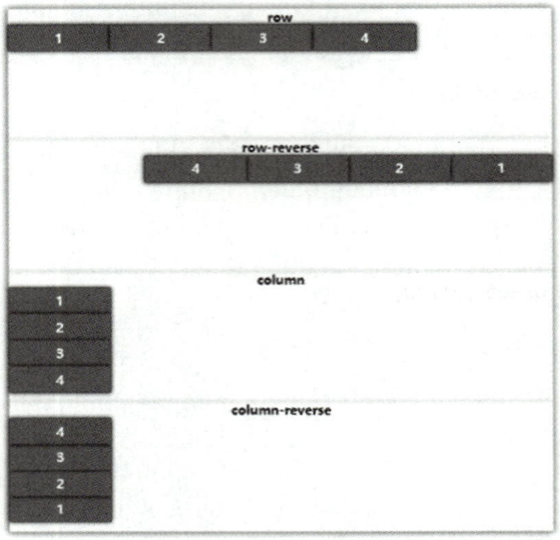

图 3-26　flex-direction 效果

(3)flex-wrap 给 flex 容器设置是单行还是多行显示。wrap 属性最早是在学习文字单行显示还是多行显示时出现的，里面有个属性值为 wrap 和 nowrap。这里同样也有这样的属性，不过多了一个 wrap-reverse 属性，如表 3-11 所示。

表 3-11　flex-wrap 取值

属　性	解　释
wrap	flex 容器为多行，该情况下 flex 子项在溢出的部分会被放置到新行中，换行
nowrap	不换行，该情况下 flex 子项可能会溢出容器(默认情况)
wrap-reverse	反转 wrap 排列

在如下 body 区域中设置样式表内容后，其在 iPad 中的效果如图 3-27 所示。

```
<div class="main">
<div class="box1">
<h3>nowrap</h3>
<ul class="myflex">
<li>1</li>
<li>2</li>
<li>3</li>
<li>4</li>
<li>5</li>
<li>6</li>
<li>7</li>
</ul>
</div>
<div class="box2">
```

```
<h3>wrap</h3>
<ul class="myflex">
<li>1</li>
……
</ul>
</div>
<div class="box3">
<h3>wrap-reverse</h3>
<ul class="myflex">
<li>1</li>
……
</ul>
</div>
</div>
```

```
<style type="text/css">
*{
margin:0;
padding:0;
list-style:none;
color:#FFF;
}
.main{
width:800px;
margin:100px;
auto;
box-shadow:0 0 15px 0 deeppink;
}
.maindiv{
width:800px;
height:200px;
box-shadow:0 0 15px 0 green yellow;
}
h3{
text-align:center;
color:#000;
}
.myflex{
display:flex;
}/*给容器一个 display:flex 属性*/
.main.box1ul{
flex-direction:row;
```

```
}/*主轴为水平方向,并从左到右排列(默认),容器属性需要填在容器元素上*/
.mainulli{
width:150px;
height:40px;
font:bolder 20px/40px "";
text-align:center;
background:red;
box-shadow:0 0 10px 0 blue;
}
.main.box1ul{
flex-wrap:nowrap;
}/*默认值,不换行,会压缩,不会超出父级*/
.main.box2ul{
flex-wrap:wrap;
}/*会换行*/
.main.box3ul{
flex-wrap:wrap-reverse;
}/*只是单纯地上下反转,不是序号改变*/
</style>
```

flex-flow 是 flex-direction 和 flex-wrap 的复合属性形式,默认值是 rownowrap,即 x 为主轴方向,不换行,也就是两个单独属性的默认值。

若将上述 HTML 代码中各部分显示的标题修改后,样式表内容改为如下 CSS 代码,则显示效果如图 3-28 所示。

```
<style type="text/css">
*{
margin:0;
padding:0;
list-style:none;
color:#FFF;
}
.main{
width:90%;
height:auto;
margin:0 auto;
box-shadow:0 0 15px 0 deeppink;
}
.maindiv{
width:100%;
height:25%;
box-shadow:0 0 15px 0 greenyellow;
}
h3{
```

```
text-align:center;
color:#000;
}
.myflex{
display:flex;
}/*给容器一个 display:flex 属性*/
.mainulli{
width:150px;
height:40px;
font:bolder 20px/40px "";
text-align:center;
background:red;
box-shadow:0 0 10px 0 blue;
}
.main.box1ul{
flex-flow:rowwrap;
}/*主轴为水平方向,并从左到右排列(默认),容器属性需要填在容器元素上*/
.main.box2ul{
flex-flow:row-reverse nowrap;
}
.main.box3ul{
flex-flow:columnwrap;
}
.main.box4ul{
flex-flow:column-reverse wrap-reverse;
}
</style>
```

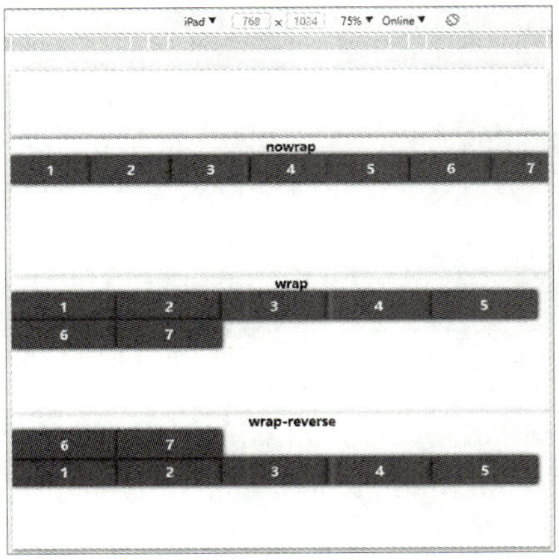

图 3-27　flex-wrap 效果

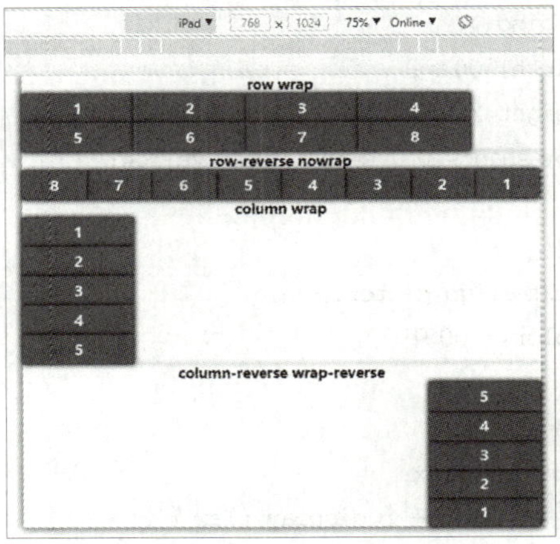

图 3-28　wrap-reverse 效果

比较图 3-27 和图 3-28 可知,虽然设置了 warp,但是在列方向上依旧是不会改变的,但是在设置 wrap-reverse 之后,却是可以进行反转的,所以 wrap 其实主要是针对行的属性,在列上时没有任何效果。

(4)justify-content(给容器)定义了项目在主轴上的对齐方式。justify-content 属性的主要作用就是定义项目在主轴方向上的对齐方式，可以是左对齐、右对齐、居中对齐、两端对齐、间隔相等的对齐方式，如表 3-12 所示。

表 3-12 justify-content 属性

属性值	属性含义
flex-start	沿着主轴开始的方向进行对齐
flex-end	从主轴结束的方向开始对齐
center	居中对齐
space-between	两端对齐
space-around	每个项目两侧间隔是相等的

在上述 HTML 代码的基础上，修改样式表内容为如下所示后，其在 iPad 上的水平显示效果如图 3-29 所示，垂直显示效果如图 3-30 所示。

```
*{
margin:0;
padding:0;
list-style:none;
color:#FFF;
}
.main{
width:90%;
height:auto;
margin:0 auto;
box-shadow:0 0 15px 0 deeppink;
}
.maindiv{
width:100%;
height:25%;
box-shadow:0 0 15px 0 green yellow;
}
h3{
text-align:center;
color:#000;
}
.myflex{
display:flex;
}/*给容器一个 display:flex 属性*/
.mainulli{
width:150px;
height:40px;
font:bolder 20px/40px "";
```

```
text-align:center;
background:red;
box-shadow:0 0 10px 0 blue;
}
.main.box1ul{
flex-direction:row;
justify-content:flex-start;
}/*沿着主轴的方向,从 start 到 end*/
.main.box2ul{
flex-direction:row;
justify-content:flex-end;
}/*沿着主轴的方向,从 end 到 start*/
.main.box3ul{
flex-direction:row-reverse;
justify-content:center;
}/*沿着主轴的方向,从中心往两端*/
.main.box4ul{
flex-direction:row;
justify-content:space-around;
}/*沿着主轴的方向,间隔相等*/
.main.box5ul{
flex-direction:row;
justify-content:space-between;
}/*沿着主轴的方向,从两端往中心*/
.main.box6ul{
flex-direction:column;
justify-content:flex-start;
}/*沿着主轴的方向,从 start 到 end*/
.main.box7ul{
flex-direction:column;
justify-content:flex-end;
}/*沿着主轴的方向,从 end 到 start*/
.main.box8ul{
flex-direction:column-reverse;
justify-content:center;
}/*沿着主轴的方向,从中心往两端*/
.main.box9ul{
flex-direction:column;
justify-content:space-around;
}/*沿着主轴的方向,间隔相等*/
.main.box10ul{
flex-direction:column;
justify-content:space-between;
}/*沿着主轴的方向,从两端往中心*/
```

主轴在垂直方向上时，justify 是没有任何效果的，所以 justify-content 对齐属性只能在水平方向上使用，不能在垂直方向上使用。

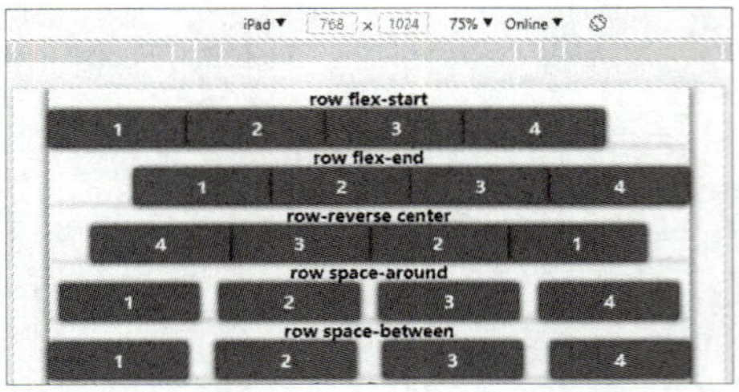

图 3-29　justify-content 水平方向效果

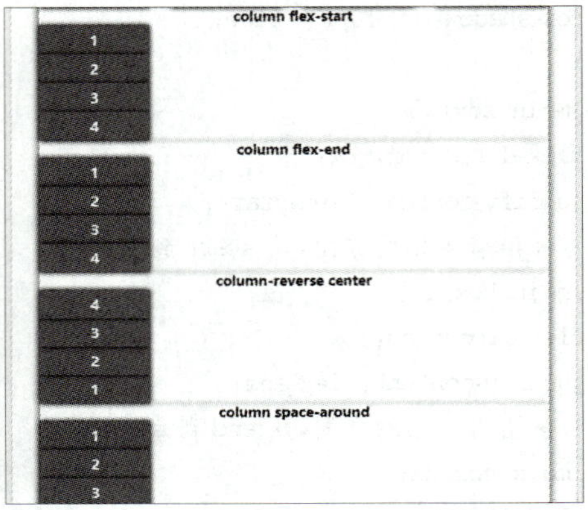

图 3-30　justify-content 垂直方向效果

(5)align-items 弹性盒子元素在交叉轴上的对齐方式。与主轴垂直的轴称为交叉轴。所以如果定义了主轴，交叉轴也就自然出来了。align-items 定义项目在弹性盒子交叉轴上的对齐方式，那么在交叉轴上的对齐属性使用的就是 align-items 这个属性，如表 3-13 所示。

表 3-13　align-items 属性

属性值	解　　释
stretch	默认值，即交叉轴的上沿
flex-end	与交叉轴的终点
center	与交叉轴的中点对齐
baseline	项目的第一行文字的基线
flex-start	交叉轴的起点对齐

若样式表内容修改为如下所示，则在 iPad 水平方向上的显示效果如图 3-31 所示。

```
<style type="text/css">
 *{
margin:0;
padding:0;
list-style:none;
color:#FFF;
}
.main{
width:800px;
margin:100px auto;
box-shadow:0 0 15px 0 deeppink;
}
.maindiv{
width:800px;
```

```
height:200px;
box-shadow:0 0 15px 0 green yellow;
}
h3{
text-align:center;
color:#000;
}
.myflex{
display:flex;
}/*给容器一个display:flex属性*/
.main.box1ul{
flex-direction:row;
}/*主轴为水平方向,并从左到右排列(默认),容器属性需要填在容器元素上*/
.mainulli{
width:150px;
height:40px;
font:bolder 20px/40px "";
text-align:center;
background:red;
box-shadow:0 0 10px 0 blue;
}
.mainulli:nth-child(2){
height:130px;
}
.main.box1ul{
align-items:stretch;
}/*默认的对齐方式*/
.main.box2ul{
align-items:flex-start;
}
.main.box3ul{
align-items:flex-end;
}
.main.box4ul{
align-items:baseline;
}
.main.box4.myflexli:nth-child(1){
font-size:16px;
}
.main.box4.myflexli:nth-child(2){
font-size:20px;
}
.main.box4.myflexli:nth-child(3){
```

```
font-size:34px;
}
.main.box5.myflex{
-webkit-align-items:center;
}
</style>
</div>
```

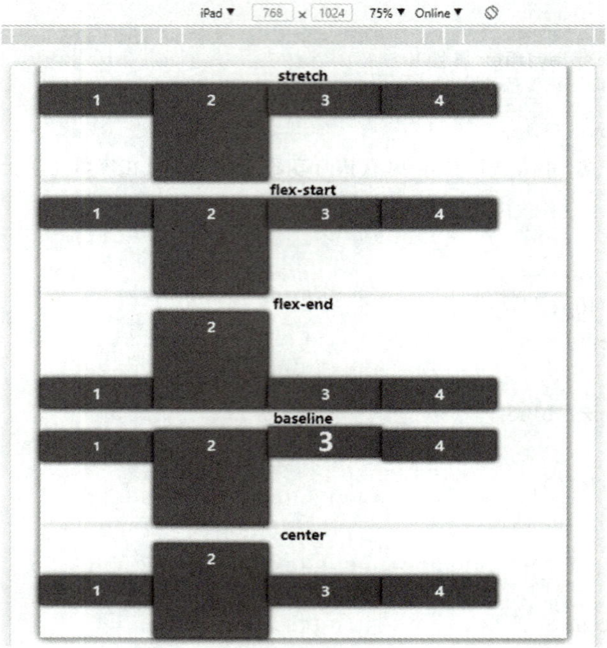

图 3-31　justify-content 水平方向效果

(6)align-content 定义了多根轴线的对齐方式，若项目只有一根轴线，则不起作用。align-conten 属性如表 3-14 所示。

表 3-14　align-conten 属性

属性值	属性含义
stretch	默认值，即交叉轴的上沿
flex-end	与交叉轴的终点对齐
center	与交叉轴的中点对齐
space-between	与交叉轴两端对齐，之间平均分配
space-around	交叉轴两侧间隔相等
flex-start	交叉轴的起点对齐

样式表内容如下。

```
<style type="text/css">
*{
margin:0;
padding:0;
list-style:none;
color:#FFF;
}
.main{
width:800px;
margin:100px auto;
box-shadow:0 0 15px 0 deeppink;
}
.maindiv{
width:800px;
height:200px;
box-shadow:0 0 15 px 0 green yellow;
}
h3{
text-align:center;
color:#000;
}
.myflex{
display:flex;
}/*给容器一个 display:flex 属性*/
.main.box1ul{
flex-direction:row;
}/*主轴为水平方向,并从左到右排列(默认),容器属性需要填在容器元素上*/
.main.box1ul{
flex-wrap:wrap;
height:200px;
align-content:stretch;
}/*默认值,主轴线占满整个交叉轴(每行元素下沿都有一个主轴,且每行主轴的高度相等)*/
.main.box2ul{
flex-wrap:wrap;
height:200px;
align-content:flex-start;
}/*与交叉轴上沿紧密对齐*/
.main.box3ul{
flex-wrap:wrap;
height:200px;
align-content:flex-end;
}/*与交叉轴下沿紧密对齐*/
.main.box4ul{
flex-wrap:wrap;
```

```
height:200px;
align-content:center;
}/*与交叉轴中部紧密对齐*/
.main.box5ul{
flex-wrap:wrap;
height:200px;
align-content:space-around;
}/*与交叉轴两端对齐,中间主轴宽度平均分配*/
.main.box6ul{
flex-wrap:wrap;
height:200px;
align-content:space-between;
}/*与交叉轴两端对齐,中间主轴宽度平均分配*/</style>
```

在 iPad 上的显示效果如图 3-32 所示。

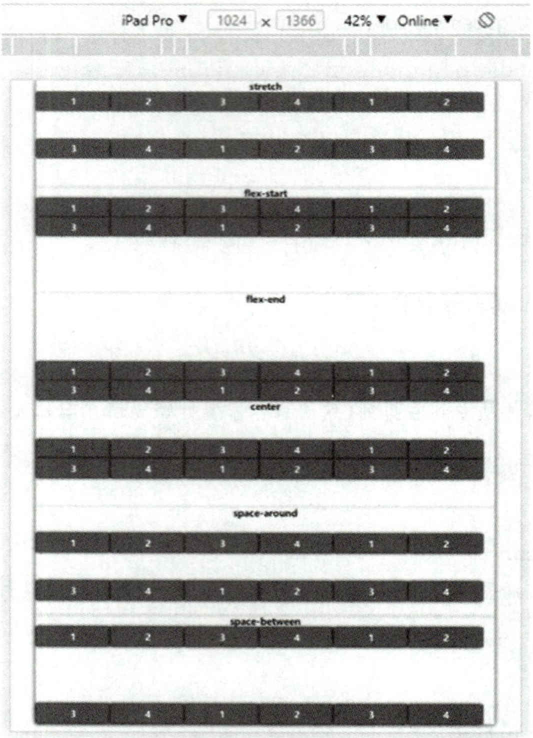

图 3-32 align-content 水平方向效果

2)弹性子元素属性

(1)子元素排序 order。

```
order:<integer>
```

order 属性的默认值为 0,可以为负值。指定 order 属性后,浏览器将根据 order 属性的值对子元素进行分组,order 值相同的元素属于同一组,值小的组排在前面,组内则根据元素在 HTML 代码中出现的先后顺序排列。

在如下 body 区域代码中

```
<h3>order</h3>
<ul class="myflex">
<li>1</li>
<li>2</li>
<li>3</li>
</ul>
```

添加如下 CSS 代码后，显示效果如图 3-33 所示。

```
*{
margin:0;
padding:0;
list-style:none;
color:#FFF;
}
.myflex{
display:flex;
}/*给容器一个 display:flex 属性*/
ul li{
width:150px;
height:40px;
font:bolder 20px/40px "";
text-align:center;
background:#6F6;
border:1px solid #000;
}
ul li:nth-child(1){
order:2;/*给项目排序*/
—webkit-order:2;
}
ul li:nth-child(2){
order:1;
—webkit-order:1;
}
ul li:nth-child(3){
order:-1;
—webkit-order:-1;
}
```

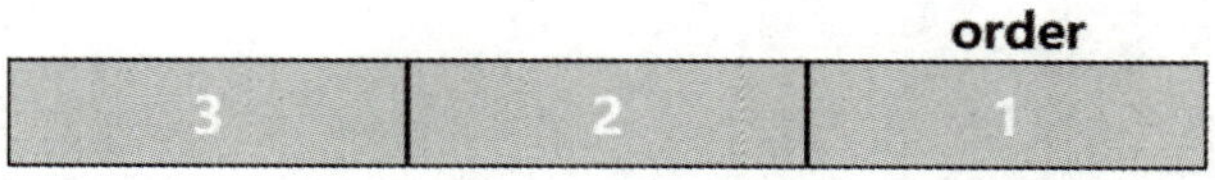

图 3-33 order 排序效果

可以看出，1、2、3 的出现顺序与它们在 HTML 中的定义顺序无关，而是按照 order 属性值的大小(数值小的排在前面)排列的。

(2)flex-grow 属性。flex-grow 属性用来定义子元素的拉伸因子，当容器有多余的空间时，浏览器把所有子元素的 flex-grow 属性值相加，再根据各自在总值中所占的份额分配容器的多余空间。语法为

```
flex-grow:<number>
```

flex-grow 属性的默认值为 0，支持整数或小数，不允许负值。如果某个子元素没有定义 flex-grow 属性，或将 flex-grow 属性显式设置为 0，或定义了固定尺寸，则不再为它分配父元素的多余空间。

body 内容为

```
<h3>flex-grow</h3>
<div class="father">
<div class="box1">1</div>
<div class="box2">2</div>
<div class="box3">3</div>
</div>
```

CSS 代码为

```
<style>
 *{
  margin:0;
  padding:0;
 }
 .father{
  width:600px;
  height:50px;
  display:-webkit-flex;
  display:flex;
  border:2pxsolid#000;
 }
 .father div{
  height:50px;
  width:100px;
  background:#0F9;
  border:1pxsolid#F00;
  text-align:center;
  font-weight:bold;
  font-size:20px;
 }
 .box1{
  -webkit-flex-grow:2;
```

```
    flex-grow:2;
  }
  .box2{
    -webkit-flex-grow:1;
    flex-grow:1;
  }
  </style>
```

在上述代码中，父元素的宽度是 600 px，每个子元素的宽度为 100 px，于是，父元素的剩余宽度就变成 600－3×100＝300 px。box1 和 box2 定义了 flex-grow 属性，box3 未定义。故 box1 和 box2 把剩余空间分成 2＋1＝3 份，box1 占 2/3，box2 占 1/3。于是，box1、box2 按 3：1 来分配这 300 px，box3 不分配。box1 分得 300×(2/3)＝200 px，box2 分得 300×(1/3)＝100 px。最终的结果是，box1 和 box2 在预分配空间的基础上又分得了剩余空间，而 box3 仅有原本的 100 px。运行结果如图 3-34 所示。

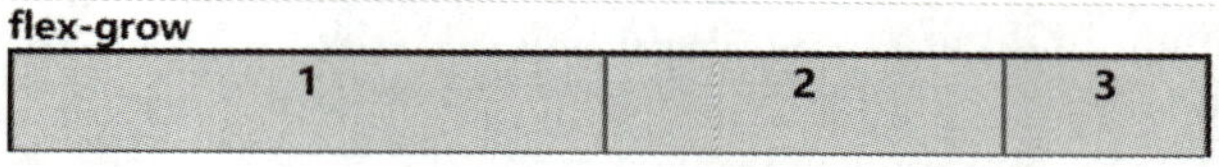

图 3-34 flex-grow 拉伸效果

可以看出，box1 的实际宽度为 100＋200＝300 px，box2 的实际宽度为 100＋100＝200 px，box3 的实际宽度仍然是 100 px。

(3)flex-shrink 属性。flex-shrink 属性定义子元素的收缩因子，当容器空间不足时，浏览器把所有子元素的 flex-shrink 属性值相加，再根据各自在总值中所占的份额进行收缩。语法为

```
flex-shrink:<number>
```

flex-shrink 属性的默认值为 1，不允许负值，0 表示不收缩。例如，父元素 father 下有两个子元素 box1 和 box2。HTML 代码如下。

```
<h3>flex-shrink</h3>
<div class="father">
<div class="box1">1</div>
<div class="box2">2</div>
</div>
```

CSS 代码为

```
*{
  margin:0;
  padding:0;
}
.father{
  width:600px;
  display:-webkit-flex;
```

```
  display:flex;
}
.fatherdiv{height:50px;
  background:#0F9;
  border:1pxsolid#F00;
  text-align:center;
  font-weight:bold;
  font-size:20px;
}
.box1{
color:red;
  width:400px;
  flex-shrink:3;
-webkit-flex-shrink:3;
}
.box2{
width:400px;
}
```

在上述代码中，父元素的宽度是 600 px，每个子元素的宽度是 400 px，于是，父元素的宽度不足。为了能够容纳所有子元素，子元素需要收缩，待收缩的宽度为 2×400－600＝200 px。box1 定义了 flex-shrink 属性，box2 未定义，box2 的 flex-shrink 属性使用默认值 1。box1、box2 把待收缩空间分成 3＋1＝4 份，box1 占 3/4，box2 占 1/4。于是，box1 和 box2 按 3∶1 来分配这 200 px，box1 要收缩 200×(3/4)＝150 px，box2 要收缩 200×(1/4)＝50 px。最终的结果是，box1 的实际宽度为 400－150＝250 px，box2 的实际宽度为 400－50＝350 px。运行结果如图 3-35 所示。

图 3-35　flex-shrink 收缩效果

(4) flex-basis 属性。flex-basis 属性用来定义为子元素预留的主轴尺寸。语法为

```
flex-basis:|auto
```

默认值为 auto。取值为 auto 时，实际使用的值是主轴尺寸属性的值，即 width 或 height 属性的值。如果主轴尺寸属性的值也是 auto，则要根据其内容和 flex-grow 属性来分配空间。取值为长度值时，首先为该元素预留空间，预留后剩余的空间再分配给所有子元素。这样一来，该元素除了预留空间外，还会分得容器的剩余空间。在父元素的空间有剩余时，该元素分配的空间＝flex-basis＋flex-grow；在父元素空间不足时，该元素分配的空间＝flex-basis－flex-shrink。例如，父元素 father 下有两个子元素 box1 和 box2。将 flex-shrink 中的 HTML 代码样式修改为

```
*{
  margin:0;
  padding:0;
}
.father{
  border:5px solid #000;
  width:400px;
  display:-webkit-flex;
  display:flex;
  flex-flow:row;
}
.fatherdiv{
  border:1px solid #000;
  height:50px;
}
.box1{
  -webkit-flex-grow:1;
  flex-grow:1;
  flex-basis:200px;
  -webkit-flex-basis:200px;
  background:#7f3ffd;
}
.box2{
  -webkit-flex-grow:1;
  flex-grow:1;
  background:#ef39d5;
}
```

在上述代码中，父元素的宽度是 400 px。box1 定义了 flex-basis 属性，预留了 200 px 的空间。而 box2 未定义 flex-basis 属性，并未预留空间。这样一来，父元素剩余的空间就变成了 400－200＝200 px。由于 box1、box2 的 flex-grow 属性的值都是 1，故由 box1、box2 均分父元素的剩余空间，各分得 100 px。最终结果是，box1 的实际宽度为 200＋100＝300 px，box2 的实际宽度为 100 px。运行结果如图 3-36 所示。

图 3-36 flex-basis 预留尺寸效果

（5）flex 属性。flex 属性是 flex-grow、flex-shrink、flex-basis 这 3 个属性的复合属性，用来定义子元素如何分配父元素的空白空间。语法格式为

```
flex:none|[<"flex-grow"><"flex-shrink">? ||<"flex-basis">]
```

取值为关键字 none 时，相当于 flex-grow 的值为 0、flex-shrink 的值为 0、flex-basis 的值为 auto。也就是说，flex:none 就相当于 flex:00auto。除此之外，flex 属性还可以使用以下常用值：flex:initial，这是 flex 属性的初始值，它表示 flex-grow、flex-shrink、flex-basis 这 3

个属性均使用默认值，就相当于 flex：01auto；flex：auto 相当于 flex：11auto，表示子元素的实际尺寸为 width 或 height 属性的值，并且子元素可以根据弹性容器的空间自由伸缩；flex：<positive-number>相当于 flex：<positive-number>10%，表示为子元素预留的主轴尺寸为 0，并根据设置的比率分配弹性容器的剩余空间。如果一个伸缩容器里的所有项目都使用此模式，则它们按各自指定的伸缩比率分配弹性容器的剩余空间。

HTML 代码如下。

```
<div class="flex-container">
<div class="flex-itemitem1">flexitem1</div>
<div class="flex-itemitem2">flexitem2</div>
<div class="flex-itemitem3">flexitem3</div>
</div>
```

设置 CSS 代码为

```
.flex-container{
display:-webkit-flex;
display:flex;
width:400px;
height:250px;
background-color:lightgrey;
}
.flex-item{
background-color:cornflowerblue;
margin:10px;
}
.item1{
-webkit-flex:2;
flex:2;
}
.item2{
-webkit-flex:1;
flex:1;
}
.item3{
-webkit-flex:1;
flex:1;
}
```

效果如图 3-37 所示。

(6)align-self 属性。align-self 属性用来定义当容器在侧轴方向上有额外的空白空间时，子元素如何分配多余的空间，或当容器的空间不足时，如何分配溢出的空间。

```
align-self:auto|flex-start|flex-end|center|baseline|stretch
```

align-self 属性用来覆写容器上的 align-items 属性，除了 align-items 属性的所有可选值外，align-self 属性还可以设置为 auto，表示其计算值是弹性容器的 align-items 属性值；如果

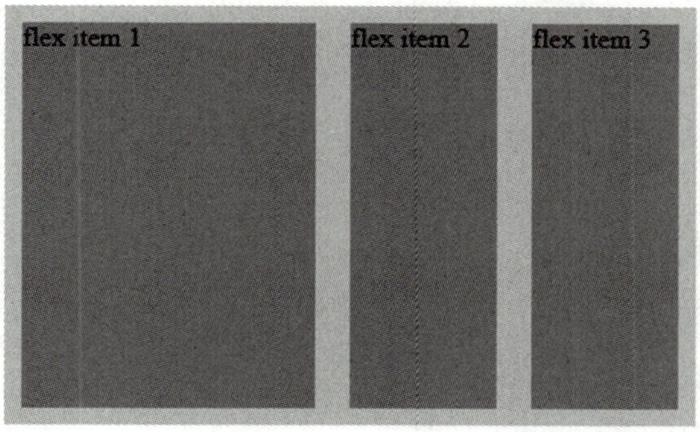

图 3-37 flex 分配子元素空间效果

弹性容器未定义 align-items 属性，则为 stretch。各个值解析如下。

①auto。如果 align-self 的值为 auto，则其计算值为元素的父元素的 align-items 值，如果其没有父元素，则计算值为 stretch。

②flex-start。弹性盒子元素的侧轴（纵轴）起始位置的边界紧靠住该行的侧轴起始边界。

③flex-end。弹性盒子元素的侧轴(纵轴)起始位置的边界紧靠住该行的侧轴结束边界。

④center。弹性盒子元素在该行的侧轴(纵轴)上居中放置(若该行的尺寸小于弹性盒子元素的尺寸，则会向两个方向溢出相同的长度)。

⑤baseline。若弹性盒子元素的行内轴与侧轴为同一条，则该值与 flex-start 等效。其他情况下，该值将参与基线对齐。

⑥stretch。若指定侧轴大小的属性值为 auto，则其值会使项目的边距盒的尺寸尽可能接近所在行的尺寸，但同时会遵照“min/max-width/height”属性的限制。

HTML 代码如下。

```
<div class="flex-container">
<div class="flex-itemitem1">flex-start</div>
<div class="flex-itemitem2">flex-end</div>
<div class="flex-itemitem3">center</div>
<div class="flex-itemitem4">baseline</div>
<div class="flex-itemitem5">stretch</div>
</div>
```

设置 CSS 代码为

```
.flex-container{
display:-webkit-flex;
display:flex;
width:400px;
height:250px;
background-color:lightgrey;
}
.flex-item{
background-color:cornflowerblue;
```

```
width:60px;
min-height:100px;
margin:10px;
}
.item1{
-webkit-align-self:flex-start;
align-self:flex-start;
}
.item2{
-webkit-align-self:flex-end;
align-self:flex-end;
}
.item3{
-webkit-align-self:center;
align-self:center;
}
.item4{
-webkit-align-self:baseline;
align-self:baseline;
}
.item5{
-webkit-align-self:stretch;
align-self:stretch;
}
```

效果如图 3-38 所示。

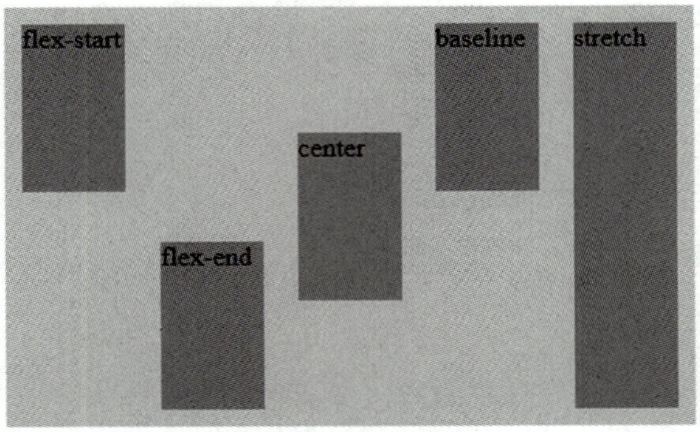

图 3-38 align-self 分配元素空间效果

3.5.4 任务实施

任务实施的源代码详见 Task3-9.html。其中：

(1)在父容器导航 element 中有左、中、右 3 个部分，给 element 设置“display:flex;”，使之成为弹性盒模型，并设置主轴方向为 row，同时将容器分为 10 份，左、中、右各占 1/3。

(2)当窗口小于等于 640 px 时，添加媒体查询，将左、中、右的“order：0”3 个部分将按自然顺序排列。

3.5.5 任务实训

利用媒体查询，实现 3 种布局效果，当屏幕小于 300 px 时，4 个方块显示效果如图 3-39 所示；当屏幕为 300～500 px 时，方块显示效果如图 3-40 所示；当屏幕为 500～800 px 时，显示效果如图 3-41 所示。

图 3-39　屏幕小于 300 px 效果

图 3-40　屏幕为 300～500 px 效果

图 3-41　屏幕为 500～800 px 效果

其实现的完整代码参见 Task3-10. html。

4 第 4 章 HTML5 离线存储

4.1 使用 Web Storage 制作通讯录

4.1.1 任务目标

- 学会使用本地存储。
- 了解实现离线存储的方式。
- 掌握 Web Storage 提供的存储和获取数据的方法。
- 掌握 localStorage 与 sessionStorage 的区别。

4.1.2 任务描述

通过 Web Storage 制作图 4-1(a)～(c)所示的简单通讯录，主要实现如下功能。

(1)录入联系人，联系人有姓名、手机号码 2 个字段，以手机号作为 key 存入 localStorage。

(2)根据手机号码查找机主。

(3)列出当前已保存的所有联系人信息。

4.1.3 任务知识

随着互联网的快速发展，基于网页的应用越来越普遍，同时也变得越来越复杂，为了满足日益更新的需求，会经常性地在本地设备上存储大量的数据。HTML5 规范中提出了 Web Storage 机制，Web Storage 速度更快，而且安全，只会存储在浏览器中而不会随 HTTP 请求发送到服务器端。它可以存储大量的数据而不会影响到网站的性能。

1. 本地存储的实现方式

(1)Cookie：传统的客户端存储一直以来都是使用 Cookie 实现的，但限于 Cookie 自身的局限性，它并不适合存储大量数据。因为浏览器每次发送请求都会将 Cookie 信息发送至服务器端，这使得访问速度下降且不够高效，同时不同的浏览器对 Cookie 有不同的限制，如早期的 IE 6 浏览器对 Cookie 限制大小为 5 KB，同一域名下只允许存在 20 个 Cookie，后续新增的 Cookie 数据会将先前的替换，这将导致很多意想不到的问题，所以使用 Cookie 一定要满足后台数据服务，同时要在知晓的情况下才可使用，切忌滥用 Cookie。

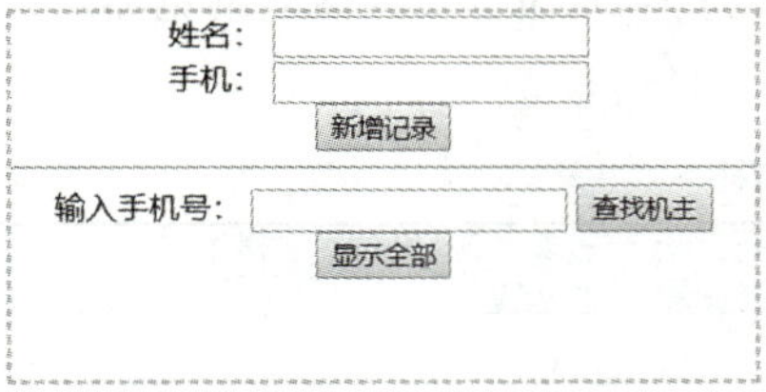

(a) 通讯录网页效果

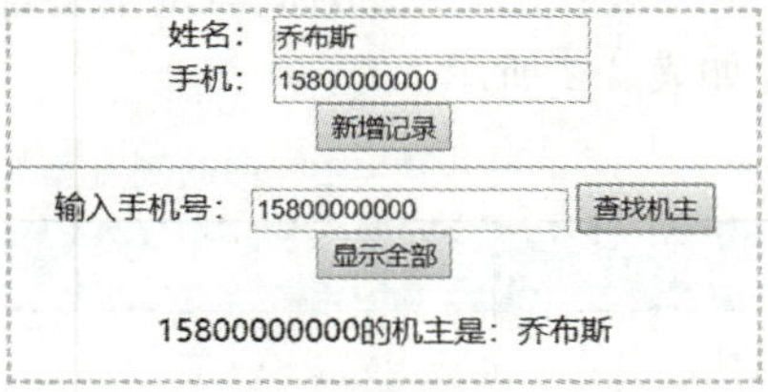

(b) 查找机主效果

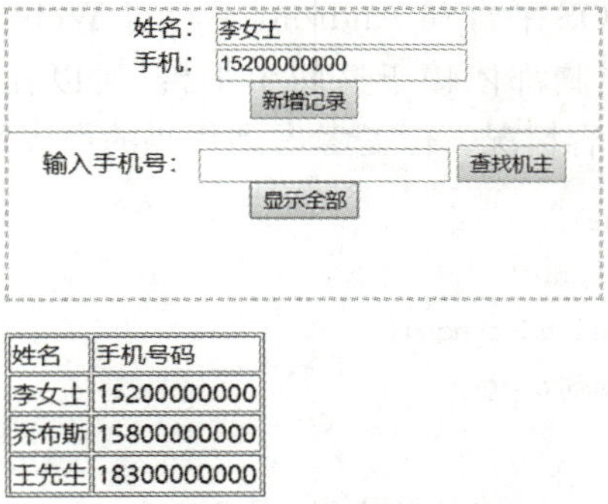

(c) 显示所有联系人信息效果

图 4-1　通讯录

(2)Web Storage：一种键值对的存储模型。

(3)Web SQL Database：一种基于关系型的数据库，可以支持页面上复杂的离线存储。

(4)IndexedDB：索引数据库，类似 NoSQL，支持索引、事务处理和健壮的查询功能。

2. Web Storage 简介

HTML5 提供了全新的统一标准的 Web 存储解决方案，并且已经得到了广泛的支持。HTML5 定义了本地存储规范 Web Storage，可以在客户端本地存储数据。

HTML5 提供了两种客户端数据存储方式：永久性的本地存储(localStorage)和会话级别的本地存储(sessionStorage)。

Web Storage 具有以下特点。

(1)设置数据和读取数据比较方便。

(2)容量较大，sessionStorage 约 5 MB，localStorage 约 20 MB。

(3)只能存储字符串，如果要存储 JSON 对象，可以使用 window. JSON 的 stringify()方法和 parse()方法进行序列化和反序列化。

目前，主流的 Web 浏览器都在一定程度上支持 HTML5 的 Web Storage，如表 4-1 所示。

表 4-1 主流浏览器对 Web Storage 的支持情况

IE	Firefox	Chrome	Safari	Opera
8+	2.0+	4.0+	4.0+	11.5+

从表 4-1 可以看出，主流浏览器基本上都支持 Web Storage，移动浏览器对 Web Storage 的支持情况如表 4-2 所示。

表 4-2 移动浏览器对 Web Storage 的支持情况

iOS Safari	Android Browser	Opera Mobile	Opera Mini
3.2+	2.1+	12+	不支持

从表 4-2 可以看出，iOS 平台和 Android 平台对 Web Storage 都有很好的支持，目前市面上的主流手机和平板电脑都依赖于这两个平台，所以在实际开发中，基本上不需要考虑 Web Storage 的浏览器兼容情况。但是考虑到代码的严谨性，可以使用如下语句进行检查。

```
if(window.localStorage){
//浏览器支持 localStorage
  }else if(window.sessionStorage){
  //浏览器支持 sessionStorage
  }
```

除了在移动平台上具有良好的兼容性，使用 Web Storage 还有以下优势。

(1)减少网络流量。一旦数据保存在本地后，就可以避免再向服务器请求数据，因此减少了不必要的数据请求，减少了数据在浏览器和服务器间不必要地来回传递。

(2)快速显示数据。性能好，从本地读数据比通过网络从服务器获得数据快得多，本地数据可以即时获得。再加上网页本身也可以有缓存，因此，如果整个页面和数据都在本地，那么可以立即显示。

(3)临时存储。很多时候数据只需要在用户浏览一组页面期间使用，关闭窗口后数据就可以丢弃，这种情况使用 sessionStorage 非常方便。

3. localStorage

localStorage 是 HTML5 本地存储的 API，使用键值对(key-value)的方式进行数据存取，存取的数据只能是字符串。localStorage 主要用于持久化的本地存储，除非主动删除数据，否则数据永远不会过期。数据被存储后实际被放置于用户计算机上，不同浏览器对 localStorage 的支持情况有所不同，如使用方法、最大存储空间等。

localStorage 是 Storage 的实例，Storage 接口中提供了表 4-3 所示的方法和属性。

表 4-3 Storage 接口的方法和属性

方法 & 属性	描　述
setItem(key, value)	该方法接收一个键名和值作为参数，将会把键值对添加到存储中
getItem(key)	该方法接收一个键名作为参数，返回键名对应的值
removeItem(key)	该方法接收一个键名作为参数，并把该键名从存储中删除

续表

方法 & 属性	描　述
key(n)	获取第 n 个 key 的键名
clear()	清除当前域下所有的数据
length	类似数组的 length 属性,用于访问 Storage 对象中 item 的数量

了解了 localStorage 的方法和属性后,下面具体介绍其使用方法,在 Dreamweaver CS6 中创建 Example4-1. html,其 JavaScript 代码如下。

```
//存储数据
localStorage.setItem('name1','zhangsan');//存储键名为 name1 和键值为"zhangsan"的数据到
本地
localStorage.name2="李四";  //存储一个键名为 name2 和键值为"李四"的数据到本地
localStorage['name3']="王五";
//获取数据
console.log(localStorage.getItem('name1'));//在控制台打印出数据"zhangsan"
```

使用 Chrome 浏览器打开开发者工具可查看被存储的数据,效果如图 4-2 所示。

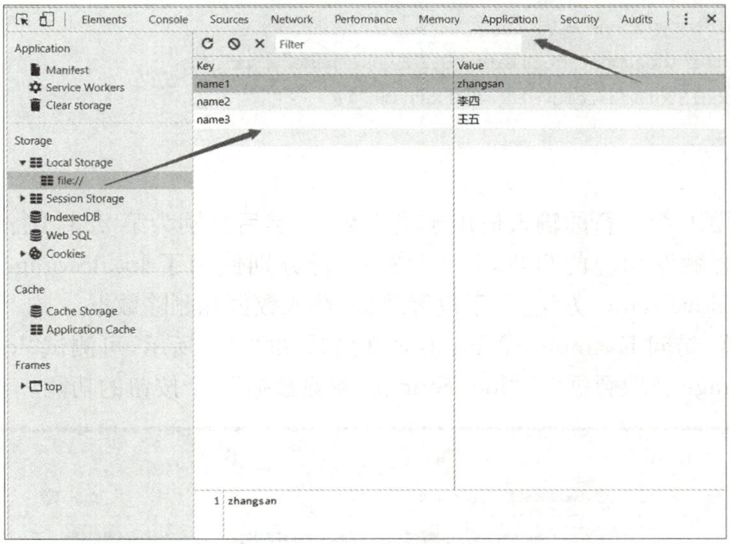

图 4-2　使用 Chrome 浏览器查看 localStorage 数据

Web 存储中的 key 方法用于获取当前域名下对应索引序号的键值,游标默认从 0 开始,获取之前存储的第一个数据键值的代码如下。

```
console.log(localStorage.key('0'));          //输出为"name1"
```

想要删除一个或多个 Web 存储数据,可以使用 removeItem 或 clear 方法,代码如下。

```
localStorage.removeItem('name1');            //删除键名 name1 对应的缓存数据
localStorage.clear();                        //删除当前域名下的所有缓存数据
```

下面再通过一个具体的案例来演示 localStorage 的具体使用方法，在 Dreamweaver CS6 中创建 Example4-2. html，其主要代码如下。

```
<input type="text" id="username">
<input type="button" value="localStorage 设置数据" id="localStorageid">
<input type="button" value="localStorage 获取数据" id="getlocalStorageid">
<input type="button" value="localStorage 删除数据" id="removelocalStorageid">
<script>
  document.getElementById("localStorageid").onclick=function(){
//把用户通过<input>输入的数据保存到 localStorage 中
  var username=document.getElementById("username").value;
  window.localStorage.setItem("username",username);
  }
  document.getElementById("getlocalStorageid").onclick=function(){
//从 localStorage 中获取数据
  var username=window.localStorage.getItem("username");
  alert(username);
  }
  document.getElementById("removelocalStorageid").onclick=function(){
//删除 localStorage 中的数据
  var username=document.getElementById("username").value;
  window.localStorage.removeItem("username");
  }
</script>
```

在上述代码中，第 1 行的输入框用于输入数据，然后分别为第 2、3、4 行按钮绑定事件，在单击按钮时会触发相应的事件，第 9、13、19 行分别使用了 localStorage 的 setItem()、getItem()和 removeItem()方法，用于设置数据、获取数据和删除数据。

打开浏览器，访问 Example4-2. html，页面效果如图 4-3 所示，可测试“localStorage 设置数据”“localStorage 获取数据”和“localStorage 删除数据”3 个按钮的功能。

图 4-3　Example4-2. html 页面效果

localStorage 在使用中也有以下一些局限。

(1)浏览器的大小不统一，并且 IE 8(及)以上的 IE 版本才支持 localStorage 属性。

(2)目前所有的浏览器都会把 localStorage 的值限定为 String 类型，这个对日常比较常见的 JSON 对象类型来说需要进行一些转换。

(3)localStorage 在浏览器的隐私模式下是不可读取的。

(4)localStorage 本质上是对字符串的读取，如果存储内容较多，会消耗内存空间，导致页面卡顿。

(5)localStorage 不能被爬虫抓取到。

4. sessionStorage

sessionStorage 主要用于区域存储,区域存储是指数据只在单个页面的会话期内有效。session 翻译成中文就是会话的意思。那什么是会话呢?例如,在现实生活中,打电话时从拿起电话拨号到挂断电话这中间的一系列过程可以称为一次会话。那么在 Web 开发中,一次会话是指从一个浏览器窗口打开到关闭这个期间,关闭浏览器,会话就会结束。

由于 sessionStroage 也是 Storage 的实例,sessionStroage 与 localStorage 中的方法基本一致,唯一区别就是存储数据的生命周期不同,localStorage 是永久性存储,而 sessionStorage 的生命周期与会话保持一致,会话结束时数据消失。

从硬件方面理解,localStorage 的数据是存储在硬盘中的,关闭浏览器时数据仍然在硬盘中,再次打开浏览器仍然可以获取,而 sessionStorage 的数据保存在浏览器的内存中,当浏览器关闭后,内存将被自动清除,需要注意的是,sessionStorage 中存储的数据只在当前浏览器窗口有效。

接下来通过一个案例来演示 sessionStorage 如何存储 JSON 对象,在 Dreamweaver CS6 中创建 Example4-3. html,其主要代码如下。

```
姓名:<input type="text" id="username">
年龄:<input type="text" id="age">
<input type="button" value="sessionStorage 设置数据" id="sessionStorageid">
<input type="button" value="sessionStorage 获取数据" id="getsessionStorageid">
<input type="button" value="sessionStorage 清除所有数据" id="clearsessionStorageid">
<script>
//增加数据
document.getElementById("sessionStorageid").onclick=function(){
  var username=document.getElementById("username").value;
  var age=document.getElementById("age").value;
  //定义一个 user 对象用来保存获取的信息
  var user={
  username:username,
  age:age
  }
  //使用 stringify()将 JSON 对象序列号存入 sessionStorage 中
  window.sessionStorage.setItem("user",JSON.stringify(user));
  }
    //在 sessionStorage 中存储数据,如果关闭浏览器,数据就会消失
    //单个浏览器窗口页面有效
  document.getElementById("getsessionStorageid").onclick=function(){
  var valu=window.sessionStorage.getItem("user");
  alert(valu);
  }
```

```
    //清除所有数据
    document.getElementById("clearsessionStorageid").onclick=function(){
    window.sessionStorage.clear();
    }
  </script>
```

在上述代码中，第1、2行的输入框用于输入姓名和年龄信息，然后第9、10行代码使用JavaScript获取这些信息，并且存放在第12行定义的user对象中；在第17行使用JSON.stringify()方法将user对象序列号成字符串并存入sessionStorage中，在第22行进行获取，这样单击“sessionStorage获取数据”按钮时，便会触发事件，将数据显示到弹出框中。需要注意的是，这里删除数据使用的clear()方法可以清除所有数据，因为本案例只有一条数据，所以只删除了一条数据。

打开浏览器，访问Example4-3.html，页面效果如图4-4所示。

图 4-4　Example4-3.html 页面效果

5. localStorage 与 sessionStorage 的区别

HTML5的本地存储API中的localStorage与sessionStorage在使用方法上是相同的，区别在于sessionStorage在关闭页面后即被清空，而localStorage则会一直保存。下面设计一个计数器来加深理解两者的区别。在Dreamweaver CS6中创建Example4-4.html，其JavaScript代码如下。

```
    if(localStorage.pagecount){
    localStorage.pagecount=Number(localStorage.pagecount)+1;
    }
    else{
  localStorage.pagecount=1;
    }
    document.write("总访问次数:<br/>"+localStorage.pagecount);
  if(sessionStorage.pagecount){
    sessionStorage.pagecount=Number(sessionStorage.pagecount)+1;
    }
    else{
    sessionStorage.pagecount=1;
    }
    document.write("<br/>当前会话访问次数:<br/>"+sessionStorage.pagecount);
```

在上述代码中，sessionStorage作为会话计数器，localStorage则作为Web应用访问计数器。声明了一个localStorage计数变量，当刷新页面或关闭浏览器窗口重新访问页面时，计数器都会继续增长。

sessionStorage 计数变量只能在当前会话期间显示页面访问量，即刷新页面会看到计数器增长，当关闭浏览器窗口再重新访问页面时，计数器已经重置了。

计数器效果如图 4-5 所示。

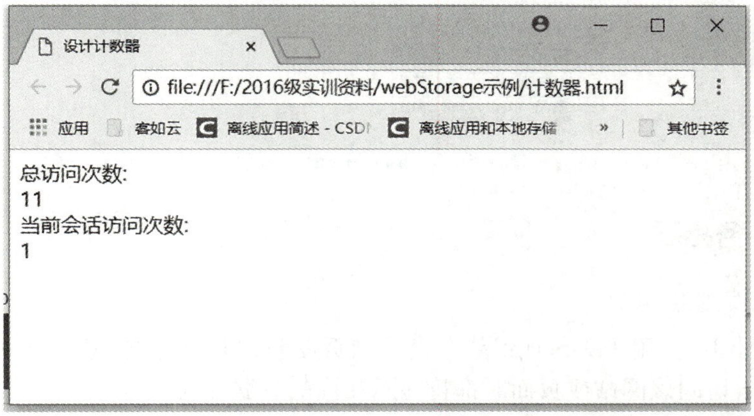

图 4-5　Example4-4. html 显示效果

可见，sessionStorage 只在会话内有效，关闭浏览器窗口，sessionStorage 缓存的数据会被自动清除，而 localStorage 只要不手动清除，它就会永久保存在本地。

注意：

(1)Web Storage 以键值对形式存储字符类型的数据。

(2)Web Storage 存储的数据不能跨浏览器。

(3)Web Storage 存储的数据不能跨域。

(4)localStorage 可以在同一个域的多个页面中使用，sessionStorage 只能在同一个域的同一个页面使用。

4.1.4　任务实施

任务描述中需完成的通讯录具备 3 个主要功能，包括保存联系人、查找联系人和显示所有已保存的联系人信息。因此，需要用 3 个函数来实现以上功能。其中，save()函数用来实现保存数据功能，使用 localStorage 的 setItem()方法将联系人的手机号作为 key 值存入 localStorage；find()函数实现查找记录功能，使用 localStorage 的 getItem()方法通过 key 值(手机号)查找出联系人姓名；loadAll()函数展现所有已保存的联系人信息，需要使用 localStorage. key(index)方法来实现。

完整源代码详见 Task4-1. html。

4.1.5　任务实训

在上述任务的基础上，添加存储联系人的其他信息，如图 4-6 所示。由于 Web Storage 只能处理字符串，此时，可以利用 JSON 的 stringify()方法将复杂对象转变成字符串，存入 Web Storage 中；当从 Web Storage 中读取时，可以通过 JSON 的 parse()方法再将字符串转换成 JSON 对象。完整源代码详见 Task4-2. html。

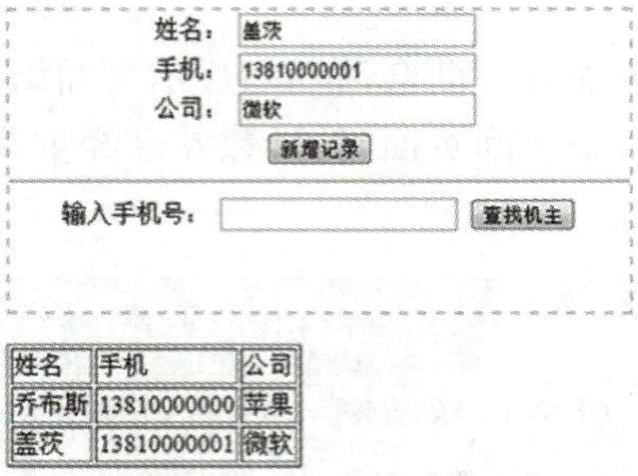

图 4-6　Task4-2. html 效果图

4.1.6　任务拓展

1. 设计网页皮肤实例

在网页设计中，会用 JavaScript 动态设计网页皮肤，当用户选择某种皮肤样式之后，用户总是希望再次访问该网站或页面时都将显示相同的皮肤样式。

对于皮肤配置数据，最适合用 localStorage 进行存储，这样每次访问页面时都会自动调用 localStorage 数据设置页面样式，避免用户每次访问页面时都需要重新设置选项，效果如图 4-7 所示。

图 4-7　Example4-5. html 效果

在 Dreamweaver CS6 中创建 Example4-5. html，其代码如下。

```
<!doctype html>
<html>
<head>
<meta charset="utf-8">
<title>设计网页皮肤</title>
```

```
</head>
<body onLoad="colorload()">
<script type="text/javascript">
//检测浏览器是否支持 localStorage
  if(typeof localStorage=='undefined')
  alert("浏览器不支持 localStorage");
  else{
  alert("浏览器支持 localStorage");
  var storage=localStorage;
//设置 DIV 背景颜色为红色,并保存 localStorage
  function redSet(){
  var value="red";
  document.getElementById("divblock").style.backgroundColor=value;
  window.localStorage.setItem("DivBackGroundColor",value);
  }
//设置 DIV 背景颜色为绿色,并保存 localStorage
  function greenSet(){
  var value="green";
  document.getElementById("divblock").style.backgroundColor=value;
  window.localStorage.setItem("DivBackGroundColor",value);
  }

//设置 DIV 背景颜色为蓝色,并保存 localStorage
  function blueSet(){
  var value="blue";
  document.getElementById("divblock").style.backgroundColor=value;
  window.localStorage.setItem("DivBackGroundColor",value);
  }
  function colorload(){
  document.getElementById("divblock").style.backgroundColor=
  window.localStorage.getItem("DivBackGroundColor")
  }
  }
</script>
<section id="main">
<button id="redbutton" onClick="redSet()">红色</button>
<button id="greenbutton" onClick="greenSet()">绿色</button>
<button id="bluebutton" onClick="blueSet()">蓝色</button>
<div id="divblock" style="width:500px;height:500px"></div>
</section>
</body>
</html>
```

2. storage 事件监听

在使用 Web Storage API 存储数据时，当存储的数据发生变化，会触发 window 对象的 storage 事件，通过监听该事件并指定其事件处理函数，可以定义当在其他页面中修改 sessionStorage 或 localStorage 中的值时所要执行的操作。

```
window.addEventListener("storage",function onStorageChange(event) {
        console.log(event.key);
});
```

在上述代码中，回调函数接收一个 event 对象作为参数，这个 event 对象的 key 属性保存发生变化的键名。

在事件处理函数中，触发事件的事件对象(event 参数值)具有的属性如表 4-4 所示。

表 4-4　event 对象的属性

属　性	描　述
event.key	属性值为在 sessionStorage 或 localStorage 中被修改的数据键值
event.oldValue	属性值为在 sessionStorage 或 localStorage 中被修改前的值
event.newValue	属性值为在 sessionStorage 或 localStorage 中被修改后的值
event.url	属性值为在 sessionStorage 或 localStorage 中值的页面 URL 地址
event.storageArea	属性值为变动的 sessionStorage 对象或 localStorage 对象

需要注意的是，storage 事件并不在导致数据变化的当前页面触发。如果浏览器同时打开一个域名下面的多个页面，当其中的一个页面改变 sessionStorage 或 localStorage 中的数据时，其他所有页面的 storage 事件会被触发，而原始页面并不触发 storage 事件。可以通过这种机制实现多个窗口之间的通信。但是 IE 浏览器除外，它会在所有页面触发 storage 事件。

4.2 使用 IndexedDB 制作网址收藏夹

4.2.1　任务目标

- 了解 IndexedDB 数据库的特点。
- 掌握创建并连接数据库的方法。
- 掌握创建对象存储空间的方法。
- 掌握新增、获取、修改和删除数据的方法。

4.2.2　任务描述

使用 IndexedDB 数据库实现图 4-8(a)所示的网址收藏夹，其主要实现的功能有：

（1）输入网址的详细信息之后，单击“新增链接”按钮，弹出“添加链接成功”页面，并将用户输入的数据保存到 IndexedDB 数据库中，如图 4-8(b)～(d)所示。

（2）单击“显示所有链接”按钮可将所有用户输入的数据显示到下方，如图 4-8(e)所示。

（3）单击“详细”超链接，可从 IndexedDB 中获取数据，显示出收藏网址的详细信息，如图 4-8(f)所示。

（4）单击“删除”超链接，可从 IndexedDB 数据库中删除该条网址信息。

(a) 网址收藏夹效果

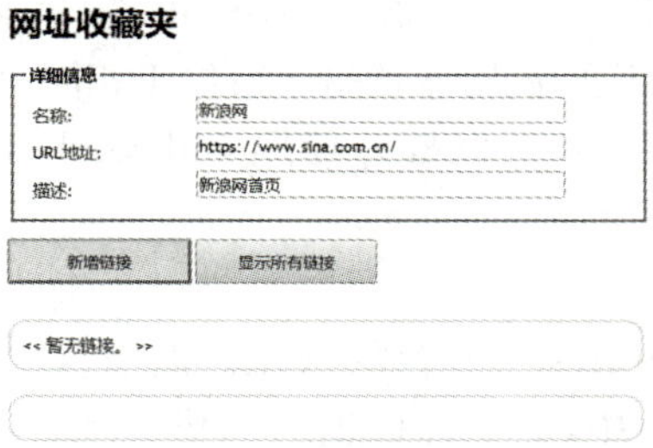

(b) 输入网址效果

(c) 添加链接成功效果

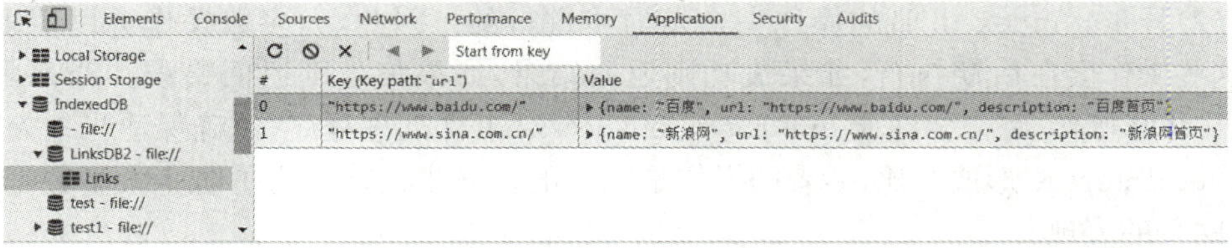

(d) 添加网址到 IndexedDB 数据库的效果

(e) 显示所有链接的效果

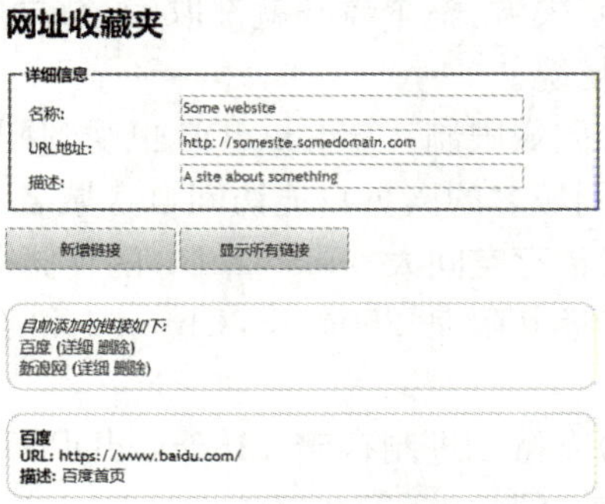

(f) 显示网址的详细信息的效果

图 4-8　网址收藏夹

4.2.3 任务知识

1. IndexedDB 数据库概述

随着浏览器的处理能力不断增强，越来越多的网站开始考虑将大量数据存储在客户端，这样可以减少用户等待从服务器获取数据的时间。

在浏览器端存储数据，可以使用 Cookie 或 localStorage，但它们都是比较简单的技术，而 IndexedDB 提供了类似数据库风格的数据存储和使用方式。浏览器里存储 Cookie 的空间有限，所以，Cookie 只能用来存储少量的非关键的数据。而 localStorage 是用 key-value 键值模式存储数据的，存储的数据都是字符串形式。如果想让 localStorage 存储对象，需要借助 JSON. stringify()方法将对象变成字符串形式，再用 JSON. parse()方法将字符串还原成对象。

当数据量不大时，可以通过 sessionStorage 或 localStorage 来进行存储，当数据量较大或符合一定的规范时，可以使用数据库来进行数据的存储。

在浏览器提供的数据库中，共有 Web SQL Database 和 IndexedDB 两种。Web SQL Database 是一种关系型数据库，需要写一些特定的 SQL 语句来对数据库进行操作。而 IndexedDB 不属于关系型数据库（不支持 SQL 查询语句），更接近 NoSQL 数据库。IndexedDB 最大的特色是使用对象保存数据，一个 IndexedDB 数据库就是一组位于相同命名空间的对象的集合。HTML5 已经废弃了 Web SQL Database，所以推荐使用 IndexedDB 数据库。

IndexedDB 具有以下特点。

(1)键值对存储。IndexedDB 内部采用对象仓库(object store)存放数据。所有类型的数据都可以直接存入(包括 JavaScript 对象)。在对象仓库中，数据以键值对的形式保存，每一个数据都有对应的键名，键名是独一无二的，不能有重复，否则会抛出一个错误。

(2)异步。IndexedDB 的操作完全是异步进行的。因此，大多数操作会以请求方式进行，这些操作会在后期执行，如果成功则返回结果，如果失败则返回错误。差不多每一次 IndexedDB 操作，都需要注册 onerror 或 onsuccess 事件处理程序，以确保适当地处理结果。这与 localStorage 形成对比，后者的操作是同步的。异步设计是为了防止大量数据的读/写拖慢网页的表现。

(3)支持事务。IndexedDB 支持事务(transaction)，这意味着在一系列操作步骤之中，只要有一步失败，整个事务就都取消，数据库回到事务发生之前的状态，不存在只改写一部分数据的情况。

(4)同域限制。IndexedDB 也受到同域限制，每一个数据库对应创建该数据库的域名。来自不同域名的网页只能访问自身域名下的数据库，而不能访问其他域名下的数据库。

(5)储存空间大。IndexedDB 的存储空间比 localStorage 大得多，一般来说不少于 250 MB。IE 的存储上限是 250 MB，Chrome 和 Opera 是剩余空间的某个百分比，Firefox 则没有上限。

(6)支持二进制存储。IndexedDB 不仅可以存储字符串，还可以存储二进制数据。

目前，Chrome 27+、Firefox 21+、Opera 15+和 IE 10+都支持这个 API，但是 Safari 完全不支持。

也可以用下面的代码来检查浏览器是否支持这个 API。

```
if (! window. indexedDB){
// 不支持
} else {
    //支持
}
```

根据 IndexedDB 的结构，对 IndexedDB 的操作主要包含数据库操作、数据表操作和数据操作。

2. 数据库操作

1)创建并连接数据库

使用 IndexedDB 的第一步，就是创建或打开一个数据库。我们使用 window. indexedDB. open(DBName)这个 API 来进行操作，具体示例如下。

```
window. indexedDB. open(DBName, version)
```

其中，open 方法的第一个参数 DBName 是数据库名称，格式为字符串，不可省略；第二个参数 version 是数据库版本，是一个大于 0 的正整数(0 将报错)，若省略第二个参数，则会自动创建版本为 1 的数据库。

调用此接口时，如果当前数据库名不存在，则会发送一个创建并打开一个新的数据库的请求。如果当前数据库名已存在，open 方法则发送一个打开已有数据库的请求，与当前数据库建立连接。

版本号可以在升级数据库时用来调整数据库结构和数据。但增加数据库版本号时，会触发 onupgradeneeded 事件，这时可能会出现成功、失败和阻止事件 3 种情况。

调用 indexedDB. open()方法会返回一个 IDBRequest 对象，在这个对象上可以添加 3 个事件处理程序：

(1)onsuccess：打开成功。

(2)onerror：打开失败。

(3)onupgradeneeded：第一次打开该数据库或数据库版本发生变化。

打开 IndexedDB 数据库是和一些回调方法一起出现的，根据不同的需要，对上面 3 种事件设立回调函数，基本结构如下所示。

```
// 数据库数据结果
var db;
// 打开数据库
var request = window. indexedDB. open('project', 1);
// 发生错误时
request. onerror = function(event) {
        console. log("Error");
    };
// 数据库打开成功后
request. onsuccess = function(event) {
    // 存储数据结果
```

```
        db = event.target.result;
        // 做其他事情
    };
    //下面的事情执行于数据库首次创建版本或window.indexedDB.open传递的新版本
    //(版本数值要比现在的高)
    request.onupgradeneeded = function(event) {
        // 通常对主键、字段等进行重定义
    };
```

open 方法返回的是一个对象(IDBOpenDBRequest),回调函数定义在这个对象上面。其次,回调函数接收一个事件对象 event 作为参数,它的 target.result 属性就指向打开的 IndexedDB 数据库,是一个数据库对象实例对象(IDBDatabase),这个对象会保存在 db 变量中。

2)关闭与删除数据库

关闭数据库可以直接调用数据库对象的 close 方法:

```
db.close();
```

删除数据库使用数据库对象的 deleteDatabase 方法:

```
window.indexedDB.deleteDatabase(name);
```

name 是指要删除的数据库的名字。

3. 数据表操作

1)创建对象存储空间

在建立或打开数据库后,一般的操作是建立表,向表中插入数据,但 IndexedDB 中没有表的概念,而是用对象存储空间 objectStore 来代替表的概念,存储空间中的对象就相当于表中插入的数据。一个数据库中可以包含多个 objectStore。也就是说,一个 objectStore 相当于一张表,里面存储的每条数据和一个键相关联。可以使用每条记录中的某个指定字段作为键值(keyPath),也可以使用自动生成的递增数字作为键值,也可以不指定。

在创建对象存储空间之前,必须清楚要保存的数据的结构类型,选择键的类型不同,objectStore 可以存储的数据结构也有所差异。

假设要保存的用户记录由用户 id、姓名和年龄组成,那么保存一条记录的对象应该类似如下所示。

```
var data=[{
id:1007,
name:"Byron",
age:24
},
{
id:1008,
name:"Frank",
```

```
 age:30
},
{
id:1009,
name:"Aaron",
age:26
}];
```

有了这个对象，很容易知道 id 属性可以作为这个对象存储空间的键，这个 id 必须唯一，大多数时候都需要通过这个键来访问数据。因此，在创建对象存储空间时，必须指定这样一个键。创建存储空间使用 createObjectStore 方法实现，如下所示。

```
var db =event.target.result
db.createObjectStore("user", { keyPath: "id" });
db.createObjectStore("test2", { autoIncrement: true });
```

通过 createObjectStore()方法创建一个存储空间，需要接收两个参数。

(1)第一个参数：存储空间的名称，即 user。

(2)第二个参数：keyPath，表示所存入对象的 id 属性作为主关键字(主键)的属性，主关键字是唯一标识每条数据的信息，默认值为 null；如果数据中没有明显适合做主键的属性，可以添加自增 id 来作为主键，每次插入新数据时会自动生成唯一的数字。autoIncrement 属性表示是否使用自动递增的整数作为键名(第一个数据为 1，第二个数据为 2，以此类推)，默认为 false。

注意：数据库实例的 objectStoreNames 属性返回一个 DOMStringList 对象，里面包含了当前数据库所有"存储空间"的名称。可以使用 DOMStringList 对象的 contains 方法检查数据库是否包含某个"对象仓库"。例如：

```
if(! db.objectStoreNames.contains("firstOS")) {
    db.createObjectStore("firstOS");
}
```

上述代码先判断某个"存储空间"是否存在，如果不存在就创建该存储空间。

2)创建索引

对于某些数据，可能需要为一个对象存储空间指定多个键。例如，若要通过用户 id 和用户名两种方式来保存用户资料，就需要通过这两个键来存取记录，为此可以考虑将 id 作为主键，然后为用户名添加索引。

要创建索引，首先引用对象存储空间，然后调用 createIndex()方法，该方法接收 3 个参数，如下所示。

```
objectStore.createIndex(indexName, keyPath, objectParameters)
```

第一个参数，索引的名称。

第二个参数，指定根据存储数据的哪一个属性来构建索引。

第三个属性，可选参数。常用参数之一是 unique，表示该字段值是否唯一和不能重复。

其中属性 unique 的值为 true 表示不允许索引值相等。

例如：

```
objectStore.createIndex('name','name',{unique: false});
```

注意，只能在 onupgradeneeded 回调函数中创建对象仓库，而不能在数据库打开后的 success 回调函数中创建。示例如下。

```
var request = window.indexedDB.open('test', 1);
request.onupgradeneeded = function (event) {
    var db = event.target.result;
// 创建一个数据库存储对象，如果表格不存在，创建一个新的表格(keyPath，主键;
//autoIncrement，是否自增)，会返回一个对象(objectStore)
  if (!db.objectStoreNames.contains('table1')){
  var objectStore = db.createObjectStore('table1', {
keyPath: 'id',
autoIncrement: true});
}
//指定可以被索引的字段，unique 字段是否唯一
    objectStore.createIndex('name','name',{unique: false});
    objectStore.createIndex("phone","phone",{unique: false});
}
request.onerror = function (event) {
    alert("Why didn't you allow my web app to use IndexedDB?!");
};
```

4. 数据操作

1)创建事务

由于数据库的操作都是基于事务(transaction)来进行的，所以，要用 IndexedDB 做任何事情，不论是写数据还是读数据，都必须先创建一个事务，事务作为一个单元一起提交一个或多个数据操作。调用 database 对象的 transaction() 方法创建事务，transaction 方法返回一个事务对象，该对象的 objectStore 方法用于获取指定的对象仓库。示例如下。

```
// 新建一个事务
const transaction = db.transaction(['students'],'readwrite');
// 打开对象仓库
var store = transaction.objectStore("students");
```

也可以使用一条语句来完成上述操作，如下所示。

```
db.transaction('students', "readwrite").objectStore('students');
```

transaction() 方法的第一个参数是一个数组，里面是所有需要被引入这个事务的对象仓库的列表，通常只有一个。这个信息让 IndexedDB 可以锁定数据表，以阻止其他代码同时产生重叠或可能不一致的修改。

第二个参数：指示事务模式的字符串。如果要创建一个可以对数据表进行任何操作的事务(不论是插入、更新还是删除数据)，就用 readwrite；如果只需要读取数据，就用 readonly。

事务成功时也会触发 onsuccess 函数，失败时触发 onerror 函数。

2）新增、获取、修改和删除数据

获得事务对象后，使用 objectStore()方法并传入存储空间的名称，就可以访问指定的存储空间，然后就可以使用表 4-5 所示的方法操作数据。

表 4-5 事务对象的方法

方　法	描　述
add()	添加数据
get()	读取数据
put()	更新记录
delete()	删除记录

这 4 个方法都会返回一个新的请求对象，都有自己的 onerror 或 onsuccess 事件处理程序。

add()或 put()方法可以添加数据，这两个方法都接收一个参数，即所要保存的对象，然后这个对象就会保存到存储空间中。两个方法的区别之处在于，使用 add()方法，遇到键值相同的对象会返回错误，而 put()则不会报错，而是重写原有对象。简单来说，可以把 add()方法想象成插入新的值，而 put()方法则是更新原有的值。在初始化对象存储空间时，可以使用如下代码。

```
// user 中保存着一批用户对象
var i=0,len=user.length;
while(i<len){
  store.add(user[i++])
}
```

每次调用 add()或 put()方法都会创建一个新的针对这个对象存储空间的更新请求。如果要验证请求是否保存成功，可以把返回的请求对象保存在一个变量中，然后指定 onerror 或 onsuccess 事件处理程序。

```
// user 中保存着一批用户对象
var i=0,len=user.length;
while(i<len){
  request=store.add(user[i++]);
  request.onerror=function(){
//处理错误
}
request. onsuccess=function(){
  //处理成功
}
}
```

下面再通过一个具体的案例来演示使用 add()方法进行数据添加的方法，在 Dreamweaver CS6 中创建 Example4-6.html，代码中包括打开数据库及创建存储对象空间，可在控制台中直接运行。其代码如下。

```
<!doctype html>
<html lang="en">
<head>
<meta charset="utf-8">
  <title>hangge.com</title>
  <script>
  var indexedDB = window.indexedDB;
  var request,database;
  var data=[{
  id:1007,
  name:"Byron",
  age:24
  },
{
  id:1008,
  name:"Frank",
   age:30
  },
{
  id:1009,
  name:"Aaron",
  age:26
  }];
//建立或打开数据库
request = indexedDB.open('test1',1);
request.onerror = function(){
    console.log('error');
};
request.onsuccess = function(e){
    database = e.target.result;
    console.log('创建或打开数据库成功');
  };
  request.onupgradeneeded=function(e){
    database = e.target.result;
//建立对象存储空间
  if(!database.objectStoreNames.contains("students")){
  var store = database.createObjectStore("students",{autoIncrement:true});
//创建存储空间之后,马上添加数据
  for(var i = 0;i < data.length;i++){
  request = store.add(data[i]);
  request.onerror = function(){
```

```
    console.error('数据库中已有该数据')
    };
      request.onsuccess = function(){
        console.log('数据已存入数据库')
    };
    }
    }
    }
  }
    </script>
  </head>
  <body>
  </body>
  </html>
```

运行效果如图 4-9 所示。

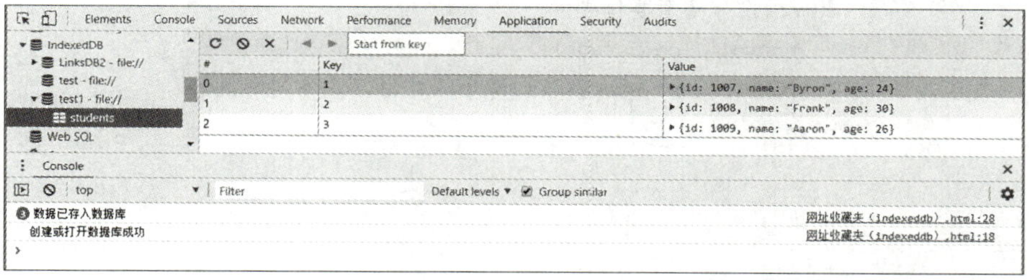

图 4-9　Example4-6.html 数据存储效果图

get()方法用来读取数据，它的参数是数据的键名，根据对象的 key 值，取出相应的对象。

```
var store = transaction.objectStore(students);
var request = store.get("1007");
request.onsuccess = function(e) {
var data = e.target.result;
   console.log(data.name);
};
```

删除数据与读取数据一样，需要先创建事务，然后调用删除接口的 delete()方法，通过 key 值删除对象。

```
var transaction = db.transaction(students,'readwrite');
var store = transaction.objectStore(students);
store.delete("1007");
```

通过事务 transaction 可以根据已知的键检索单个对象，当我们需要检索多个对象或遍历时，就需要在事务内部创建游标。游标是指向结果集的指针。与传统数据库的查询不同，游标不提前收集结果。游标指针会先指向结果中的第一项，在接到查找下一项的指令时，才会指向下一项。

在对象存储空间上调用 openCursor()方法可以创建游标，与 IndexedDB 其他操作一样，openCursor()方法返回的是 IDBRequest，因此需要在 onerror、onsuccess 事件中处理程序。代码示例如下。

```
request = indexedDB.open('test1',1);
request.onsuccess = function(e){
    database = e.target.result;
    console.log('创建或打开数据库成功');
      var store = database.transaction("students",'readwrite').objectStore("students");
      var request2 = store.openCursor();//db为IDBDatabase对象
      request2.onerror = function(e){
            }
      request2.onsuccess = function(e){
              console.log('游标开始查询')
              var cursor = e.target.result;
              if(cursor){//必须要检查
                    console.log(cursor);
                    cursor.continue();//遍历了存储对象中的所有内容
                }else
                {
                }
            };
}
```

从上述代码中可以看到，在 onsuccess 事件处理程序中，e.target.result 可以取得存储空间的下一个对象，当结果集中有下一个对象时，e.target.result 是一个 IDBCursor 实例，没有下一个对象则为空。所以，在查询之前都要用 if 判断一下是否有这个对象 IDBCursor，图 4-10 所示为打印出来的 cursor，打印出来的实例有以下几个属性。

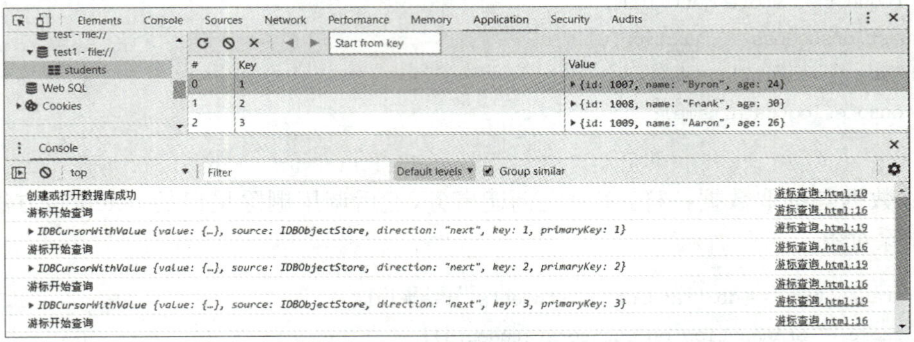

图 4-10　游标查询效果图

(1)direction：表示游标移动的方向。

(2)key：对象的键。

(3)value：查找出的对象。

(4)primaryKey:游标使用的键,可能是对象键或索引键(目前尚未建立索引,所以图中键来自于学生的 id)。

cursor. continue()的作用是使游标移动到结果集的下一项,默认情况下游标只发起一次请求,要想发起另一次请求使游标继续查找,则需调用 continue(key)方法,该方法中的参数可选,若不指定参数,则移到下一项,若指定该参数,则移到指定键的位置。上述代码的查找结果如图 4-10 所示。若不加 cursor. continue,则只会出现第一条数据。

4.2.4 任务实施

任务描述中需完成的网址收藏夹主要具有 4 个主要功能,即新增链接、显示所有链接、查看详细信息和删除网址信息。因此,分别创建了 4 个函数来实现上述功能。

(1)创建 addLink()函数,实现向 IndexedDB 数据库中保存数据的操作,在 addLink()函数中使用 put()方法向数据库中添加新增的网址信息。

(2)创建 showLinks()函数,使用游标来显示数据库中保存的所有链接,在 showLinks()函数中,需要调用 openCursor()方法创建游标来检索多个数据,并且调用 cursor. continue()方法访问下一条数据,直到访问了所有已保存的数据。

(3)创建 getLinkDetails()函数,用来显示收藏网址的详细信息,在 getLinkDetails()函数中,需要调用 get()方法来读取数据。

(4)创建 deleteLink()函数,实现从 IndexedDB 数据库中删除所保存的网址的操作。在 deleteLink()函数中调用 delete()方法,通过 key 值删除对象。

4.2.5 任务实训

使用 IndexedDB 数据库,设计图 4-11 所示的可保存用户相关信息的网页。

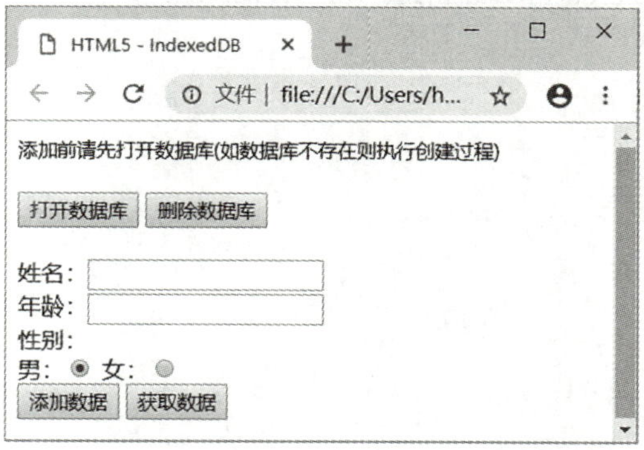

图 4-11 保存用户相关信息网页效果图

(1)单击“打开数据库”按钮,若数据库不存在,则执行创建过程。如图 4-12 所示,单击“打开数据库”按钮后,创建了 user 数据库和 info 表。

打开数据库的函数_create()的代码如下。

```
var db;
var request;
var objectStore;
```

```
function _create(dbName){
  request=indexedDB.open(dbName,1);
    request.onerror = function () {
        alert("打开数据库失败:"+event.target.message);
    }
    request.onsuccess = function (event) {
      alert("打开数据库成功!");
        db=event.target.result;
        var transaction = db.transaction(["info"], "readwrite");
        objectStore = transaction.objectStore("info");
    }
    request.onupgradeneeded = function(event) {
        alert("版本变化!");
        db = event.target.result;
         objectStore = db.createObjectStore(" info", {keyPath: " userId",autoIncrement:
true});
    }
}
```

(2)录入信息后,单击"添加数据"按钮,则向 info 表中插入相应数据,添加数据的函数 _add()的代码如下,数据变化如图 4-13 所示。

```
function _add (argument) {
  var name=document.getElementById("name").value;
  var age=document.getElementById("age").value;
  var xb,flag=document.getElementById("nan").checked;
  if(flag)
  xb="男";
  else
  xb="女";
  var detail={
  name:name,
  age:age,
  xb:xb
  }
  if(!db){
  alert("请打开数据先!");
  return false;
  }
     var transaction = db.transaction(["info"], "readwrite");
    objectStore = transaction.objectStore("info");
    objectStore.add(detail);
    alert("添加成功!");
}
```

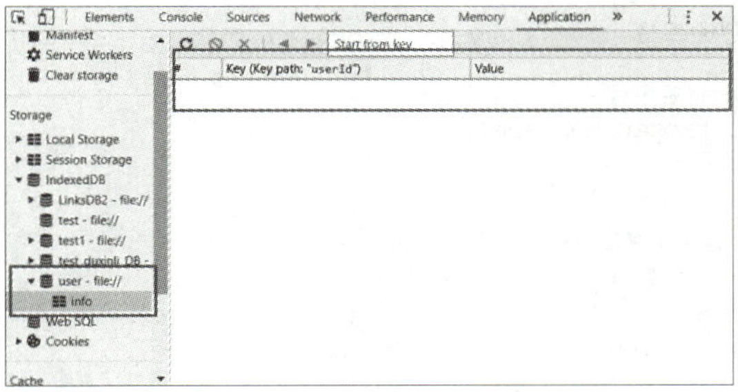

图 4-12　创建了数据库和表效果图

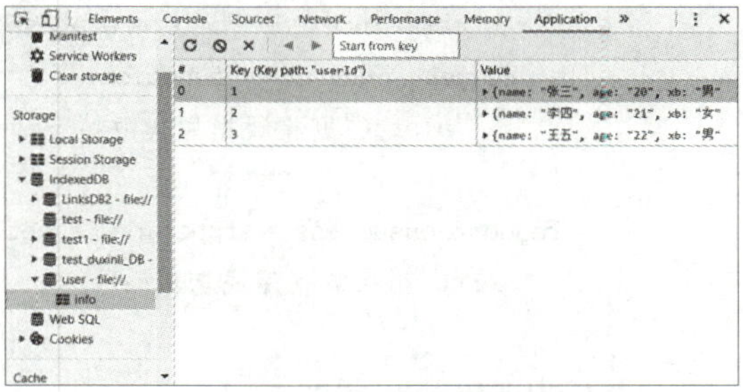

图 4-13　添加数据页面效果图

(3)单击“获取数据”按钮，从 info 表中通过游标遍历数据并显示在页面上。获取数据的函数_get()的代码如下。

```
function _get (argument) {
  var p=document.getElementById("display");
  p.innerHTML="";//获取数据前先清理一下页面已显示的数据
  if(!db){
  alert("请打开数据先!");
  return false;
  }
  var store = db.transaction("info").objectStore("info");
  var keyRange = IDBKeyRange.lowerBound(0);//规定 keyRange 从 0 开始
  var cursorRequest = store.openCursor(keyRange);//按照 keyRange 的设置开启游标
  cursorRequest.onsuccess = function (e) {
      var result = e.target.result;
      if (!! result == = false)
          return;
      _render(result.value);
      result.continue();//这边执行轮询读取
  };
  cursorRequest.onerror = function (e) {
  alert("数据检索失败!");
  };
}
function _render (e) {
  var p=document.getElementById("display");
  p.innerHTML+="姓名:"+e.name+" 年龄:"+e.age+" 性别:"+e.xb+"<br />";
}
```

(4)单击“删除数据库”按钮，可删除整个表 info 和数据库 user。删除数据库的函数_delete()的代码如下。

```
function _delete(dbName){
    try{
```

```
request=indexedDB.deleteDatabase(dbName);
    request.onerror = function () {
        alert("删除数据库失败:"+event.target.message);
    }
    request.onsuccess = function (event) {
        alert("删除数据库成功!");
    }
}catch(e){
    alert(e.getMessage);
}
```

页面完整代码请参考 Task4-4.html。

4.3 搭建简单的离线应用程序

4.3.1 任务目标

- 掌握 manifest 文件的结构。
- 掌握如何正确配置 manifest 文件的 MIME-type。
- 掌握更新缓存的方法。
- 掌握 Application Cache 对象的相关方法。

4.3.2 任务描述

创建一个使用缓存功能的页面,该页面中的 demo.css、demo.jpg、demo.js 都将被缓存,而 demo2.css 不缓存。将该页面配置到服务器上,使用开启 Application Cache 功能的浏览器访问页面,同时打开开发者工具查看控制台信息,效果如图 4-14 和图 4-15 所示。

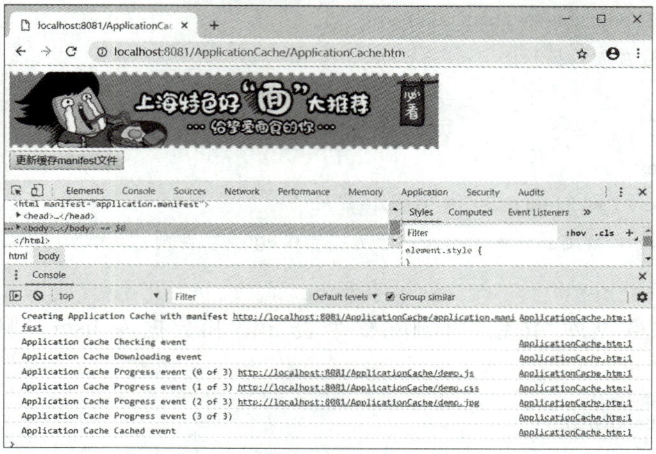

图 4-14　offline.html 页面效果和控制台信息

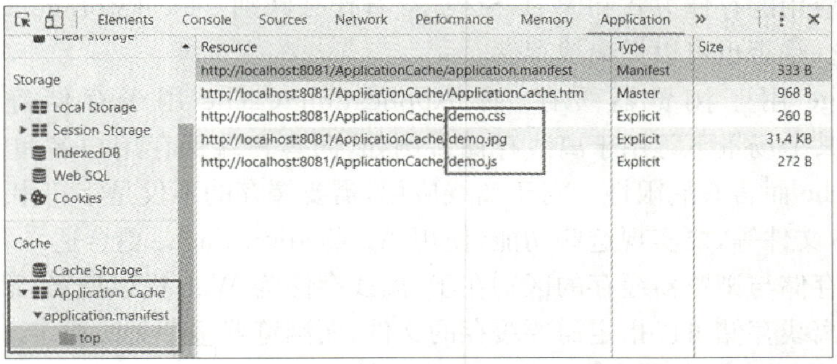

图 4-15　offline. html 页面缓存信息

然后尝试更新页面缓存：第一步，修改 demo. js 文件，写入一个 alert("update")语句。第二步，更新 manifest 文件，改变版本号。第三步，单击“更新缓存 manifest 文件”按钮。第四步，刷新页面，可看到页面更新了缓存的 demo. js 文件并弹出警告框，如图 4-16 所示。

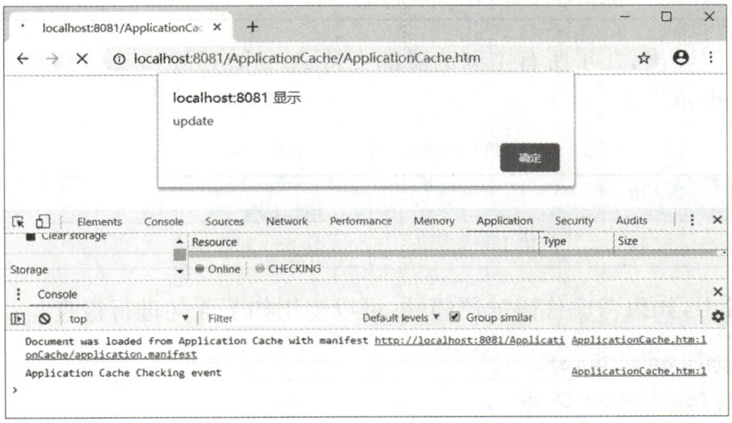

图 4-16　重新刷新页面效果图

4.3.3　任务知识

1. 离线 Web 应用概述

传统的 Web 应用必须建立在联网的基础上，HTML5 使用 Application Cache 提供应用程序缓存技术，这意味着 Web 应用可以进行缓存，并在没有网络的情况下轻松地创建离线应用。Application Cache 是从浏览器的缓存中分出来的一块缓存区，要在这块缓存区中保存数据，需要使用一个描述文件列出要下载和缓存的资源，并通过该缓存的状态手动更新资源文件的缓存。离线缓存有一个前提，即需要访问的 Web 页面至少被在线访问过一次。

使用 Application Cache 缓存接口的优势如下。

(1)实现离线浏览：用户可在离线时浏览完整的网站。

(2)更快的加载速度：缓存资源为本地资源，因此加载速度更快。

(3)服务器负载更少：浏览器只会从发生了更新的服务器下载资源。

那么，离线应用的存储方式和 Web Storage 有什么区别？localStorage 支持 string 类型的数据的持久化，是否也可以做离线存储？

Web Storage 用于浏览器缓存，而 Application Cache 用于存储静态资源，其中 localStorage 在某个场景下可用于离线存储。例如，向客户端保存用户名和密码，但是相比 Application Cache 而言有局限性。对于离线应用，需要缓存的不仅是字符串，还有一些应用程序、图片、CSS 文件等，要实现这些功能，使用 Application Cache 更合适。

另外，离线存储与浏览器缓存的区别在于：离线存储为 Web 提供服务，而浏览器缓存只缓存单个页面；离线存储可以指定需要缓存的文件，而浏览器缓存无法指定。

目前，主流的 Web 浏览器在一定程度上都支持 HTML5 的 Application Cache，如表 4-6 所示。

表 4-6　主流浏览器对 Application Cache 的支持情况

IE	Firefox	Chrome	Safari	Opera
10+	3.0+	10+	4.0+	10.6+

从表 4-6 可以看出，几乎所有主浏览器都支持 Application Cache，移动设备的浏览器支持情况如表 4-7 所示。

表 4-7　移动浏览器对 Application Cache 的支持情况

iOS Safari	Android Browser	Opera Mobile	Opera Mini
3.2+	2.1+	11+	不支持

在实际开发中，如果考虑代码的严谨性，可以使用如下语句进行检查。

```
if(window.applicationCache){
//浏览器支持 Application Cache
}
```

2. manifest 文件

manifest 文件是 HTML5 的离线存储功能中引入的非常重要的一项，代表离线 Web 应用可以进行文件的离线缓存，可在没有网络连接时进行访问，让加载资源变得更快，已缓存的内容不会再发生任何请求，减少了服务器的负载压力，另外，仅仅只需要从服务器上下载最新的 manifest 文件就能对已有资源进行更新。

离线 Web 应用的运行机制是每个需要离线使用的网页都指定一个 manifest 文本文件。这个文本文件罗列了该网页离线使用时所需的所有资源文件。支持离线 Web 应用的浏览器会自动读取 manifest 文件，下载文件中所罗列的资源文件，并将其缓存在本地以备网络断开时使用。

1)manifest 文件的组成

manifest 文件是简单的文本文件，它告知浏览器被缓存的内容及不被缓存的内容。manifest 文件可分为以下 4 个部分。

(1)CACHE MANIFEST：manifest 文件顶部必须出现的标题。

(2)CACHE：在此标题下列出的文件将在首次下载后进行缓存。

(3)NETWORK：在此标题下列出的文件需要与服务器连接，且不会被缓存。

(4)FALLBACK：在此标题下列出的文件规定当页面无法访问时的回退页面。

一个简单的 manifest 文件格式如下。

```
CACHE MANIFEST
#以上行必需要写
#v1.0.0
CACHE:
#这部分写需要缓存的资源文件列表
#可以是相对路径也可以是绝对路径
index.html
index.css
images/pic.png
js/script.js
NETWORK:
#可选
#这一部分是要绕过缓存直接读取的文件
login.html
FALLBACK:
#可选
#这部分写当访问缓存失败后备用访问的资源
#每行两个文件，第一个是访问源，第二个是替换文件
*.html /offline.html
```

其中，CACHE MANIFEST 是必须写的一项，在其后每一行都标识了一个需要被缓存的文件路径，浏览器在首次加载页面时会读取上述文件，并下载和缓存文件中指定的资源。

在 manifest 文件中，可以加上注释来进行一些必要的说明或解释。注释行以“#”文字开头。CACHE 小节可以省略，列出需要缓存的文件，且规定的文件路径都是相对于 manifest 文件而言的。

NETWORK 小节指定在线白名单，为可选项，即列出不希望离线存储的文件，因为通常它们的内容需要互联网访问才有意义，本例中规定文件“login.html”永远不会被缓存，且离线时是不可用的，也可以使用星号来指示所有其他资源、文件都需要网络连接。

```
NETWORK:
*
```

FALLBACK 小节提供了获取资源时的备选资源路径。它之后的部分每一行中指定两个资源文件，中间用空格隔开。当第一个资源文件缓存不成功或无法找到时，则缓存第二个资源文件。

“CACHE:”与“NETWORK:”“FALLBACK:”的位置顺序没有关系，如果是隐式声明，“CACHE:”需要在最前面。

2)解析 manifest 文件

在使用 manifest 文件之前，首先要确保 Web 服务器对文件进行正确的解析，即需要在 Web 服务器上配置正确的 MIME-type，manifest 文件的 MIME-type 为 text/cache-manifest。这

个操作是为了让 Web 服务器能够识别扩展名为“. appcache”的配置文件，配置一次就可以永久使用。

不同的 Web 服务器都有其独特的配置方法。以 Apache 为例，需要在相应的 httpd. conf 配置文件中添加如下代码配置信息。

```
AddType text/cache-manifest .appcache
```

这里以 Windows 系统的 IIS(Internet Information Services，因特网信息服务)为例演示添加 MIME-type 的详细过程。

Windows 系统本身就带有 IIS，只是在默认情况下将其功能关闭了。所以首先在“控制面板”中将其开启，具体操作在此不再赘述。

当成功启用 IIS 功能后，打开浏览器，在地址栏中输入“localhost”并按 Enter 键，如图 4-17 所示。此时，就可以添加 MIME-type 了。

首先单击“开始”按钮，在“搜索程序和文件”文本框中输入 IIS 并按 Enter 键，如图 4-18 所示。

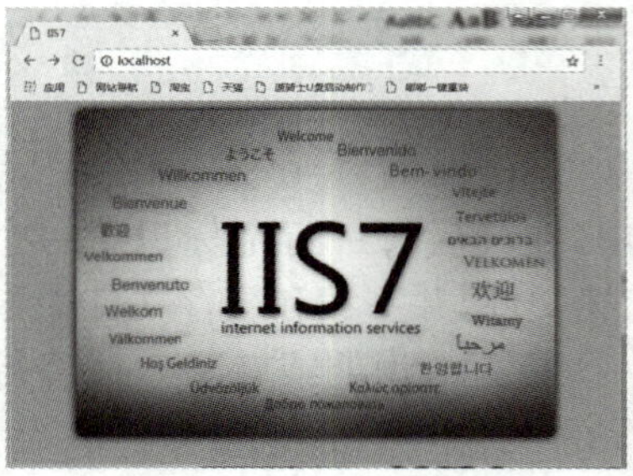

图 4-17　验证是否成功启用 IIS 功能

图 4-18　搜索 IIS

打开图 4-19 所示的“Internet 信息服务(IIS)管理器”窗口，双击“MIME 类型”图标，打开“MIME 类型”界面，如图 4-20 所示。

图 4-19　“Internet 信息服务(IIS)管理器”窗口

图 4-20　“MIME 类型”界面

在图 4-20 中，单击“添加”超链接，便可以打开添加类型对话框，在对话框中输入相关内容，如图 4-21 所示，单击“确定”按钮后，在“MIME 类型”界面的列表框中可以查看添加的内容，如图 4-22 所示。

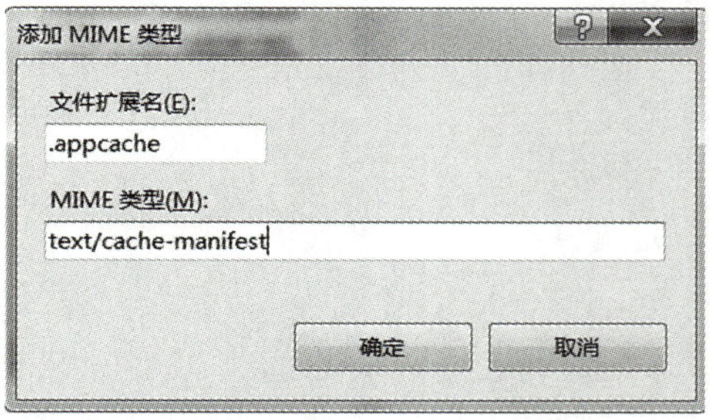

图 4-21 MIME 类型添加内容

图 4-22 MINE 类型列表

3)启用应用程序缓存

如果要在某个页面使用应用程序缓存功能，需要在文档的<html> 标签中包含 manifest 属性，并在该属性中指定 manifest 文件的路径，该文件的文件名随意，一般建议扩展名为 . appcache，也可以自定义扩展名。示例如下。

```
<html manifest="offline.appcache ">
```

注意：offline. appcache 就是 manifest 文件，在一个站点中的其他页面中即使没有设置 manifest 属性，请求的资源如果在缓存中也从缓存中访问。

3. Application Cache 的基本使用方法

通过一个图片加载的案例来演示 Application Cache 的基本使用方法，具体步骤如下。

(1)创建 Example 4-8 文件夹，用于存放本案例的所有资源。

(2)在 Example 4-8 目录下创建 images 目录，并在该目录下存放 4 张图片。

(3)在 Example 4-8 目录下创建 manifest 文件 Example4-8. manifest，并在该文件中添加如下内容。

```
CACHE MANIFEST
CACHE:
images/image1.jpg
images/image2.jpg
NETWORK:
images/image3.jpg
images/image4.jpg
```

在上述内容中，设置 image1. jpg 和 image2. jpg 需要被缓存，而 image3. jpg 和 image4. jpg 需要在有网络的情况下进行访问。

(4)在 Example 4-8 目录下创建要使用缓存功能的页面 Example4-8. html，并在文件中添加如下代码。

```
<!doctype html>
<html manifest="Example4-8.manifest">
<head>
<meta charset="utf-8">
<title>Application Cache</title>
</head>
<body>
  <h1>风景图片</h1>
  <img src="images/image1.jpg" />
  <img src="images/image2.jpg" />
  <img src="images/image3.jpg" />
  <img src="images/image4.jpg" />
</body>
</html>
```

在上述代码中，第二行开启了 Application Cache，引入了 manifest 文件 Example4-8.manifest。

打开 Chrome 浏览器，访问 Example4-8.html，效果如图 4-23 所示。

图 4-23　Example4-8.html 效果

打开 Chrome 的开发者工具，单击 Network 选项，可以看到网页中资源首次加载的情况，如图 4-24 所示。在图中可以看到需要加载的资源有 offline.html 本身和 4 张图片，观察各资源的 Size(资源大小)和 Time(加载时间)，然后按 F5 键刷新页面，重新观察 Network 选项，如图 4-25 所示。

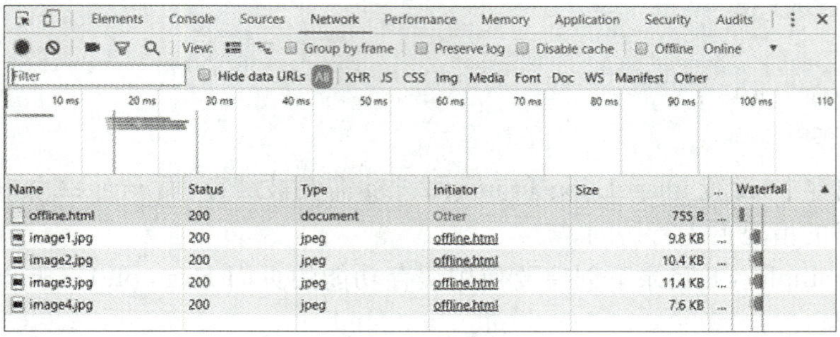

图 4-24　网页中资源首次加载的情况

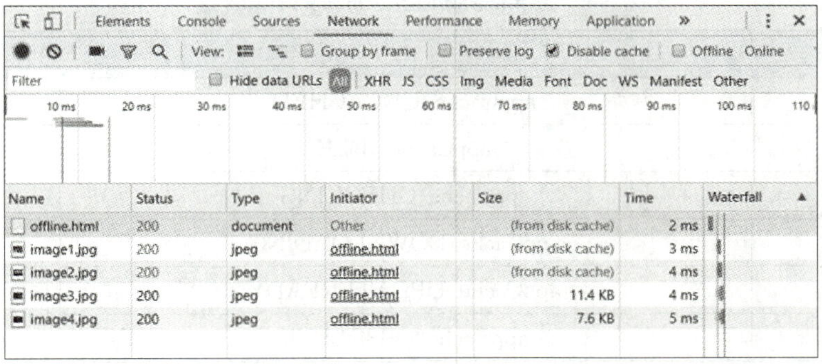

图 4-25　刷新页面后资源加载的情况

从图中可以看到 Size 和 Time 的变化，其中 offline. html、image1. jpg 和 image2. jpg 的 Size 均变为“from disk cache”，可见浏览器请求该数据是先从缓存中获取的。

使用 manifest 文件缓存功能时，需要注意以下问题。

①如果 manifest 文件中某行文件不能被下载，更新过程将失败，浏览器继续使用之前缓存的数据。

②manifest 文件必须与主页面同源。

③manifest 文件列表中的文件地址的相对路径，以 manifest 文件为参照物。

④“CACHE MANIFEST”标题只允许出现在第一行，且必须存在。

⑤使用 manifest 缓存功能的页面会被认为自动进行缓存。

4. 更新缓存

一旦应用被缓存，它就会保持缓存直到发生下列情况，浏览器才会再次更新。

(1)浏览器缓存被清空，如用户手动进行的清空缓存操作。

(2)manifest 文件被修改。

(3)利用程序脚本来更新缓存。

换句话说，如果不发生上面出现的情况，即使开发者将服务器端的文件进行更新，用户浏览器内使用的内容也不会发生变化。开发人员想要通知用户的浏览器更新 Application Cache 的方法有以下两类。

(1)更新 manifest 文件。浏览器发现 manifest 文件本身发生变化，便会根据新的 manifest 文件去获取新的资源进行缓存。当 manifest 文件列表并没有变化时，我们通常通过修改 manifest 注释的方式来改变文件，从而实现更新。

(2)通过 JavaScript 操作。浏览器使用 Application Cache API 来操作应用缓存，通过 JavaScript 操作 window. applicationCache 对象达到更新缓存的目的。applicationCache 对象提供了很多事件、属性和方法供开发者使用。其中常用的方法有以下 3 种。

①update()：发起应用缓存下载进程，尝试更新缓存。

②abort()：取消正在进行的缓存更新。

③swapCache()：更新成功后，切换为最新的缓存环境。

applicationCache 对象上还有一个常用的数值型属性 status，它代表了缓存的状态，该属性有 6 种状态，如表 4-8 所示。

表 4-8　applicationCache 对象的 status 属性

可选值	匹配常量	描　述
0	appCache. UNCACHED	未缓存
1	appCache. IDLE	闲置
2	appCache. CHECKING	检查中
3	appCache. DOWNLOADING	下载中
4	appCache. UPDATEREADY	已更新
5	appCache. OBSOLETE	失效

目前，互联网上的大部分页面都没有指定缓存清单，所以这些页面的状态就是UNCACHED(未缓存)，IDLE(闲置)是带有缓存清单程序的典型状态。处于闲置状态说明应用程序的所有资源都已被浏览器缓存，当前不需要更新。如果缓存曾经有效，但现在manifest 文件丢失，则缓存进入 OBSOLETE(失效)状态。

对于上述各种状态，applicationCache 对象还包含与之对应的事件和回调特性，如表 4-9所示。

表 4-9　applicationCache 对象的事件

事　件	触发条件
checking	用户代理检查更新或在第一次尝试下载 manifest 文件时，本事件往往是事件队列中第一个被触发的
noupdate	检测出 manifest 文件没有更新
downloading	用户代理发现更新并正在取资源，或第一次下载 manifest 文件列表中列举的资源
progress	用户代理正在下载 manifest 文件中需要缓存的资源
cached	manifest 中列举的资源已经下载完成并已经缓存
updateReady	manifest 中列举的文件已经重新下载并更新成功，接下来 JavaScript 可以使用swapCache()方法将其更新到应用程序中
obsolete	manifest 的请求出现 404 或 410 错误，应用程序缓存被取消
error	manifest 的请求出现 404 或 410 错误，更新缓存的请求失败
	manifest 文件没有改变，但是页面引用的 manifest 文件没有被正确地下载
	在取 manifest 文件列举的资源的过程中发生致命的错误
	在更新过程中 manifest 文件发生变化

当浏览器对本地缓存进行更新，装入新的资源文件，会触发 applicationCache 对象的updateReady 事件，通知用户本地缓存已被更新。

```
applicationCache.onUpdateReady=function(){
   //通知用户本地缓存已被更新
   alert("本地缓存已被更新");
};
```

applicationCache 对象中还有其他一些方法，如表 4-10 所示。

表 4-10 applicationCache 对象的方法

方　　法	描　　述
update()	发起应用程序缓存下载进程，尝试更新缓存
abort()	取消正在进行的缓存下载
swapCache()	更新成功后，切换成本地最新的缓存环境

update()方法会请求浏览器更新缓存，包括检查新版本的 manifest 文件并下载必要的新资源；如果没有缓存或已过期，则会抛出错误。

swapCache()方法用来手工执行本地缓存的更新，只能在 applicationCache 对象的 updateReady 事件被触发时调用，updateReady 事件只有在服务器上的 manifest 文件被更新，并把 manifest 文件中所要求的资源文件下载到本地后触发。所以这个事件的含义是本地缓存准备被更新，当这个事件被触发后，可以用 swapCache 方法手工进行缓存的更新。

假设本地缓存容量大，更新需要很多时间，需要一个提示。

```
applicationCache.onUpdateReady=function(){
   //通知用户本地缓存已被更新
   alert("正在更新本地缓存");
   applicationCache.swapCache();
   alert("本地缓存已被更新,您可以刷新页面得到本程序的最新版本");
};
```

一个更新的实现过程也可以是：首先调用 applicationCache. update()方法开始尝试更新，前提是 manifest 文件是更新过(如修改 manifest 版本号)的，swapCache()方法来将旧的缓存更新为新的，代码如下。

```
var appcache=window.applicationCache
appcache.update();//尝试更新缓存
If(appcache.status== window.applicationCache.UPDATEREADY){
   appcache.swapCache();//更新成功后,切换到新的缓存
};
```

浏览器检查清单文件，以及更新缓存的操作是异步的，可能是在载入旧缓存之后进行，因此可能需要载入两次才能显示最新的内容。不调用 swapCache()方法，本次更新在下一次打开页面时被更新。如果调用 swapCache()方法，缓存将会立刻被更新。虽然缓存立刻被更新，但是效果只有在重新打开页面时才会生效。

使用 manifest 文件进行离线缓存的原理如图 4-26 所示。

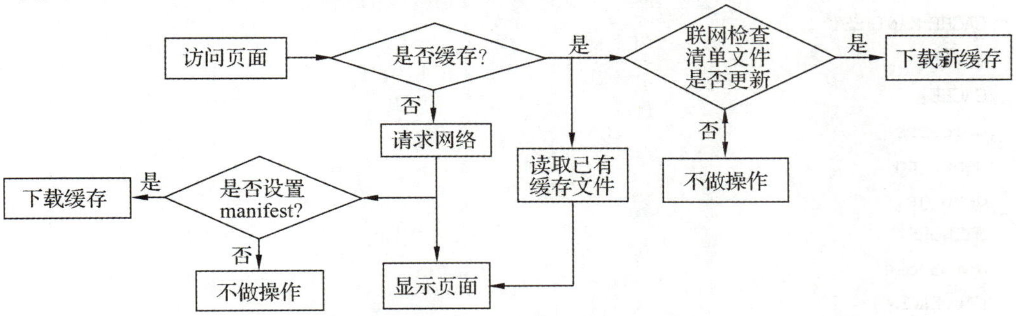

图 4-26 离线缓存原理

4.3.4 任务实施

实现任务描述中的离线缓存页面的步骤如下。

(1)创建 Task4-5 文件夹,用于存放本案例的所有资源。

(2)在 Task4-5 目录下创建 images 目录,并在该目录下存放四张图片。

(3)在 Task4-5 目录中创建 Task4-5. manifest,并在其中添加如下代码。

```
CACHE MANIFEST
  # v1
  CACHE:
  demo.css
  demo.jpg
  demo.js
  NETWORK:
  demo2.css
  FALLBACK:
```

(4)在 Task4-5 中创建实现离线缓存的页面 Task4-5. html,并在该文件中添加如下代码。

```
  <img src="demo.jpg"><br/>
  <button>更新缓存 manifest 文件</button>
<script type="text/javascript">
document.querySelector('button').addEventListener('click',function() {
  var appCache = window.applicationCache;
  console.log(appCache);
  appCache.update(); //尝试更新缓存
  if (appCache.status == window.applicationCache.UPDATEREADY) {
  alert(4);
  appCache.swapCache();  //更新成功后,切换到新的缓存
  }
})
</script>
```

(5)接下来修改 demo. js 文件,添加一行代码:

```
alert("update");
```

(6)更新 Task4-5. manifest 文件,将第二行的 v1 变为 v2,代码如下。

```
CACHE MANIFEST
# v2
CACHE:
demo.css
demo.jpg
demo.js
NETWORK:
demo2.css
FALLBACK:
```

(7)单击“更新缓存 manifest 文件”按钮，浏览器启动缓存进程更新 CACHE 标签下的内容。

(8)重新刷新页面，待页面加载完毕后弹出内容为 update 的提示框。

4.3.5 任务实训

制作图 4-27 所示的一个具有缓存功能的简单页面。其涉及的页面有 Task4-6. html 和 Task4-6. css。

(1)使用 HTML5 提供的 Application Cache 缓存接口，缓存 Task4-6. html 和 Task4-6. css 这两个文件。

缓存文件 Task4-6. manifest 内容如下。

```
CACHE MANIFEST
#version 1.0
CACHE:
Task4-6.css
Task4-6.html
```

此时打开服务器，浏览该网页，再关闭服务器，会发现该网页同样可以访问。

(2)更改 html 文件中的文字为“This is my first HTML page!”，再次访问该页面时，是不会加载最新的页面文字的，这是因为浏览器默认会到缓存中查找，如果缓存中有，则直接从缓存中取出，因此需要更新缓存文件“Task4-6. manifest”中的 version，代码如下。

```
CACHE MANIFEST
#version 1.1
CACHE:
Task4-6.css
Task4-6.html
NETWORK:
FALLBACK:
```

再次访问该页面时，发现网页已经加载了最新的页面文字，如图 4-28 所示。

另外，还可以使用 applicationCache 对象来自动更新缓存。代码如下。

```
<script type="text/javascript">
        //添加页面加载函数
        window.addEventListener('load', function(e) {
          //为 applicationCache 对象添加 updateReady 事件
          window.applicationCache.addEventListener('updateready', function(e) {
            //表示 manifest 中列举的文件已经重新下载并更新成功
            if (window.applicationCache.status == window.applicationCache.UPDATEREADY) {
              //使用 swapCache()方法更新到应用程序中
              window.applicationCache.swapCache();
              if (confirm('A new version of this site is available. Load it?')) {
                //重新加载当前页面
```

```
                window.location.reload();
            }
        } else {
                //manifest 文件没有改变
                console.log("manifest 文件没有改变");
        }

    }, false);

  }, false);
</script>
```

图 4-27　Task4-6. html 效果图一

图 4-28　Task4-6. html 效果图二

4.3.6 任务拓展

HTML5 引入了一些新的事件，用来让应用程序检测网络是否正常连接。应用程序处于在线状态和离线状态会有不同的行为模式。是否处于在线状态可以通过检测 window.navigator 对象属性来判断。

首先，navigator. onLine 是一个标明浏览器是否处于在线状态的布尔属性。当然，onLine 值为 true 并不能保证 Web 应用程序在用户的计算机上一定能发送访问请求到相应的服务器上。当其值为 false 时，不管浏览器是否真正联网，应用程序都不会尝试进行网络连接。查看页面状态是在线还是离线的代码如下。

```
  //当页面加载时，设置状态为 online 或 offline
function loadDemo(){
  if(navigator.onLine){
  log("online");
}else{
  log("offline");
}
}
//增加事件监听，当在线状态发生时，将触发响应
window.addEventListener("online",function(e){
  log("online");},true);
window.addEventListener("offline",function(e){
  log("offline");},true);
```

第5章 HTML5 地理定位

5.1 使用 Geolocation 获取用户当前位置

5.1.1 任务目标

- 理解位置信息数据的来源方式。
- 理解 Geolocation API。
- 掌握使用 getCurrentPosition 获取当前位置的方法。
- 掌握 getCurrentPosition 的 3 个参数。

5.1.2 任务描述

使用 Geolocation API 获取浏览器用户的当前地理位置信息，首先需要判断浏览器对 Geolocation API 的支持性，当用户单击“点我”按钮时，能在页面中显示出用户的经度和纬度信息，并在获取地理位置失败的情况下能够捕获具体的错误信息。网页效果如图 5-1 和图 5-2 所示。

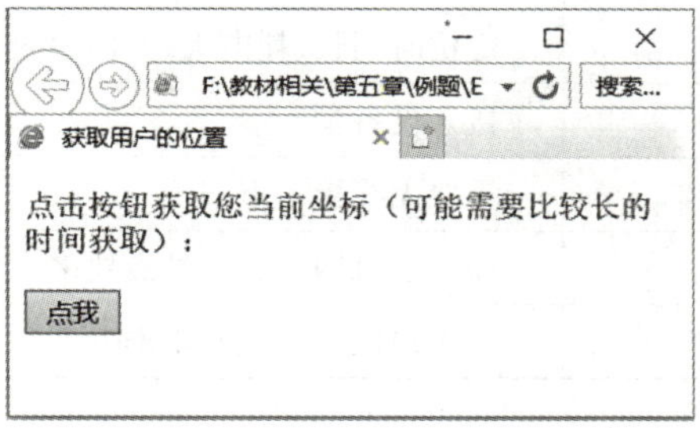

图 5-1　获取用户地理位置信息一

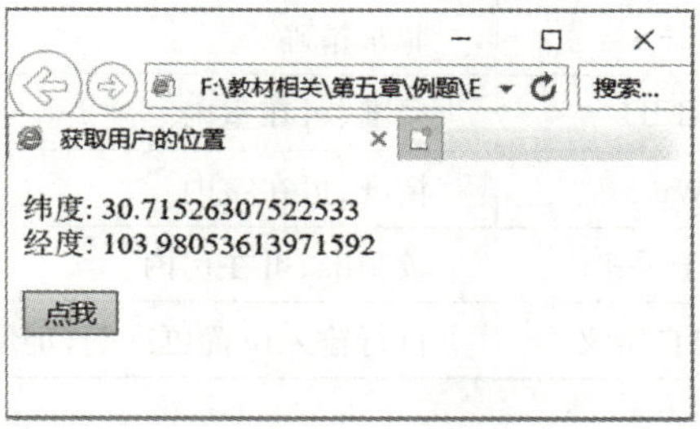

图 5-2　获取用户地理位置信息二

5.1.3 任务知识

地理位置(Geolocation API)是 HTML5 非常重要的特性之一,它封装了获取位置的技术细节,开发者只需要简单的几行代码就可以轻松获取用户的地理位置信息,并且不用关心位置信息究竟从何而来,这极大地简化了应用的开发难度。借助这些信息可以开发基于位置信息的高级应用,在当今移动互联网时代显得尤为重要。

1. 地理位置获取流程

(1)用户打开需要获取地理位置的 Web 应用。

(2)应用向浏览器请求地理位置,浏览器弹出询问,询问用户是否共享地理位置。

(3)假设用户允许,浏览器从设备查询相关信息。

(4)浏览器将相关信息发送到一个信任的位置服务器,服务器返回具体的地理位置。

2. 位置信息数据来源

HTML5 Geolocation API 用来获取用户地理位置信息,不指定是在什么设备上、使用哪种底层技术来定位应用程序的用户,它只是用于检索位置信息的 API,而且通过该 API 检索到的数据只具有某种程度的准确性,它并不能保证设备返回的数据就是精确的。

一般来说,设备可以使用的数据源如下。

(1)IP 地址。

(2)GPS(global positioning system,全球定位系统)。

(3)RFID(radio frequency identification,射频识别),如汽车防盗和无钥匙开门系统的应用、门禁和安全管理系统等。

(4)WiFi 地址。

(5)GSM 或 CDMA 手机的 ID。

(6)用户自定义的地理位置数据。

每种获取方式由于原理不同,所以在精度上也会产生差异。例如,使用笔记本连接 WiFi 上网获取的经纬度信息与使用手机在 GSM 上获取的经纬度信息很可能会完全不一致。表 5-1 列出了定位数据来源的优缺点。

表 5-1　定位数据来源的优缺点

定位数据来源	优　点	缺　点
IP 地址	在连接上网的地方都可获取	不精确
GPS	非常精确	定位时间长、耗电大、室内效果差
RFID	精准、可在室内	接入设备少
WiFi	精准、可在室内	需要无线接入点
基于手机	较精准、可在室内	需要手机网络且基站点要多
用户自定义	自行输入位置更准确,定位快速	当用户位置变化时不准确

3. Geolocation 对象

Geolocation 是基于 navigator 的一个新的属性,用于获得用户的地理位置,其中 navigator

为浏览器内置对象。鉴于该特性可能侵犯用户的隐私，在访问位置信息前，浏览器都会询问用户是否共享其位置信息，除非用户同意，否则用户位置信息是不可用的。

在使用地理位置 API 之前首先要检测浏览器是否支持，如表 5-2 和表 5-3 所示。

表 5-2 PC 浏览器对 Geolocation 的支持情况

IE	Firefox	Chrome	Safari	Opera
9+支持	支持	支持	支持	支持

表 5-3 移动端浏览器对 Geolocation 的支持情况

iOS Safari	Android Browser	Opera Mobile	Opera Mini
支持	支持	支持	不支持

检测浏览器是否支持定位 API，只需要检测 Geolocation 是否存在于 navigator 中即可，可以使用如下语句进行检查。

```
function loaddemo(){
  if(navigator.geolocation){
         alert('浏览器支持 html5 geolocation');
    }else{
           alert('浏览器不支持 html5 geolocation');
           }
     }
loaddemo();
```

Geolocation 存在于 navigator 对象中，包含以下 3 个方法。

- getCurrentPosition：获取用户当前位置，只能获取一次。
- watchPosition：循环检测用户的地理位置，只要发生变化，浏览器就会触发 watchPosition 函数。
- clearWatch：清除对用户位置的循环监视。

各个方法具体说明如下。

(1)获取当前地理位置。使用 getCurrentPosition 方法可以取得用户当前的地理位置信息，该方法的用法如下。

```
void getCurrentPosition(successCallback, errorCallback,options);
```

这个方法接收一个必选参数和两个可选参数。

①successCallback：必选参数，位置信息请求成功后处理的函数。

②errorCallback：可选参数，位置信息请求错误后处理的函数。

③options：可选参数，这个对象可以调整数据收集的方式。

getCurrentPosition 方法的第一个参数 successCallback 为获取位置信息成功的回调函数，该参数的使用方法如下。

```
navigator.geolocation.getCurrentPosition(function(position){
  //获取成功时的处理
});
```

信息获取到之后会在回调函数中传入 position 对象。该对象包含两个属性：一个是 coords(坐标)，它是一个 Coordinate 对象，包含当前位置信息；另一个是 timestamp，表示获取到位置的时间戳。该对象的其他一些属性如表 5-4 所示。

表 5-4　coords 和 timestamp 的属性

属　性	描　述
coords. latitude	十进制的纬度
coords. longitude	十进制的经度
coords. accuracy	位置精度
coords. altitude	海拔，以米计
coords. altitudeAccuracy	位置的海拔精度
coords. heading	方向，从正北开始以度计
coords. speed	速度，以米/秒计
timestamp	响应的日期/时间

这些属性中只有 coords. latitude、coords. longitude 和 coords. accuracy 一定会有东西返回，其他属性很可能返回 null。

下例是一个简单的地理定位实例，可返回用户位置的经度和纬度，效果如图 5-3 所示，在 Dreamweaver CS6 中创建 Example5-1. html，其代码如下。

```
<!doctype html>
<html>
<head>
<meta charset="utf-8">
<title>title</title>
</head>
<body>
<script>
function getMyPosition(){
  if(window.navigator.geolocation){
  //获取当前位置
  alert("正在获取您的位置。");
  //如果获取位置成功,会调用名字为 successPosition 的方法
  navigator.geolocation.getCurrentPosition(successPosition)
  }else{
  alert("您当前的浏览器不支持!");
  }
  }
  function successPosition(position){
  var jd = position.coords.longitude;//经度
  var wd = position.coords.latitude;//纬度
```

```
    alert(jd+","+wd);
  }
getMyPosition();
</script>
</body>
</html>
```

网页效果如图 5-4 所示。

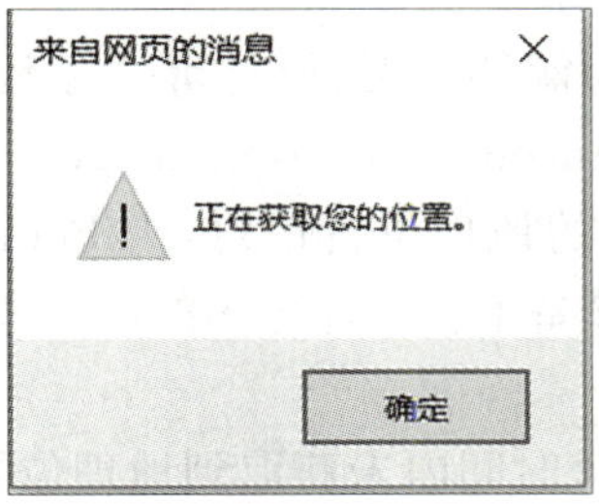

图 5-3 Example5-1. html 效果图一

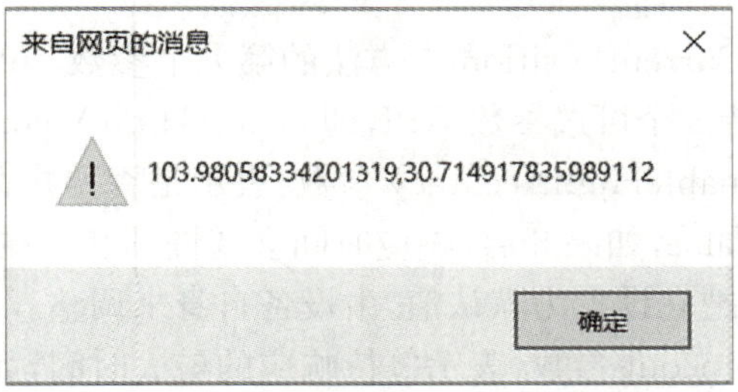

图 5-4 Example5-1. html 效果图二

getCurrentPosition()方法的第二个参数 errorCallback 为获取用户当前地理位置信息失败时所执行的回调函数。如果获取地理位置信息失败，可以通过该回调函数把错误信息提示给用户。

该回调函数使用一个 error 对象作为参数，该对象具有以下两个属性。

• code 属性。code 属性包含 3 个值：当前属性值为 1 时，表示用户拒绝了位置服务；当前属性值为 2 时，表示不能获取位置信息；当前属性值为 3 时，表示获取位置信息超时错误。

• message 属性。message 属性为一个字符串，在该字符串中包含了错误信息，这个错误信息在开发和调试时将很有用。

在 getCurrentPosition()方法中使用第二个参数捕获错误信息的具体使用方法如下。

```
navigator.geolocation.getCurrentPosition(
function(position){
  var wd= position.coords.latitude;//纬度
  var jd= position.coords.longitude;//经度
      alert(jd+","+wd);
      },
  //获取错误信息
  function(error){
  switch(error.code){
  case 1:
  alert("位置服务被拒绝");
  break;
  case 2:
  alert("暂时获取不到位置信息");
  break;
```

```
        case 3:
        alert("获取信息超时");
        break;
        default:
        alert("未知错误");
        break;
            }
        });
```

getCurrentPosition() 方法的第三个参数 options 为额外参数，也是可选参数。options 参数支持 3 个可选参数 API，即 enableHighAccuracy、timeout 和 maximumAge。

- enableHighAccuracy 参数：表示是否要求高精度的地理位置信息，为 Boolean 类型，默认为 false，如果开启，响应时间会变慢，同时，在手机设备上会用掉更多的流量和电量。所以，一般把它设置为默认值，由设备自身来调整。
- timeout 参数：表示等待响应的最大时间，如果在该时间内未获取到地理位置信息，则返回错误。默认是 0 毫秒，表示无穷时间。
- maximumAge：表示应用程序的缓存时间，单位 ms。例如，maximumAge 为 120 000 ms（1 min 是 60 000 ms），如果 10 点整时获取过一次地理位置信息，10：01 时，再次调用 navigator. geolocation. getCurrentPosition( )重新获取地理位置信息，则返回的依然是 10：00 时的数据(因为设置的缓存时间为 2 min)。超过这个时间后缓存的地理位置信息被抛弃，从而尝试重新获取地理位置信息。默认值为 0，意味着无条件重新获取地理位置信息。

在 getCurrentPosition() 方法中使用第三个参数 options 对这些可选属性的具体设置方法如下。

```
    navigator.geolocation.getCurrentPosition(
      function(position){
      //获取地理位置信息成功时所做的处理
      },
      function(error){
      //获取地理位置信息失败时所做的处理
      },
      {
      //设置缓存有效时间为 2 min
      maximumAge:60 * 1000 * 2,
      //5 min 内未获取到地理位置则返回错误
      timeout:5000
      })
```

(2)监视位置信息。使用 watchPosition()方法可以持续获取用户当前的地理位置信息，它会定期地自动获取，watchPosition()方法的基本语法如下。

```
navigator.geolocation.watchPosition (successCallback, errorCallback,options);
```

该方法参数的说明和使用与 getCurrentPosition()方法相同。调用该函数时会返回一个 watchID,这个 ID 和 setInterval()函数返回的 ID 类似,可以用于清除此次监视操作。

(3)停止获取位置信息。如果不想使用更新,可以使用 clearWatch()方法停止当前用户地理位置信息的监视,这个函数会通知 geolocation 服务器,程序不想要接收用户的位置信息更新了。具体方法如下。

```
navigator.geolocation.clearWatch(watchID);
```

参数 watchID 为调用 watchPosition()方法监视地理位置信息时的返回参数。

5.1.4 任务实施

本任务需要获取浏览器用户的当前地理位置,需要使用 Geolocation 对象的 getCurrentPosition 方法。可创建一个 getLocation()函数来实现获取地理位置信息的功能。在 getLocation() 函数中,调用 Geolocation() 对象的 getCurrentPosition() 方法。而 getCurrentPosition()方法需要两个参数。第一个参数 showPosition 是用来获取用户的地理位置信息的函数,第二个参数 errorPosition 的功能是在获取地理位置失败的情况下能够捕获具体的错误信息。

5.1.5 任务实训

使用地理位置 Geolocation API 制作图 5-5 所示页面,当单击"获取位置"按钮后,获取当前设备地理位置信息并显示在页面上。单击"开始监听"按钮后便开始监视设备的位置变化,每当定位信息发生变化则会更新显示当前位置信息。单击"停止监听"按钮则停止对设备位置变化的监视。

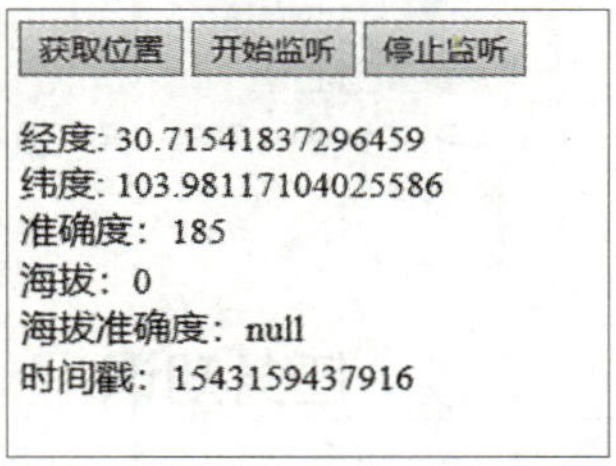

图 5-5 Task5-2. html 效果图

完整代码请参考 Task5-2. html。其中,getLocation()函数用来获取当前设备的地理位置信息,beginWatch()函数用来监视设备的位置变化,stopWatch()函数用来停止监视位置变化,handleLocationError()函数用来定义在获取位置失败时的处理操作,最后使用 showPosition()函数显示出获取到的地理位置信息。

5.2 调用百度地图显示用户位置

5.2.1 任务目标

- 理解 GIS(地理信息系统)的含义。
- 掌握百度地图 JavaScript API。
- 掌握调用百度地图的方法。

5.2.2 任务描述

使用百度地图 JavaScript API 显示用 Geolocation API 获取到的用户的当前地理位置信息，由于 IE 浏览器对百度 API 支持情况较好，所以使用 IE 浏览器访问页面就能成功调用百度 2D 地图，效果如图 5-6 所示。

图 5-6 调用百度 2D 地图

5.2.3 任务知识

1. 百度地图 JavaScript API

前面介绍了 Geolocation API 的基本内容，Geolocation API 更大的价值在于与 GIS（地理信息系统）的结合。地理信息系统是一种特定的十分重要的空间信息系统，已经广泛地应用在不同的领域，是用于输入、存储、查询、分析和显示地理数据的计算机系统。要想实现与 GIS 的结合，首先需要一个地图的数据库，百度地图提供的地图、导航、街景等丰富的地图数据库正好可以为我们所用。

百度地图 JavaScript API 是一套由 JavaScript 语言编写的应用程序接口，可实现在网站中构建功能丰富、交互性强的地图应用，支持 PC 端和移动端基于浏览器的地图应用开发，且支持 HTML5 特性的地图开发。该套 API 免费对外开放。自 1.5 版本起，需先申请密钥（ak）才可使用，接口（除发送短信功能外）无使用次数限制。

在使用百度地图之前首先需要去注册一个属于自己的密钥。

打开百度地图开放平台网站后，进行申请密钥的操作。

（1）登录百度账号。

（2）单击"开发文档"会弹出下拉菜单，选择"JavaScript API"进入 JavaScript API 页面中，如图 5-7 所示。

图 5-7 进入 JavaScript API 页面

(3)在页面中单击“申请密钥(ak)”超链接,如图 5-8 所示。

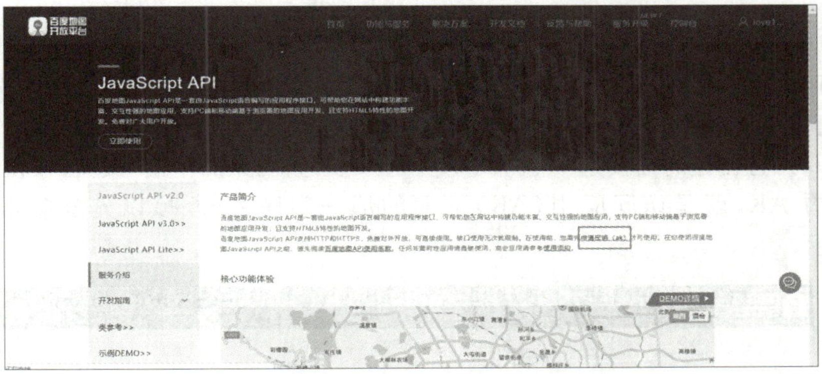

图 5-8 申请密钥

(4)如果还未成为百度开发者,需要首先成为一名百度开发者,按照步骤完善信息即可,如图 5-9 所示。

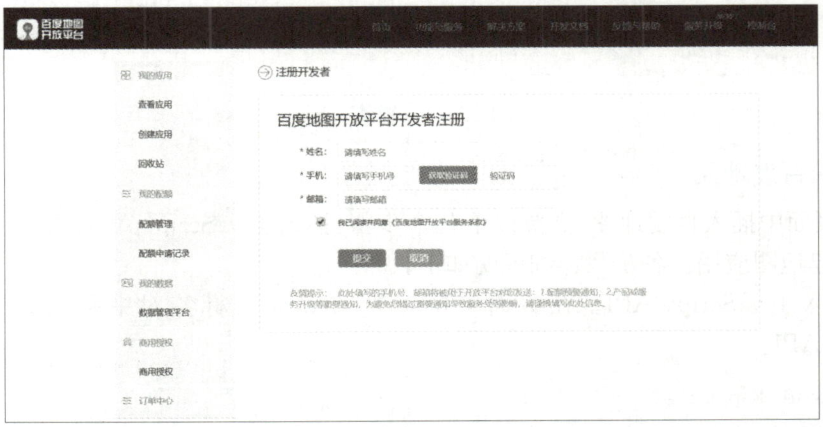

图 5-9 注册开发者

(5)创建应用,如图 5-10 所示。

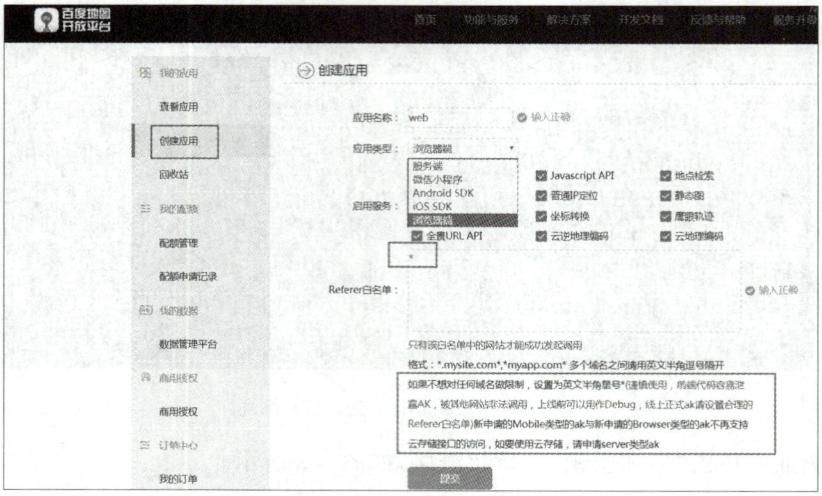

图 5-10　创建应用

在“应用名称”文本框中填上自己的应用名称，在“应用类型”下拉列表框中选择“浏览器端”选项，对于下面的 Referer 白名单，我们这里作为学习使用，所以在白名单中直接写一个星号（*）即可，且创建时需要选中 JavaScript API 复选框，最后单击“提交”按钮。

(6)查看 AK，就是访问应用（AK）下面的那一串序列号，可以先复制下来备用，如图 5-11 所示。

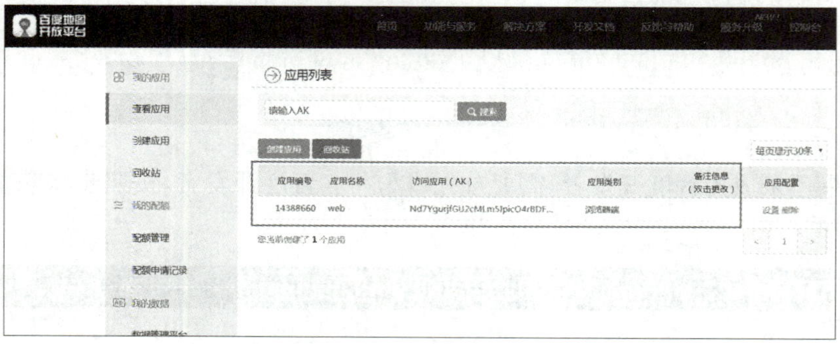

图 5-11　查看 AK

2. 插入百度地图

要在页面中插入百度地图，需要以下几个步骤：插入 JavaScript API、插入地图块、插入 JS 代码创建地图应用。各步骤详细说明如下。

(1)插入 JavaScript API。在页面<head></head>标签对中引入如下百度地图 JavaScript API。

```
<!-- baidu Map api -->
<script type="text/javascript" src="http://api.map.baidu.com/api? v=2.0&ak=密钥">
</script>
```

以上代码中的 ak=密钥处，密钥即为准备工作中申请的密钥，对应复制替换密钥二字即可。另外，为了提高网页的加载速度，可以将上述代码放在<body></body>标签对中的最后。这样会提升页面的加载速度，但是地图应用的加载时间同样会依赖于以上文件的载入速度。

(2)插入地图块。只需要在插入地图应用的位置插入一个 div 块即可，同时设定一个 id 供后续使用，方式如下。

```
<div id="baiduMap"></div>
```

(3)插入 JS 代码创建地图应用。如果需要使用百度地图，有至少 3 步操作需要完成：创建地图实例、创建点坐标和初始化地图。而这 3 步都需要用到百度地图提供的 JavaScript API 中的一些构造函数来实现，常用的构造函数如表 5-5 所示。

表 5-5 JavaScript API 常用构造函数

构造函数	描　述
Map(container | HTMLElement，opts)	在指定的容器内创建地图实例。之后需要调用 Map. centerAndZoom() 方法对地图进行初始化。未进行初始化的地图不能进行任何操作
Point(lng，lat)	以指定的经度和纬度创建一个地理点坐标
Marker(point，opts)	创建一个图像标注实例。point 参数指定了图像标注所在的地理位置
con(url，size，opts)	以给定的图像地址和大小创建图标对象实例
Panorama(container | HTMLElement，opts)	在给定的结点中创建全景

插入 JS 代码创建地图应用的具体步骤如下。

①创建地图实例。位于 BMap 命名空间下的 Map 类表示地图，通过 new 操作符可以创建一个地图实例。其参数可以是元素 id，也可以是元素对象。

```
//创建地图实例
var map = new BMap.Map("container");
```

注意，在调用此构造函数时应确保容器元素已经添加到地图上。

②创建点坐标。这里我们使用 BMap 命名空间下的 Point 类来创建一个坐标点。* Point 类描述了一个地理坐标点，其中 116.404 表示经度，39.915 表示纬度。

```
// 创建点坐标
var point = new BMap.Point(116.404, 39.915);
```

③初始化地图。在创建地图实例后，需要对其进行初始化，BMap. Map. centerAndZoom() 方法要求设置地图中心点坐标和缩放级别。地图必须经过初始化才可以执行其他操作。

```
//地图初始化,设置地图中心点及缩放级别
map.centerAndZoom(point, 15);
```

centerAndZoom(center：Point，zoom：Number)方法用于初始化地图。其中，如果 center 类型为 Point，那么 zoom 必须赋值，范围为 3～19 级，若调用高清图(针对移动端开发)，则 zoom 可赋值范围为 3～18 级。如果 center 类型为字符串，如“北京”，那么 zoom 可以忽略，

地图将自动根据 center 适配最佳 zoom 级别。

5.2.4 任务实施

为实现调用百度 2D 地图显示用户的地理位置信息的任务，需要首先引入百度 JavaScript API，然后使用 Geolocation 对象获取当前的位置坐标，然后创建一个地图实例，再把获取到的经纬度坐标值通过 Point 类传给百度地图。这样就可以在页面中显示出地图了。但是，为了更明显地显示出当前位置，定义了一个图片标记，并将该标记定位在百度地图的当前坐标上。需要注意的是，由于在实际开发中经度、纬度的值都会加密，所以图 5-6 中显示的位置可能与实际位置有偏差，但不是错误。

完整代码请参见源代码 Task5-3. html。

5.2.5 任务实训

先注册一个属于自己的百度地图密钥，然后使用 Geolocation API 获取自己所在城市的当前地理位置信息，并引入百度地图 JavaScript API，在网页中显示出自己所在城市的当前地理位置信息，如图 5-12 所示。完整代码请参考 Task5-4. html。

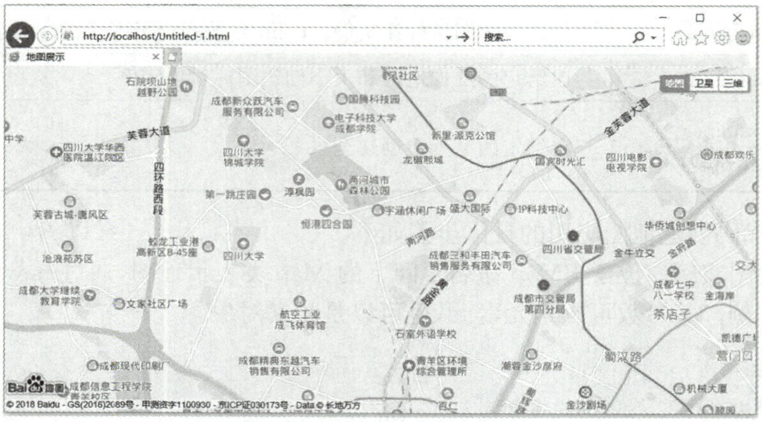

图 5-12 调用百度地图效果图

5.2.6 任务拓展

任务 Task5-3. html 中调用百度 2D 地图后，我们可以看一下百度的全景图，百度地图 JavaScript API 中提供了 panorama() 函数用来展示某位置的全景视图，可以单独放置在一个 div 容器中，也可以放在 Map 类的容器中。它包含以下方法，如表 5-6 所示。

表 5-6 panorama 常用方法

方　法	返 回 值	描　述
getPosition()	Point	获取当前全景的位置，通过经纬度描述
getPov()	PanoramaPov	设置全景的位置

续表

方　法	返回值	描　述
setPosition(position: Point)	none	在给定的结点中创建全景
setPov(pov: PanoramaPov)	none	设置全景的视角

为了能够在普通的 PC 上演示该功能，在调用全景图的案例中，我们使用固定的经纬度来模拟获取当前位置。效果如图 5-13 所示，在 Dreamweaver CS6 中创建 Example5-2.html，其代码如下。

```
<!doctype html>
<html>
<head>
    <title>全景图</title>
    <meta http-equiv="Content-Type" content="text/html; charset=utf-8" />
    <script type="text/javascript"
      src="http://api.map.baidu.com/api? v=2.0&ak=4qXTGvclMqTZXkLsU3twnMA7">
    </script>
    <style type="text/css">
        body, html{
            width: 100%;
            height: 100%;
            overflow: hidden;
            margin:0;
            font-family:"微软雅黑";
        }
        #panorama {
            height: 100%;
            width: 100%;
            overflow: hidden;
        }
    </style>
</head>
<body>
<div id="panorama"></div>
<script type="text/javascript">
    var jd="116.349902";
    var wd="40.065817";
//全景图展示
    var panorama = new BMap.Panorama('panorama');
    panorama.setPosition(new BMap.Point(jd, wd)); //根据经纬度坐标展示全景图
    panorama.setPov({heading: -40, pitch: 6});
    //全景图位置改变后，普通地图中心点也随之改变
```

```
        panorama.addEventListener('position_changed', function(e){
            var pos = panorama.getPosition();
            map.setCenter(new BMap.Point(pos.lng, pos.lat));
            marker.setPosition(pos);
        });
    </script>
    </body>
    </html>
```

图 5-13　调用百度全景图效果

第 6 章 HTML5 综合项目

6.1 项目描述

该项目综合应用 HTML5 的相关知识，制作一个手机端的媒体资讯平台。当前媒体资讯平台多种多样，每个平台都有各自的特点，本项目的手机端的媒体资讯平台主要向用户通过不同的方式展示媒体信息。

6.2 项目分析

项目包含 4 个网页，分别是推荐、快讯、视频和服务页面，运用了 HTML5 的新标签、表单、媒体查询等内容。4 个页面的导航菜单相同，而且导航菜单可以在屏幕像素比较小时切换为一个图标。推荐页面的主要功能是图片和信息的展示，运用了媒体查询，在屏幕放大和缩小时，字体能跟随一起变化；快讯页面展示了信息和评论；视频页面展示了视频的播放和评论；服务页面展示了表单的使用方式。

6.3 项目实现

6.3.1 创建站点

(1)打开 Dreamweaver CS6，执行"站点"→"新建站点"菜单命令。

(2)在弹出的站点对话框中，填入站点名称"site"和选择本地站点文件夹。如此操作之后，在选择的路径下将生成文件夹"site"，项目的所有内容都将存放在此文件夹下。

6.3.2 各功能模块的实现与测试

各功能模块用到的公共类为 header. css，其中，头部为 nav input[type="checkbox"]，. menu 默认情况下降隐藏，当媒体查询中屏幕宽度小于 640 px 时，. menu 将显示，并且设置在 nav input[type="checkbox"]:checked ～ ul 中。

checkbox 的状态为"：checked"时，将它后面的兄弟元素中名字为 ul 的标签显示出来，才能达到单击. menu 显示 ul 标签的目的。

1. 推荐页面(index. html)

在站点下创建一个 HTML 文件，将其重命名为 index. html，其具体代码见第 6 章源代码，其页面效果如图 6-1 所示。

index. html 的样式文件 index. css 给出了媒体查询处理不同分辨率字体的方法。

```
/*媒体查询,屏幕分辨率小于 480 px*/
@media (max-width: 480px) {
.container h4 {
  font-size: 0.12rem
}
.new_list p {
  font-size: 0.12rem
}
header {
  font-size: 0.12rem;
}
.new_list li p font{font-size: 0.10rem;}
}
```

屏幕分辨率大于 640 px 时的效果如图 6-1 所示，屏幕分辨率为 480～640 px 时的效果如图 6-2 所示，此时导航菜单变成了一个图片，小于 480 px 时的效果和 480～640 px 的效果图类似，只是通过媒体查询处理时，所有的字体再次缩小。

图 6-1 大于 640 px 页面预览效果

图 6-2 480～640 px 页面预览效果

单击左上角的图片，切换导航菜单的显示方式，鼠标移入视频时，效果如图 6-3 所示。

图 6-3 导航菜单切换效果

2. 快讯页面(cont. html)

快讯页面效果如图 6-4 所示，与创建推荐页面类似，在 sites 站点下新建 cont. html，具体代码见第 6 章源代码，除了公用类 header. css，自己的 CSS 文件为 cont. css。

图 6-4 快讯页面效果

快讯页面在 Chrome 浏览器的 Galaxy S5 模拟器中的运行效果如图 6-5 所示，在 iPad 上的预览效果如图 6-6 所示。

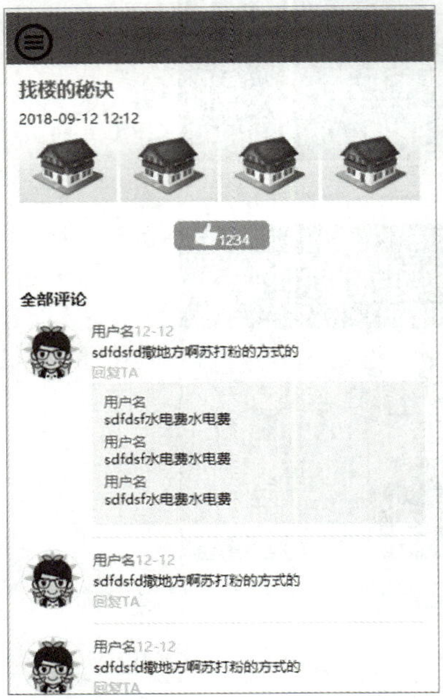

图 6-5　快讯页面在 Galaxy S5 模拟器上的预览效果图

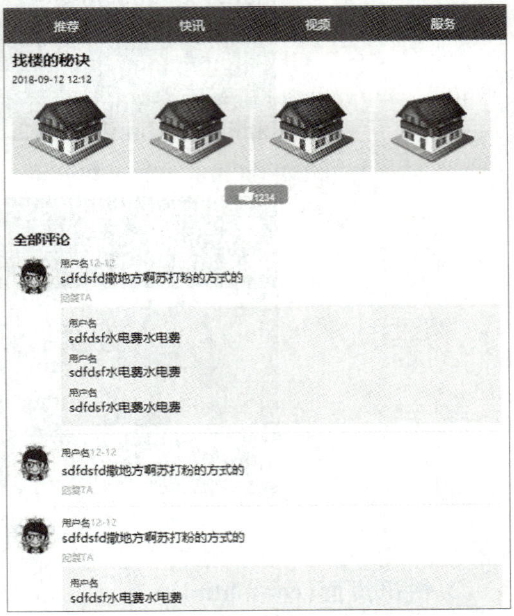

图 6-6　快讯页面在 iPad 上的预览效果图

3. 视频页面(movie. html)

视频页面效果如图 6-7 所示，在 sites 站点下创建 movie. html，具体代码见第 6 章源代码。

图 6-7　视频页面效果图

视频页面在 Chrome 浏览器的 Galaxy S5 模拟器中的运行效果如图 6-8 所示，在 iPad 上的预览效果如图 6-9 所示。

图 6-8　视频页面在 Galaxy S5 模拟器中的运行效果图

图 6-9　视频页面在 iPad 上的预览效果图

4. 服务页面(list. html)

服务页面效果如图 6-10 所示，在 sites 站点下创建 list. html，具体代码见第 6 章源代码。

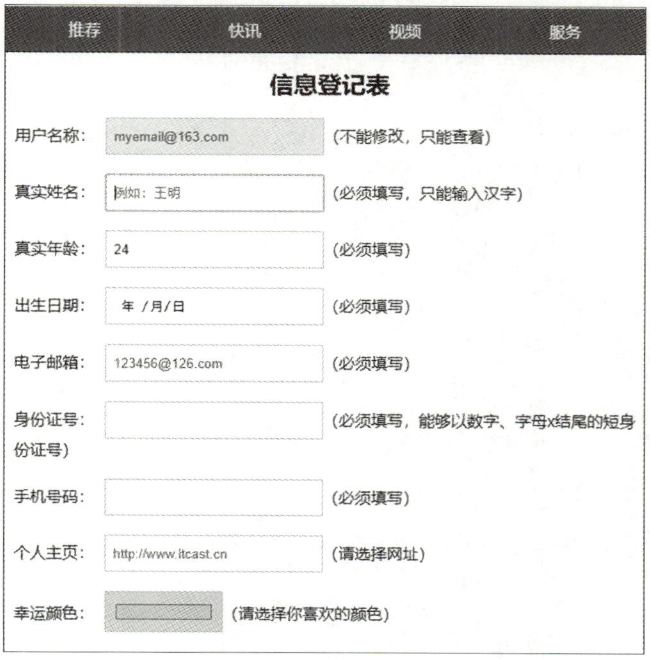

图 6-10　服务页面效果图

服务页面在 Chrome 浏览器的 Galaxy S5 模拟器中的运行效果如图 6-11 所示，在 iPad 上的预览效果如图 6-12 所示。

图 6-11　服务页面在 Galaxy S5 模拟器中的运行效果图

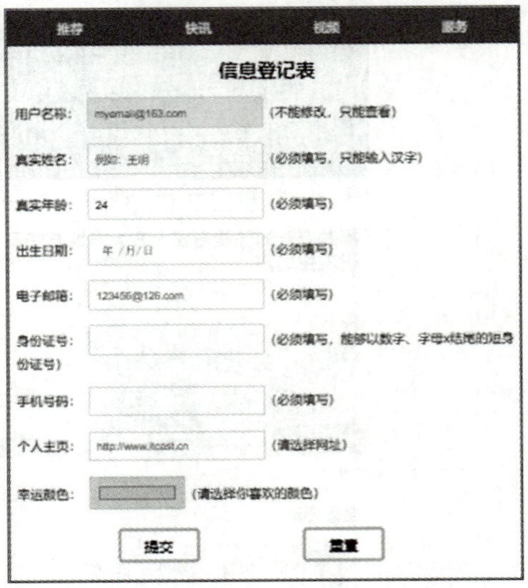

图 6-12　服务页面在 iPad 上的预览效果图

7 第 7 章 jQuery Mobile 概述

7.1 jQuery Mobile 简介

jQuery Mobile 是一个基于 HTML5、拥有响应式网站特性、兼容所有主流移动设备平台的统一 UI 接口系统，它具有简单、高效的特点，能够让没有美工基础的开发者在极短的时间内做出非常完美的界面设计。

jQuery Mobile 是用于前端开发的免费开源框架，可以运行在目前所有主流智能手机、平板等移动终端和兼容运行在桌面设备的网页中。这让设计者不需要为每一个移动设备或操作系统单独开发应用，而可以通过使用该框架，设计一个高度响应式的网站或应用，使其运行于所有流行的智能手机、平板电脑和桌面系统。

jQuery Mobile 是一套以 jQuery 为基础，为跨平台移动设备提供的用户界面函数库。jQuery Mobile 框架是以 jQuery 类库为基础而开发的，它沿用 jQuery 框架的语法、接口、样式等核心内容，但主要专注于移动方面的设计。jQuery Mobile 框架设计的宗旨是通过使用较少的 HTML5、CSS3、JavaScript 和 AJAX 代码来达到对页面高效布局的目的，完全将 jQuery 框架倡导的“写得更少、做得更多”理念升华到一个全新的高度。

1. jQuery Mobile 的工作原理

jQuery Mobile 通过提供可触摸的 UI 小部件和 AJAX 导航系统，使页面支持动画式切换效果。以页面中的元素标签为事件驱动对象，当触摸或单击时进行触发，最后在移动终端的浏览器中实现一个个应用程序的动画展示效果。

AJAX(Asynchronous JavaScript And XML)即异步 JavaScript 和 XML，是一种创建交互式网页应用的网页开发技术。通过在后台与服务器进行少量数据交换，AJAX 可以使网页实现异步更新。这意味着可以在不重新加载整个网页的情况下，对网页的某部分进行更新。

2. jQuery Mobile 的特点

(1)框架体积小。jQuery Mobile 完全基于最新的 HTML5、CSS3、JavaScript 等标准,整个库在压缩后不到 200 KB 大小,非常轻量级。

(2)强大的 AJAX 驱动导航。无论是页面数据的调用还是页面之间的切换,jQuery Mobile 都采用 AJAX 进行驱动,从而保持了动画转换页面的干净与优雅。

(3)强大的浏览器兼容性。jQuery Mobile 继承了 jQuery 的兼容性优势,目前所开发的应用兼容于所有主要的移动终端浏览器,使开发人员可以集中精力做功能开发,而不需要考虑复杂的浏览器兼容性问题。

(4)丰富的主题风格。jQuery Mobile 提供了丰富的主题,轻轻松松就能够快速创建出高质量的应用页面。并且通过 jQuery UI 的 ThemeRoller 在线工具,可轻松地定制出有特色的网页风格。

(5)支持触摸与其他鼠标事件。jQuery Mobile 提供了一些自定义的事件,用来侦测用户的触摸移动动作,如 tap(单击)、tap-and-hole(单击并按住)、swipe(滑动)等事件,极大提高了代码开发的效率。

7.2 jQuery Mobile 框架的安装与引用

jQuery Mobile 框架的安装与引用过程和 jQuery 框架类似,如果读者有 jQuery 框架的开发基础,学习起来会很简单。同时,由于 jQuery Mobile 是以 jQuery 为基础的框架,所以在安装与引用 jQuery Mobile 框架时需要同时安装与引用 jQuery 框架。

一般来讲,使用 jQuery Mobile 框架大致有两种主要方式:一种是直接下载 jQuery Mobile 库安装到本地引用;另一种是从 CDN 引用 jQuery Mobile 库。

1. 下载 jQuery Mobile 库安装到本地引用

jQuery 的官方网址是 http://jquery. com,其最新版本为 V3. 4. 1,但考虑到 jQuery Mobile 与 jQuery 兼容的问题,在此选取下载 V1. 11. 1。jQuery 有两种下载格式:一种程序代码是压缩过的版本,文件比较小,下载后的文件名为 jquery-1. 11. 1. min. js,适合在网站发布中使用;另一种程序代码是未压缩的开发版本,文件比较大,下载后的文件名为 jquery-1. 11. 1. js,适合程序开发人员使用。在此选用开发版的 jquery-1. 11. 1. js 库。

jQuery Mobile 下载的网址是 http://jquerymobile. com/download/,在下载页面提供了 ZIP、jQuery CDN 和文件 3 种下载方式。在此下载完整的 ZIP 库文件,压缩文件名是 jquery. mobile-1. 4. 5. zip,将下载的压缩文件解压到本地,其目录结构如图 7-1 所示。其中,jquery. mobile-1. 4. 5. css 和 jquery. mobile-1. 4. 5. js 是基本的库文件。

下载 jQuery Mobile 库到本地后,通过 HTML 引用库文件的代码为

```
<head>
   <link rel="stylesheet" href="jquery.mobile-1.4.5.css">
   <script src="jquery-1.11.1.js"></script>
   <script src="jquery.mobile-1.4.5.js"></script>
</head>
```

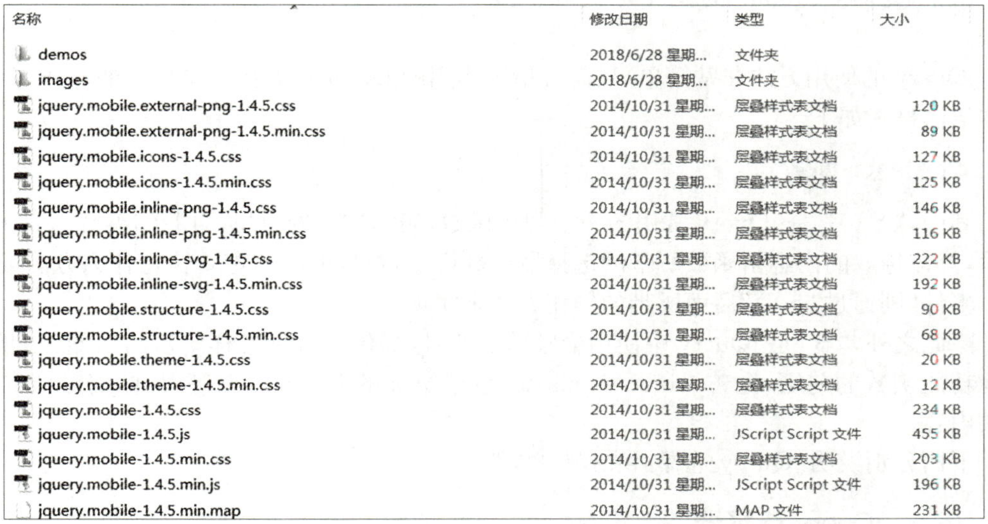

图 7-1　jQuery Mobile 框架目录结构

注意以下几点。

(1)HTML5 中的 type 属性不再是必需的,在<link>标签中 type 默认值是 type="text/css",可以省略;同理,<script>标签中的 type 属性默认值是 type="text/javascript",也可以省略。

(2)jQuery 和 jQuery Mobile 的版本须匹配,否则库不能发挥使用。

(3)在实际应用中,根据库文件相对于网页文件的地址,写出正确的引用路径。

2. 从 CDN 引用 jQuery Mobile 库

jQuery Mobile 框架支持目前主流的从 CDN 引用库文件方式,这样可以最大限度地提高文件下载速度,其引用示例代码如下。

```
<head>
   <link rel="stylesheet" href="http://code.jquery.com/mobile/1.4.5/jquery.mobile-
1.4.5.css">
   <script src="http://code.jquery.com/jquery-1.11.1.js"></script>
   <script src="http://code.jquery.com/mobile/1.4.5/jquery.mobile-1.4.5.js"></script>
</head>
```

该方式无须设计人员在本地安装任何程序,只需直接在 HTML 页面中引用相应的 JavaScript 库和 CSS 样式文件,就可以使用 jQuery Mobile 框架制作网页了。

7.3 jQuery 基本语法

由于 jQuery Mobile 的操作形式和 jQuery 一样，所以在此简单回顾一些 jQuery 的基础。

jQuery 的使用方法非常简单，只需要指定作用的 DOM 对象及对象执行的操作即可，其基本语法格式如下。

```
$(选择器).操作();
```

其中，“$()”是 jQuery 常用的一个回传函数，表示选取的意思，可看作英文 selector 的缩写，具体选取的内容由函数所带的选择器参数说明，对选取内容想要执行什么方法或处理什么事件，则通过“$()”后面所带的操作方法来实现。

除此之外，“$”是 jQuery 中使用最频繁的符号，提供了各种各样丰富的功能。例如，可作为功能函数的前缀，完善 window. onload，创建页面的 DOM 节点等，具体请参照 jQuery 相关内容。

下面分别说明 jQuery 选择器和操作类型。

7.3.1 jQuery 选择器

jQuery 选择器基于元素的 id、类、类型、属性、属性值等查找或选择 HTML 元素。与 CSS 选择器类似，jQuery 基本选择器通过 HTML 标签名称、id 属性或 class 属性来选择网页中的元素，分别称为标签名称选择器、id 选择器和 class 选择器。

1. 标签名称选择器

标签名称选择器顾名思义就是直接使用 HTML 标签。例如，想要选择 HTML 页面中的所有<div>标签，可以写为如下形式。

```
$("div")
```

2. id 选择器

id 选择器通过元素的 id 属性来选择对象，只要在 id 属性前加上“#”即可。例如，想要选择 HTML 页面中 id 属性为 name 的对象，可以写为如下形式。

```
$("#name")
```

在一个 HTML 页面中元素的 id 属性名称不能重复，所以 id 选择器适用于找出 HTML 页面中的唯一对象。

3. class 选择器

class 选择器通过元素的 class 属性来获取对象，只要在 class 属性前加上“.”即可。例如，想要选择 HTML 页面中 class 属性为 color 的对象，可以写为如下形式。

```
$(".color")
```

上述 3 种选择器可组合使用。例如，需要选择 HTML 页面中 class 属性为 color 的<div>标签对象，可以写为如下形式。

```
$("div.color")
```

除此之外，jQuery 还提供了层次选择器、基本过滤选择器、内容过滤选择器、可见性过滤选择器、属性过滤选择器、子元素过滤选择器、表单对象属性过滤选择器、表单选择器等实现各种选择，如表 7-1～表 7-8 所示。

表 7-1　层次选择器表

表示方法	说　明
$("div span")	选取<div>里的所有<span>元素
$("div >span")	选取<div>元素下元素名是<span>的子元素
$("#one +div")	选取 id 为 one 的元素的下一个<div>同辈元素，等同于 $("#one").next("div")
$("#one~ div")	选取 id 为 one 的元素后面的所有<div>同辈元素，等同于 $("#one").nextAll("div")
$("#one").siblings("div")	获取 id 为 one 的元素的所有<div>同辈元素（不管前后）
$("#one").prev("div")	获取 id 为 one 的元素的前面紧邻的同辈<div>元素

表 7-2　基本过滤选择器表

表示方法	说　明
$("div:first")	选取所有<div>元素中第一个<div>元素
$("div:last")	选取所有<div>元素中最后一个<div>元素
$("input:not(.myClass)")	选取 class 不是 myClass 的<input>元素
$("input:even")	选取索引是偶数的<input>元素（索引从 0 开始）
$("input:odd")	选取索引是奇数的<input>元素（索引从 0 开始）
$("input:eq(2)")	选取索引等于 2 的<input>元素
$("input:gt(4)")	选取索引大于 4 的<input>元素
$("input:lt(4)")	选取索引小于 4 的<input>元素
$(":header")	过滤掉所有标题元素，如 h1、h2、h3 等
$("div:animated")	选取正在执行动画的<div>元素
$(":focus")	选取当前获取焦点的元素

表 7-3　内容过滤选择器表

表示方法	说　明
$("div:contains('Name')")	选取所有<div>中含有 'Name' 文本的元素
$("div:empty")	选取不包含子元素（包括文本元素）的<div>空元素

续表

表示方法	说　　明
$("div:has(p)")	选取所有含有<p>元素的<div>元素
$("div:parent")	选取拥有子元素(包括文本元素)的<div>元素

表 7-4　可见性过滤选择器表

表示方法	说　　明
$("div:hidden")	选取所有不可见的<div>元素
$("div:visible")	选取所有可见的<div>元素

表 7-5　属性过滤选择器表

表示方法	说　　明
$("div[id]")	选取所有拥有属性 id 的元素
$("input[name='test']")	选取所有 name 属性等于 'test' 的<input>元素
$("input[name!='test']")	选取所有 name 属性不等于 'test' 的<input>元素
$("input[name^='news']")	选取所有 name 属性以 'news' 开头的<input>元素
$("input[name$='news']")	选取所有 name 属性以 'news' 结尾的<input>元素
$("input[name*='news']")	选取所有 name 属性包含 'news' 的<input>元素
$("div[title|='en']")	选取属性 title 等于 'en' 或以 'en' 为前缀(该字符串后跟一个连字符 '—')的<div>元素
$("div[title~='en']")	选取属性 title 用空格分隔的值中包含字符 en 的<div>元素
$("div[id][title$='test']")	选取拥有属性 id 且属性 title 以 'test' 结束的<div>元素

表 7-6　子元素过滤选择器表

表示方法	说　　明
$("div.one:nth-child(2)")	选取 class 为 'one' 的<div>父元素下的第二个子元素
$("div span:first-child")	选取每个<div>中的第一个<span>元素
$("div span:last-child")	选取每个<div>中的最后一个<span>元素
$("div button:only-child")	在<div>中选取是唯一子元素的<button>元素

表 7-7　表单对象属性过滤选择器表

表示方法	说　　明
$("#form1:enabled")	选取 id 为 'form1' 的表单内所有可用元素
$("#form2:disabled")	选取 id 为 'form2' 的表单内所有不可用元素
$("input:checked")	选取所有被选中的<input>元素
$("select option:selected")	选取所有的 select 的子元素中被选中的元素

表 7-8 表单选择器表

表示方法	说明
$(":input")	选取所有<input>、<textarea>、<select> 和 <button>元素
$(":text")	选取所有的单行文本框
$(":password")	选取所有的密码框
$(":radio")	选取所有的单选框
$(":checkbox")	选取所有的多选框
$(":submit")	选取所有的提交按钮
$(":image")	选取所有的图像按钮
$(":reset")	选取所有的重置按钮
$(":button")	选取所有的按钮
$(":file")	选取所有的上传域
$(":hidden")	选取所有不可见元素

jQuery Mobile 多是通过对元素的 data-role 属性进行设置的方式来引用框架样式，若是在页面中有如下代码：

```
<div data-role="page"></div>
```

那么，要获取这个元素可使用如下语句：

```
$("div[data-role='page']")
```

7.3.2 jQuery 操作类型

jQuery 操作可分为 jQuery DOM 操作和 jQuery 事件操作两大类。jQuery DOM 操作通过 jQuery 提供的接口访问页面中的 DOM 控件，jQuery 事件操作通过 jQuery 提供的事件监听器，由开发人员自定义函数来实现事件处理。

1. jQuery DOM 操作

jQuery DOM 是一种与浏览器、平台、语言无关的接口。通过该接口，可以轻松地访问页面中所有的标准组件。

1)插入节点

使用 jQuery 的工厂函数，创建一个新节点的语句为“var $newNode = $("<p>你好</p>")”，然后将该新节点插入指定元素节点处，jQuery DOM 提供了以下方法。

(1) $node.append($newNode)：向每个匹配的元素内部的结尾处追加新元素。

(2) $newNode.appendTo($node)：将新元素追加到每个匹配元素内部的结尾处。

(3) $node.prepend($newNode)：向每个匹配的元素内部的开始处追加新元素。

(4) $newNode.prependTo($node)：将新元素追加到每个匹配元素内部的开始处。

(5) $node.after($newNode)：向每个匹配元素的后面插入新元素，新元素和匹配元素是并列兄弟关系。

(6)newNode. insertAfter($ node):将新元素插入每个匹配元素之后,构成兄弟关系。

(7) $ newNode. before($ node):向每个匹配元素的前面插入新元素,构成兄弟关系。

(8) $ node. insertBefore($ newNode):将新元素插入每个匹配元素之前,构成兄弟关系。

2)删除节点

remove()方法用于从 DOM 中删除匹配的元素。例如,$("p"). remove(". hello")将删除所有 class 属性值为 hello 的 p 元素及其所有子元素。

empty()方法用于从 DOM 中删除所有匹配元素的子元素。例如,$("p"). empty()将删除所有 p 元素的子元素,但 p 元素会被保留。

3)复制节点

clone()方法可复制匹配的 DOM 元素。例如,$("p"). clone()返回复制后的副本,但不具有任何行为。如果要将 DOM 的事件一起复制,应该使用$("p"). clone(true)。

4)替换节点

replaceWith()方法可将所有匹配的元素都替换为指定的 HTML 或 DOM 元素。例如,"$("p"). replaceWith("<b>Paragraph. </b>")"将所有 p 元素替换为"<b>Paragraph. </b>"。

上述替换也可通过"$("<b>Paragraph. </b>"). replaceAll("p")"来实现。

5)包裹节点

wrap()方法可将指定节点用其他标记包裹起来。该方法对于需要在文档中插入额外的结构化标记非常有用,而且不会破坏原始文档的语义。例如,"$("p"). wrap("<div class='wrap'></div>")"将每个 p 元素包裹到<div>中。

wrapAll()方法将所有匹配的元素用一个标记来包裹,与 wrap()方法将所有的元素进行单独包裹是不同的。例如,"$("p"). wrapAll("<div></div>")"将所有 p 元素包裹到<div>中。

wrapInner()方法是将每一个匹配的元素的子元素用其他标记包裹起来。例如,"$("p"). wrapInner("<b></b>")"将<p>和</p>之间的内容用<b>包裹起来,即<b>分别被每一个 p 元素包裹。

6)属性设置

attr()方法用于获取属性和设置属性。当该方法传递一个参数时,即获取某元素的指定属性。例如,"$("img"). attr("src")"用于获取 img 元素的 src 属性值;当该方法传递两个参数时,即设置某元素的指定属性。例如,"$("img"). attr("src","test. jpg")"用于设置 img 元素的 src 属性值为 test. jsp。

jQuery 中有很多方法都是通过一个函数传递不同的参数个数来分别进行获取和设置操作的,但不一定是一个和两个参数,如 attr()、html()、text()、val()、height()、width()、css()等。

removeAttr()方法用于删除指定元素的指定属性。

7)样式操作

样式操作包括判断元素是否含有某个样式、向指定元素追加样式、从匹配的元素中删除全部或指定的样式和控制样式上的重复切换。

判断元素是否含有某个样式可以通过 hasClass()方法来实现,如果元素中含有某个样式，则返回 true，否则返回 false。例如，“$(this).hasClass("protected")”用于判断当前节点是否含有“protected”样式。

addClass()用于向指定元素追加样式。例如，“$("p").addClass("selected")”可向所有 p 元素中追加“selected”样式。

removeClass()从匹配的元素中删除全部或指定的样式。例如，“$("p").removeClass("selected")”可删除所有 p 元素中的“selected”样式。

toggleClass()用于控制样式上的重复切换。如果类名存在，则删除它；如果类名不存在，则添加它。例如，“$("p").toggleClass("selected")”首先判断 p 元素中是否存在“selected”样式，如果存在“selected”样式就删除它，否则就添加“selected”样式。

8）设置或获取 HTML、文本和值

html()用于读取或设置某个元素中的 HTML 内容，其读取和设置方法的区别与 attr()类似，通过不带参数的形式实现读取，通过带一个参数的形式设置指定内容，该方法可以用于 XHTML 文档，但不能用于 XML 文档。

text()用于读取或设置某个元素中的文本内容，该方法既可以用于 XHTML 文档，也可以用于 XML 文档。

val()用于读取或设置某个元素中的值，该方法与 JavaScript 中的 value 属性类似。对于文本框、下拉列表框、单选框和多选框，该方法可返回元素的值，其中，多选框只能返回选择的第一个值。如果想返回多选框选择的多个值，则将多选框设计为多选下拉列表框，此时，该方法将返回一个包含所有选择值的数组。

9）遍历节点

使用 children()方法可以取得匹配元素的所有子元素组成的集合，该方法只考虑第一层子元素而不考虑任何后代元素。

取得匹配元素后面紧邻的兄弟元素使用 next()方法。

取得匹配元素前面紧邻的兄弟元素使用 prev()方法。

取得匹配元素前后所有的兄弟元素集合使用 siblings()方法。

10）CSS-DOM 操作

css()用于获取或设置元素的样式属性。例如，“$("p").css("background-color")”将返回首个 p 元素的 background-color 值；“$("p").css("background-color","yellow")”将设置所有 p 元素的 background-color 值为 yellow。

height()和 width()分别用于获取或设置元素高度和宽度。在设置值时，若只传递数字，则默认单位是 px；若需要使用其他单位，则需传递一个字符串，如“$("p:first").height("2em")”。

offset()用于获取元素在当前视窗中的相对位移，它返回的对象包含 top 和 left 两个属性。该方法只对可见元素有效。

2. jQuery 事件操作

jQuery 事件操作是用户自己定义的操作，根据事件接口不同，可分为如下几类。

1）DOM 加载操作

在页面加载完毕后，浏览器会通过 JavaScript 为 DOM 元素添加事件，它是后面其他事件操作的基础，即其他事件操作需包裹在 DOM 加载中。在常规的 JavaScript 代码中，通常使用 window. onload()方法来实现，在 JQuery 中使用“$(document). ready()”方法[可简写为“$()”]来实现。在 window. onload()中注册事件，只能在一个 window. onload()体中注册，但在 JQuery 中，可以在多个 $(document). ready()或 $()中注册，注册后其操作通过自定义函数来说明，语法格式如下。

```
$(document).ready(function(){
  //操作代码
});
```

或

```
$(function(){
  //操作代码
});
```

2)绑定事件操作

绑定事件操作即对匹配的元素绑定指定的事件及其操作，这些操作须在 DOM 加载操作后实现，jQuery 常用事件方法如表 7-9 所示。

表 7-9 jQuery 常用事件方法

Event 函数	绑定函数至
$(selector). click(function(){})	触发或将函数绑定到被选元素的单击事件
$(selector). dblclick(function(){})	触发或将函数绑定到被选元素的双击事件
$(selector). focus(function(){})	触发或将函数绑定到被选元素的获得焦点事件
$(selector). mouseover(function(){})	触发或将函数绑定到被选元素的鼠标悬停事件

例如，单击 p 元素时显示其文本内容的操作，可以在 JQuery 的 $(document). ready()中进行如下绑定。

```
$(function(){
$("p").click(function(){
   alert($(this).text());
});
});
```

3)合成事件操作

合成事件操作是在一个元素事件上绑定多个操作，根据元素的状态不同，执行不同的操作。例如，hover()可模拟光标悬停事件，当光标移动到元素上时，会触发指定的第一个函数，当光标移出这个元素时，会触发指定的第二个函数。示例代码如下。

```
$(function(){
$("td").hover(
   function () {$(this).addClass("hover");},
   function () {$(this).removeClass("hover");}
);
});
```

又如，toggle()可用于模拟鼠标连续单击事件，第一次单击元素，触发指定的第一个函数，当再一次单击同一个元素时，则触发指定的第二个函数，如果有更多个函数，则依次触发，直到最后一个。示例代码如下。

```
$(function(){
$("td").toggle(
  function () { $(this).addClass("selected");},
  function () { $(this).removeClass("selected");}
);
});
```

如果使用 toggle()不传递参数，则效果为切换元素的可见状态。

当在 DOM 上绑定多个事件时，事件会按照 DOM 层次结构像水泡一样不断向上直至顶端。如果要阻止事件冒泡，则在事件处理函数中返回 false。目前，所有的 UI 交互或其事件都支持这个特性，在自己的事件处理函数返回 false 将终止事件继续向下传递，返回 true 则事件继续向下传递。

第 8 章 jQuery Mobile 布局

8.1 制作介绍 jQuery Mobile 的网页

8.1.1 任务目标

- 深入掌握 jQuery Mobile 库的引用方法。
- 理解 jQuery Mobile 页面的基本架构及多容器 jQuery Mobile 页面的结构。
- 掌握 jQuery Mobile 页面标题、内容、尾部的基本设置方法。
- 掌握各种 jQuery Mobile 页面的链接方法。
- 掌握 jQuery Mobile 页面中可折叠区块的创建和使用方法。
- 了解预加载和缓存 jQuery Mobile 页面内容的方法。

8.1.2 任务描述

引入 jQuery Mobile 框架，制作图 8-1 所示的介绍 jQuery Mobile 的网页。当切换选项时，网页头部的“jQuery Mobile 简介”固定不浮动。

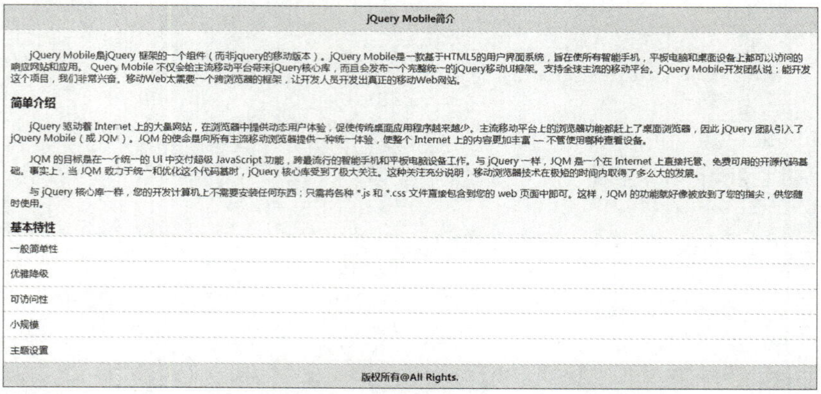

图 8-1　介绍 jQuery Mobile 网页效果图

分别用 Chrome 模拟器 Galaxy S5 和 iPad，得到了自适应的网页显示效果，如图 8-2 和图 8-3 所示。

图 8-2　网页在 Galaxy S5 模拟器中的显示效果图

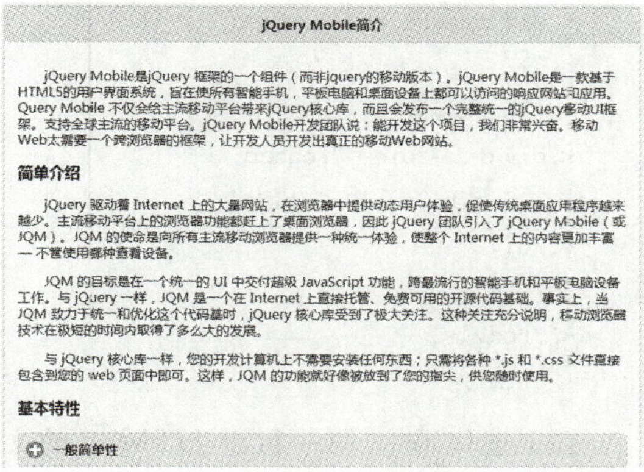

图 8-3　网页在 iPad 模拟器中的显示效果图

8.1.3　任务知识

1. jQuery Mobile 页面基本架构

jQuery Mobile 页面的许多功能效果都需要借助 HTML5 新增的标签和属性，因此，jQuery Mobile 页面必须符合 HTML5 文档规范，并且在文档的<head></head>标签之间需要依次加载 jQuery Mobile 的 CSS 样式表文件、jQuery 基本框架文件和 jQuery Mobile 插件文件。

jQuery Mobile 页面拥有一个基本的架构，就是在 HTML 页面中通过为<div>标签添加 data-role 属性，设置该属性的值为 page，使该 div 形成一个容器。在容器中，可设置子容器，通常在各子容器的<div>标签中设置 data-role 属性值分别为 header、content 和 fcoter，形成包含“标题”“内容”和“页脚”3 部分的标准页面架构。

下面所示的 HTML 代码就是一个 jQuery Mobile 页面的基本架构。

```
<!doctype html>
<html>
<head>
<meta charset="utf-8">
<meta name="viewport" content="width=device-width,initial-scale=1">
<link rel="stylesheet" href="../library/jquery.mobile-1.4.5/jquery.mobile-1.4.5.css">
<script src="../library/jquery-1.11.1/jquery-1.11.1.js"></script>
<script src="../library/jquery.mobile-1.4.5/jquery.mobile-1.4.5.js"></script>
```

```
<title>jQuery Mobile 页面基本架构</title>
</head>
<body>
<div data-role="page" id="pageOne">
    <div data-role="header">
      <h1>标题</h1>
</div>
<div data-role="content">
      <p>内容</p>
    </div>
<div data-role="footer">
      <h1>页脚</h1>
</div>
</div>
</body>
</html>
```

在上述代码中，第一行以 HTML5 的文档声明开始，声明该 HTML 文档是一个基于 HTML5 标准的文档。

在<head></head>标签之间添加<meta>标签，第一个说明编码格式，第二个是移动设备中浏览器缩放的宽度与等级。通常情况下，移动设备的浏览器都会以默认的宽度显示页面，默认宽度会导致屏幕缩小，页面放大，不适合浏览。如果在页面中通过<meta>按上述代码设置视窗，则可以使页面的宽度与移动设备的屏幕宽度相同，从而更加适合用户浏览。

在<body></body>标签之间，在第一个<div>标签中设置 data-role 属性为 page，形成一个页面容器，在该页面容器中分别添加 3 个<div>标签，依次设置 data-role 属性为 header、content 和 footer，从而形成一个标准的 jQuery Mobile 页面架构。注意，data-role="header"的标题内容会覆盖<title></title>设置的标题，标题文字通常使用<h1>至<h6>标签进行标记。

2. 常用的 data-role 类型

jQuery Mobile 使用 HTML5 data-＊属性为移动设备创建友好的外观。从字面意思来理解，data-role 即是对数据角色的定义，当元素添加了 data-role="page"时，就将元素内容按照 page 的设定添加 jQuery Mobile 库中相应的 CSS 和 JavaScript。

常用的 data-role 参数值如表 8-1 所示。

表 8-1　常用的 data-role 参数值

参数值	含　义
page	页面容器，其内部的 mobile 元素将会继承这个容器上所设置的属性
header	页面标题容器，这个容器内部可以包含文字、返回按钮、功能按钮等元素
footer	页面页脚容器，这个容器内部也可以包含文字、返回按钮、功能按钮等元素

续表

参数值	含义
content	页面内容容器，这是一个很宽容的容器，内部可以包含标准的 html 元素和 jQueryMobile 元素
controlgroup	将几个元素设置成一组，一般是几个相同的元素类型
fieldcontain	区域包裹容器，用增加边距和分割线的方式将容器内的元素和容器外的元素进行明显分隔
navbar	功能导航容器，通俗地讲就是工具条
listview	列表展示容器，类似手机中联系人列表的展示方式
list-divider	列表展示容器的表头，用来展示一组列表的标题，内部不可包含链接
button	按钮，将链接和普通按钮的样式设置成 jQueryMobile 的风格
collapsible	可折叠容器，用来控制内容的显示和隐藏
none	阻止框架对元素进行渲染，使元素以 html 原生的状态显示，主要用于 form 元素

表 8-1 中列出的 data-role 参数将在后面陆续接触到，在此再对本任务中用到的可折叠容器介绍如下。

3. 可折叠区块

在 jQuery Mobile 中，可折叠区域通过 data-role="collapsible"表示，其创建需要通过以下 3 个步骤。

（1）创建一个<div>容器，将该容器的 data-role 属性值设置为 collapsible，表示该容器是一个可折叠区块。代码如下。

```
<div data-role="collapsible">
......
</div>
```

（2）在容器中添加标题标签，该标签以按钮的形式展示，按钮的左侧有一个“＋”号，表示该标题可以展开。代码如下。

```
<div data-role="collapsible">
  <h3>折叠标题</h3>
</div>
```

（3）在标题的下方放置需要折叠显示的内容，通常使用<p>段落标签。当用户单击标题中的“＋”号时，显示<p>标签中的内容，标题左侧的“＋”号变成“—”号；再次单击时，隐藏<p>标签中的内容，标签左侧的“—”号变为“＋”号。代码如下。

```
<div data-role="collapsible">
  <h3>折叠标题</h3>
```

```
    <p>折叠内容</p>
  </div>
```

另外，在可折叠容器中，还可以设置可折叠容器的默认折叠状态。在可折叠状态中设置 data-collapsed 属性值为 true，表示标题下的内容是隐藏的，这也是可折叠区块的默认显示效果；设置 data-collapsed 属性值为 false，表示标题下的内容是显示的，即可折叠区块是展开的。

在 jQuery Mobile 中，可折叠区块中的内容区域可以放置任意 HTML 标签，也可以放置一个可折叠区块，从而形成嵌套的可折叠区块。虽然是嵌套的可折叠区块，但各自的 data-collapsed 属性是独立的，即每层都可以单独控制自己的内容是展开的还是隐藏的。

在 Dreamweaver CS6 中创建 Example8-1. html，其代码如下。

```
<!doctype html>
<html>
<head>
<meta charset="utf-8">
<meta name="viewport" content="width=device-width,initial-scale=1">
<link rel="stylesheet" href="library/jquery.mobile-1.4.5/jquery.mobile-1.4.5.css">
<script src="library/jquery-1.11.1/jquery-1.11.1.js"></script>
<script src="library/jquery.mobile-1.4.5/jquery.mobile-1.4.5.js"></script>
<title>无标题文档</title>
</head>
<body>
<div data-role="page">
  <div data-role="header">
    <h1>头部标题</h1>
  </div>
  <div data-role="content">
    <div data-role="collapsible">
      <h3>外层折叠区块标题</h3>
      <p>外层折叠区的内容</p>
      <div data-role="collapsible">
        <h4>内层折叠区块标题</h4>
        <p>内层折叠区的内容</p>
      </div>
    </div>
  </div>
  <div data-role="footer">
    <h1>页脚</h1>
  </div>
</div>
</body>
</html>
```

Example8-1.html 在 Chrome 模拟器 Galaxy S5 中的显示效果如图 8-4 所示。

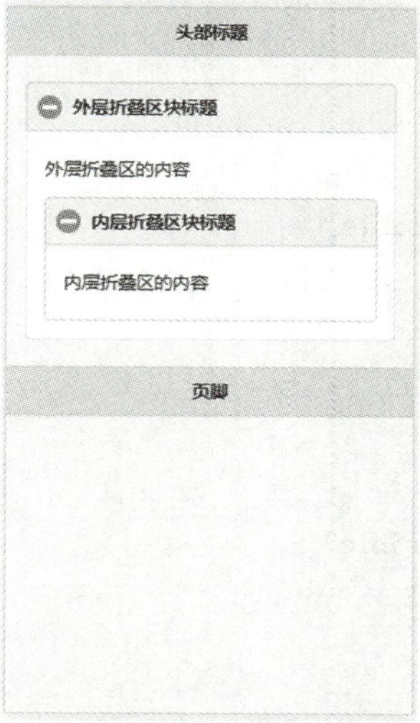

图 8-4　Example8-1.html 显示效果

虽然 jQuery Mobile 对折叠嵌套没有限制，但是建议这种嵌套最多不要超过 3 层，否则用户体验和页面性能比较差。

除此之外，还可以通过“data-role="collapsible-set"”设置可折叠区块组。可折叠区块组由多个可折叠区块组成，但在同一时刻，可折叠区块组中只有一个可折叠区块是展开的，当展开组中一个可折叠区块时，其他可折叠区块将自动关闭。

在 Dreamweaver CS6 中创建 Example8-2.html，其代码如下。

```
<!doctype html>
<html>
<head>
<meta charset="utf=-8">
<meta name="viewport" content="width=device-width,initial-scale=1">
<link rel="stylesheet" href="library/jquery.mobile-1.4.5/jquery.mobile-1.4.5.css">
<script src="library/jquery-1.11.1/jquery-1.11.1.js"></script>
<script src="library/jquery.mobile-1.4.5/jquery.mobile-1.4.5.js"></script>
<title>无标题文档</title>
</head>
<body>
<div data-role="page">
  <div data-role="header">
    <h1>头部标题</h1>
  </div>
  <div data-role="content">
    <div data-role="collapsible-set">
     <div data-role="collapsible" data-collapsed="false">
```

```
          <h3>网页设计</h3>
          <p>HTML5</p>
          <p>jQuery Mobile</p>
          <p>Bootstrap</p>
        </div>
         <div data-role="collapsible">
          <h3>平面设计</h3>
          <p>Photoshop</p>
          <p>Illustrator</p>
          <p>CorelDRAW</p>
        </div>
         <div data-role="collapsible">
          <h3>三维动画设计</h3>
          <p>3ds Max</p>
          <p>Maya</p>
        </div>
      </div>
    </div>
    <div data-role="footer">
      <h1>页脚</h1>
    </div>
  </div>
  </body>
  </html>
```

保存 Example8-2. html，在 Chrome 模拟器 Galaxy S5 中预览该页面，可以看到在折叠区块组中标题为“网页设计”的可折叠区块默认为展开的，如图 8-5 所示。当单击组中其他可折叠区块标题时，将展开该区块并自动隐藏其他可折叠的区块。

图 8-5　Example8-2. html 显示效果图

8.1.4 任务实施

任务描述中需完成的网页是一个 jQuery Mobile 基本页面，其中嵌套了可折叠区块。

在源文件中，使用 CSS 样式设置“p {text-indent: 2em;}”，将所有段落首行缩进 2 个字符，标题区的“data-position="fixed"”可让标题区域固定，不随滚动条移动。

8.1.5 任务实训

使用 jQuery Mobile 页面基本架构设计图 8-6 所示的 jQuery 简介网页，并通过超链接建立任务描述中 jQuery Mobile 简介网页与该页面的关系，实现 jQuery Mobile 的多页面设计。具体说来，当单击图 8-1 中 jQuery Mobile 简介网页第一段中的“jQuery 框架”超链接时，跳转到 jQuery 简介网页。

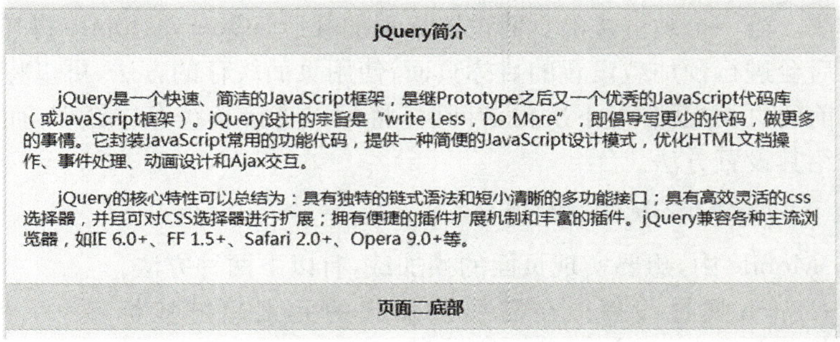

图 8-6　jQuery 简介网页效果图

与 jQuery Mobile 页面设计类似，jQuery 简介页面的主要代码如下。

```
<div data-role="page" id="pageTwo">
  <div data-role="header">
    <h1>jQuery 简介</h1>
  </div>
  <div data-role="main" class="ui-content">
    <p>
    jQuery 是一个快速、简洁的 JavaScript 框架……
    </p>
    <p>
    jQuery 的核心特性可以总结为：……
    </p>
  </div>
  <div data-role="footer">
    <h1>页面二底部</h1>
  </div>
</div>
```

为了区分多个页面，该页面的“data-role="page"”所在的元素中设置了“id="pageTwo"”，这也是 jQuery Mobile 简介页面能够找到 jQuery 简介页面的入口。

将上述代码追加到 Task8-1.html 中，且通过如下代码为 jQuery Mobile 简介页面设置 id 和为“jQuery 框架”设置超链接，得到 Task8-2.html。

```
<div data-role="page" id="pageOne">
<a href="#pageTwo">jQuery 框架</a>
```

当然，也可以将 jQuery 简介页面设计成一个独立的 HTML 文档，通过链接外部 jQuery Mobile 页面建立关联关系。请读者自行拆分完成。

8.1.6 任务拓展

通常情况下，移动终端设备的系统配置要低于 PC 终端，因此，在开发移动应用程序时，更要注意页面在移动终端浏览器中的加载速度。如果速度过慢，用户的体验将会大打折扣。

为了加快页面在移动终端访问的速度，在 jQuery Mobile 中，使用预加载和页面缓存是十分有效的方法。当一个被链接的页面设置好预加载后，jQuery Mobile 将在加载完成当前页面后自动在后台进行预加载设置的目标页面；使用页面缓存的方法，可以将访问过的 page 容器缓存到当前的页面文档中，下次再访问时，将可以直接从缓存中读取，而无须重新加载页面。下面介绍其设置方法。

1. 预加载 jQuery Mobile 页面

在 jQuery Mobile 中，想要实现页面的预加载，有以下两种方法。

(1)data-prefetch 属性设置。在需要预加载的元素超链接标签<a>中添加 data-prefetch 属性，设置该属性的值为 true 或不设置属性均可。其使用格式如下。

```
<a href="链接地址" data-prefetch="true">链接对象</a>
```

在<a>中添加“data-prefetch="true"”后，jQuery Mobile 将在加载完成当前页面以后，自动加载该链接元素所指的目标页面，即 href 属性所链接的页面。

(2)$.mobile.loadPage()预加载。$.mobile.loadPage()是 JavaScript 的全局方法，用来预加载指定的目标 HTML 页面的语法格式如下。

```
$.mobile.loadPage("预加载地址");
```

无论在超链接标签<a>中添加 data-prefetch 属性设置，还是使用全局方法 $.mobile.loadPage()来实现页面的预加载功能，都允许同时加载多个页面。但在进行预加载的过程中，需要加大页面 HTTP 的访问请求，这可能会延缓页面访问的速度，因此应有选择性地使用预加载。

2. 缓存 jQuery Mobile 页面内容

一般来说，如果需要将页面的内容写入文档缓存中，有以下两种方法。

(1)data-dom-cache 属性设置。在需要被缓存的元素属性中添加 data-dom-cache 属性，设置该属性的值为 true 或不设置属性值均可，如此即可将对应的元素写入缓存中。其使用格式如下。

```
<div id="page1" data-role="page" data-dom-cache="true">……</div>
```

(2)$.mobile.page.prototype.options.domCache 缓存当前文档。$.mobile.page.

prototype. options. domCache 是 JavaScript 的全局属性，将其值设为 true，即可将当前文档写入缓存中。

使用页面缓存，会将 DOM 内容变大，可能导致浏览器打开的速度变得缓慢。因此，一旦选择了开启使用缓存功能，就要管理好缓存的内容并定期做好清理。

8.2 制作简易个人网页

8.2.1 任务目标

- 掌握 jQuery Mobile 页面导航栏的实现方法。
- 熟悉并掌握 jQuery Mobile 页面导航栏的基本结构及图标的设置。
- 掌握 jQuery Mobile 弹出对话框的实现方法。

8.2.2 任务描述

引入 jQuery Mobile 框架，制作图 8-7 所示的个人主页，在标题之下包含“个人信息”“专业特长”和“学习日志”3 个导航，单击“学习日志”下的“jQuery Moblie 简介”超链接，弹出相应的对话框，效果如图 8-8 所示。

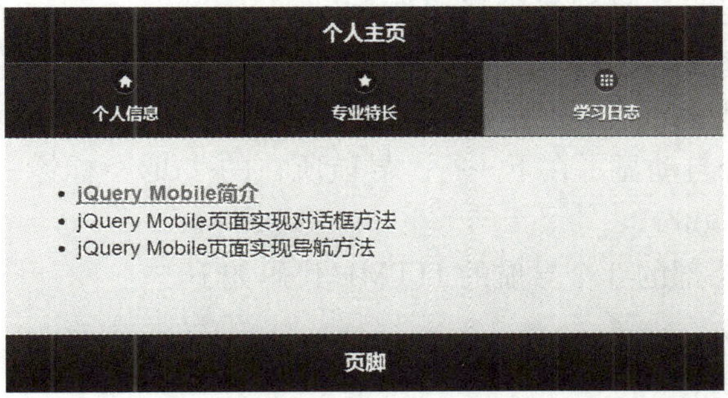

图 8-7 个人主页效果图

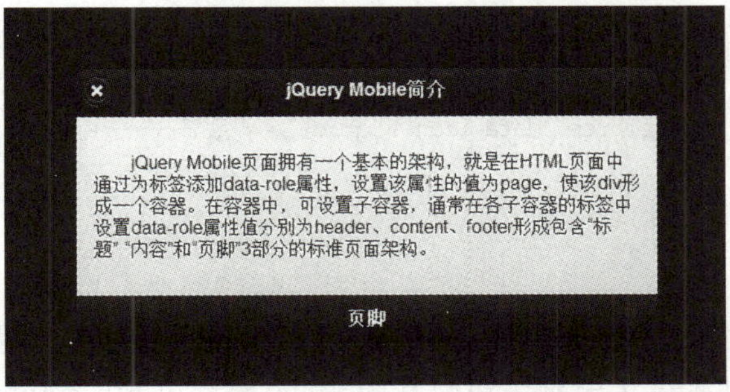

图 8-8 对话框效果图

分别用 Chrome 模拟器 Galaxy S5 和 iPad 得到自适应的网页显示效果，如图 8-9 和图 8-10 所示。

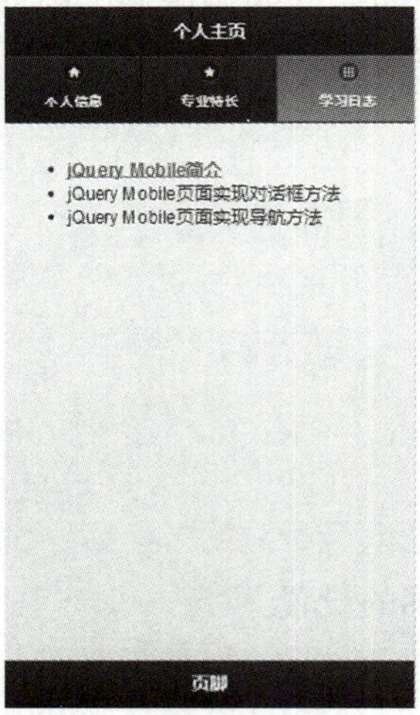

图 8-9 Galaxy S5 预览效果图

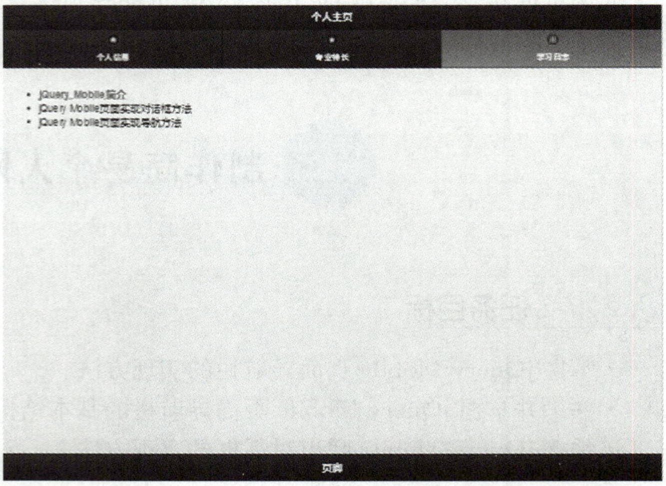

图 8-10 iPad 预览效果图

8.2.3 任务知识

1. jQuery Mobile 页面导航栏的基本结构

在 jQuery Mobile 中，将“data-role="navbar"”属性添加到<div>标签中即可实现页面中导航栏的设置。在该<div>标签中，可以根据需求定义导航按钮及按钮个数，但每行最多设置 5 个，超出部分自动显示在下一行。导航所在的<div>标签一般放置在页面的头部<header>或尾部<footer>。

图 8-7 中设置在头部的 3 个导航的 HTML 代码如下。

```
<div data-role="header">
<h1>个人主页</h1>
<div data-role="navbar">
<ul>
<li><a href="#" class="ui-btn-active">个人信息</a></li>
<li><a href="#pageTwo" data-icon="star">专业特长</a></li>
<li><a href="#pageThree" data-icon="grid">学习日志</a></li>
</ul>
</div>
</div>
```

在上述代码中，<div data-role="navbar"></div>标签对表明其中的内容为页面导航部分，使用<ul>列表定义导航按钮。其中，“class="ui-btn-active"”属性定义该导航按钮为选中状态。

同理，将<div data-role="navbar"></div>标签对中的内容放到<div data-role=

"footer"></div>标签对中即为页脚导航，实现效果如图 8-11 所示。

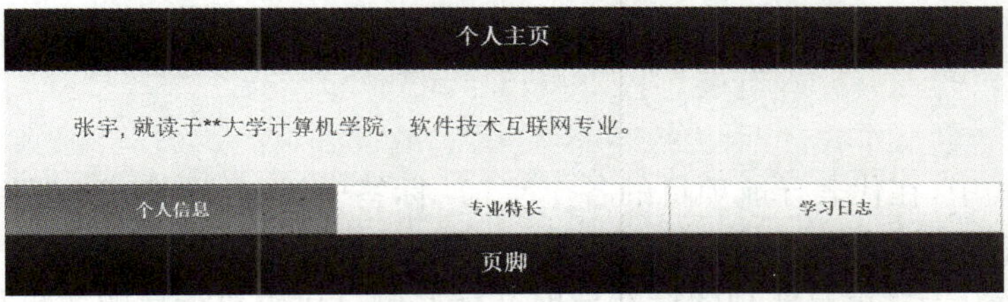

图 8-11　页脚导航效果图

2. jQuery Mobile 页面导航栏图标设置

可给导航添加图标，通常使用<a>标签实现导航链接，因此，将 data-icon 属性添加到对应的<a>标签中并给出属性值对应的图标样式。data-icom 属性值对应图标样式如表 8-2 所示。

表 8-2　data-icon 属性值对应图标样式

属 性 值	图　标	属 性 值	图　标
alert		gear	
arrow-l		grid	
arrow-r		home	
arrow-u		info	
arrow-d		minuse	
back		plus	
check		refresh	
delete		search	
forward		star	

表 8-2 中 data-ico 属性值所对应的图标样式，不仅用于导航栏的按钮，也可用于在 jQuery Mobile 页面中其他各类按钮型元素。

图 8-12 所示为导航链接添加按钮图标效果，图标位置位于文字左侧，可在导航栏所在<div>标签中添加 data-icopos 属性来调整图标的位置。data-icopos 属性默认值为 top，即图标在导航栏文字的上方，其他取值为 right、bottom 和 left，分别对应图标在文字的右边、下边和左边，通常不建议将图标置于文字下方。

下面所示的 HTML 代码就是将导航图标设置在左边和右边的部分代码示例。

```
<!—data-iconpos="left"设置图标在文字左侧-->
<div data-role="navbar" data-iconpos="left">
<ul>
<!—data-icon="home"为导航设置 home 样式的图标-->
<li><a href="#" class="ui-btn-active" data-icon="home">个人信息</a></li>
```

```
<li><a href="#pageTwo" data-icon="star">专业特长</a></li>
<li><a href="#pageThree" data-icon="grid">学习日志</a></li>
</ul>
</div>
```

在上述代码中，在代表导航项目的各个<li>标签中添加 data-icon 属性并设定相应属性值，实现了在导航中添加图标，<div data-role="navbar" data-iconpos="left">中的“data-iconpos="left"”就是实现图标在导航文字左侧。代码执行后的效果如图 8-12 所示。若要使导航图标在文字右侧，只需将导航栏所在<div>标签的 data-iconpos 属性设置为 right 即可，效果如图 8-13 所示。

图 8-12　导航图标在文字左侧

图 8-13　导航图标在文字右侧

3. jQuery Mobile 页面对话框的实现

在 jQuery Mobile 中，可以把任何链接所指向的页面以对话框的形式在浏览器中进行展示，只需给该链接元素添加属性“data-rel="dialog"”即可，代码如下。

```
<a href="#page2" data-rel="dialog">链接内容</a>
```

以上代码实现的是单击“链接内容”后，会将 id 为 page2 的页面以对话框的形式单独展示出来。jQuery Mobile 框架会给对话框页面添加四周 margin 和深色背景及圆角样式，使其位于页面之上。

需要注意的是，所展示的对话框本质上是一个 page，是一个单独的页面，因此可以跟其他页面一样，使用属性 data-transition 为对话框指定页面转换效果。data-transition 的取值和相应的转换效果将在第 10 章的弹窗知识点中进行详细的讲解。

如下代码实现了对话框页面以翻转动画在浏览器中展示的效果。

```
<a href="#page2" data-rel="dialog" data-transition="flip">链接内容</a>
```

在对话框页面的标题左侧会默认添加一个“关闭”按钮，通过设置属性“data-close-btn="right"”可以改变“关闭”按钮的位置到右侧，代码如下。

```
<div id="pageThree1" data-role="page" data-close-btn="right">
```

若对话框不需要“关闭”按钮，则将 data-close-btn 的取值置为 none。

单击“关闭”按钮，关闭对话框，回到之前的页面。此外，在对话框页面内添加其他链接按钮，设置链接属性“data-rel="back"”，同样可以关闭对话框并返回之前的页面。

8.2.4　任务实训

任务描述中需完成的网页是一个个人主页，在导航“学习日志”内容里选中链接，就会以对话框的形式展示详细内容。在 Dreamweaver CS6 中创建 Task8-3. html，在<head>与</head>内添加<meta>标签，导入 jQuery Moblie 函数库，在<body>与</body>之间添加“个人信息”“专业特长”和“学习日志”3 个导航。

8.2.5 任务拓展

使用 jQuery Mobile 页面基本架构，设计图 8-14 所示具有底部导航功能的网页，导航图标位于文字左侧，单击相应导航图标，浏览该导航页面内容。

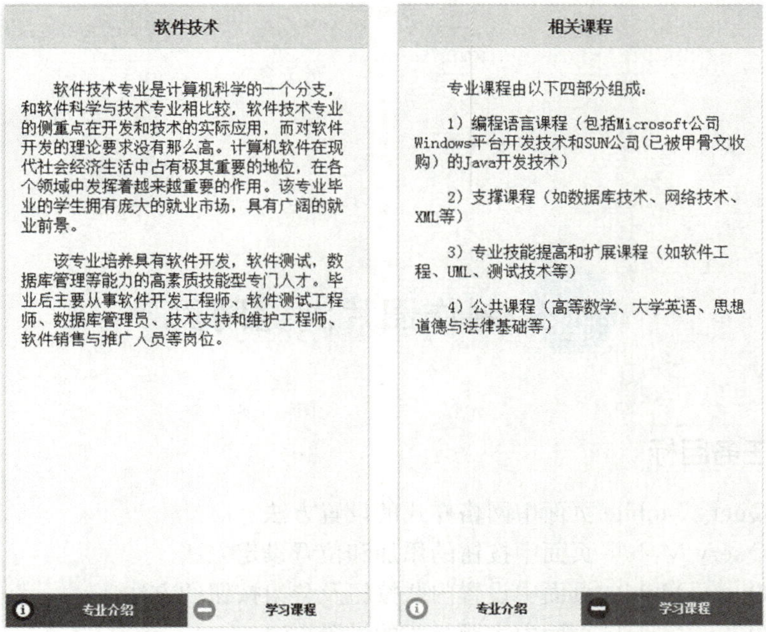

(a) “ 软件技术 ” 内容　　(b) “ 相关课程 ” 内容

图 8-14　任务拓展效果图

源代码参见 Task8-4. html。

第 9 章 jQuery Mobile 样式

9.1 制作图片浏览网页

9.1.1 任务目标

- 掌握 jQuery Mobile 页面中网格样式的设置方法。
- 熟悉 jQuery Mobile 页面中按钮的添加和位置设定方法。
- 掌握 jQuery Mobile 页面中设置内联按钮及分组按钮的方法。
- 掌握 jQuery Mobile 页面中主题样式的设置方法。

9.1.2 任务描述

引入 jQuery Mobile 框架，制作图 9-1 所示的图片浏览网页，头部标题部分分为 3 栏，可进行前一张图片、后一张图片及主题样式的更换。

图 9-1　图片浏览网页效果图

分别用 Chrome 模拟器 Galaxy S5 和 iPad，得到自适应的网页显示效果，如图 9-2 和图 9-3 所示。

图 9-2 Galaxy S5 预览效果图 1

图 9-3 iPad 预览效果图 2

9.1.3 任务知识

1. jQuery Mobile 页面按钮的添加

在 jQuery Mobile 中，可使用以下 4 种方法来创建按钮。

(1)使用<button>元素，方法如下。

```
<button>按钮</button>
```

(2)使用<input>元素，方法如下。

```
<input type="button" value="按钮">
```

(3)使用带有“data-role="button"”的<a>元素，方法如下。

```
<a href="#" data-role="button">按钮</a>
```

(4)使用带有“class="ui-btn"”的<a>元素，方法如下。

```
<a href="#" class="ui-btn ">按钮</a>
```

在“data-role="header"”的页面头部栏中，若只添加一个按钮，则按钮默认位于标题的左侧，若要更改按钮位置，需在添加按钮的元素内设置 class 属性，取值有 ui-btn-left(默认，按钮在标题左侧)和 ui-btn-right(按钮在标题右侧)。使按钮位于标题右侧的方法如下。

```
<div data-role="header">
    <h1>标题</h1>
    <button class="ui-btn-right">按钮</button>
</div>
```

头部栏效果如图 9-4 所示。

图 9-4　按钮位于标题右侧

2. 内联按钮与按钮组

在 jQuery Mobile 中，按钮默认为块状且宽度与页面保持一致。若要设置按钮宽度根据内容进行调整，则须在按钮的元素中添加“data-inline="true"”，该按钮则为内联按钮，设置方法如下。

```
<a href="#" data-role="button" data-inline="true">内联按钮</a>
```

创建普通按钮与内联按钮的对比页面 Example9-1. html，其效果如图 9-5 所示。

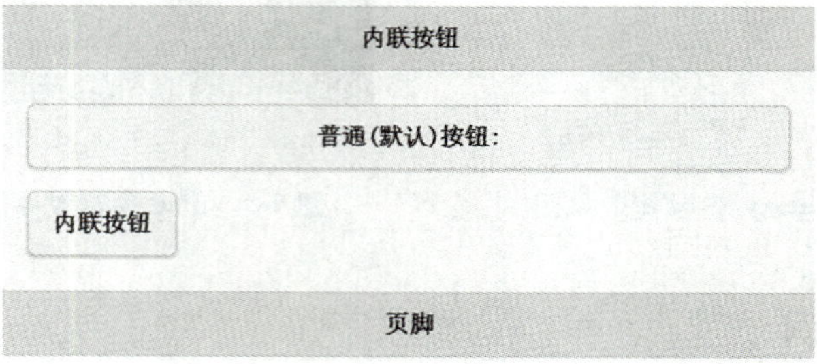

图 9-5　普通按钮与内联按钮的对比效果

需要注意的是，所添加的内联按钮以浮动方式在行中显示，若页面宽度不够，则换行显示。HTML 部分示例代码如下。

```
<div data-role="content">
    <a href="#" data-role="button" data-inline="true">第一个按钮</a>
    <a href="#" data-role="button" data-inline="true">第二个按钮</a>
  <a href="#" data-role="button" data-inline="true">第三个按钮</a>
  <a href="#" data-role="button" data-inline="true">第四个按钮</a>
  </div>
```

完善文件 Example9-1. html，通过单击图 9-5 中的内联按钮，进入图 9-6，实现多个内联按钮的显示。通过运行效果图 9-6 可以看出，前 3 个内联按钮可以在容器同一行中显示，第四个按钮页面宽度不够，因此在第二行中显示。

jQuery Mobile 中的按钮除了可以设置为内联样式，还可以进行分组，只需在容器中添加“data-role="controlgroup"”和“data-type="horizontal | vertical"”属性即可。其中，controlgroup 表示分组，horizontal 与 vertical 分别表示按钮的显示方式为水平或垂直(默认)。创建按钮组文件 Example9-2. html，其部分 HTML 示例代码如下。

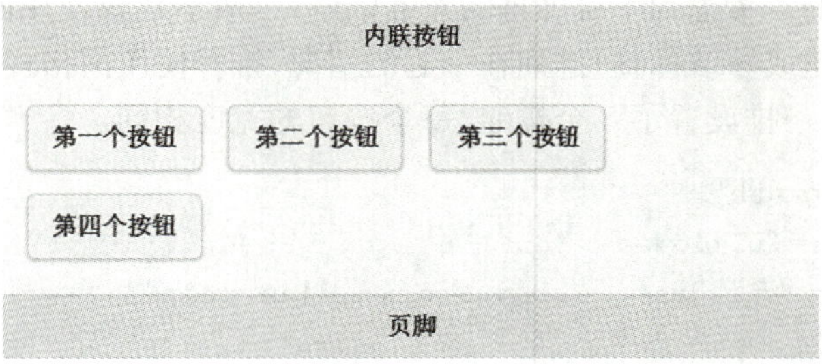

图 9-6 多个内联按钮显示效果

```
<div data-role="content">
    <div>水平组合按钮</div>
    <div data-role="controlgroup" data-type="horizontal">
      <a href="#" data-role="button">按钮 1</a>
      <a href="#" data-role="button">按钮 2</a>
      <a href="#" data-role="button">按钮 3</a>
    </div>
    <div>垂直组合按钮(默认)</div>
    <div data-role="controlgroup">
      <a href="#" data-role="button">按钮 1</a>
      <a href="#" data-role="button">按钮 2</a>
      <a href="#" data-role="button">按钮 3</a>
    </div>
  </div>
```

需要注意的是，水平按钮组中的按钮默认情况是向左靠拢，根据内容进行调整，垂直按钮组中的按钮默认情况是与容器同宽。按钮组水平和垂直显示效果如图 9-7 所示。

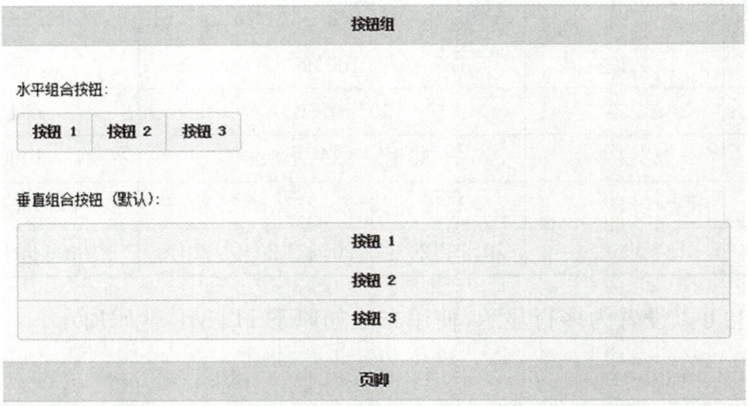

图 9-7 按钮组水平和垂直显示效果

3. jQuery Mobile 页面的网格样式设置方法

jQuery Mobile 页面提供了一套网格样式进行布局，网格样式是基于 CSS 的分栏分列布局，其中的列是等宽的。考虑到手机屏幕的宽度限制，一般不建议使用网格样式。但对于将一些较小元素(如按钮或导航标签)排列在一起的情况，推荐使用网格样式。以下 HTML 代码使用网格样式在同一排设置了 3 个按钮，每个按钮的宽度相同。

```
<div class="ui-grid-b">
        <div class="ui-block-a">
          <a href="#" class="ui-btn ui-corner-all ui-shadow">第一列按钮</a><br/>
        </div>
        <div class="ui-block-b">
          <a href="#" class="ui-btn ui-corner-all ui-shadow">第二列按钮</a><br/>
        </div>
        <div class="ui-block-c">
          <a href="#" class="ui-btn ui-corner-all ui-shadow">第三列按钮</a><br/>
        </div>
</div>
```

效果如图 9-8 所示。

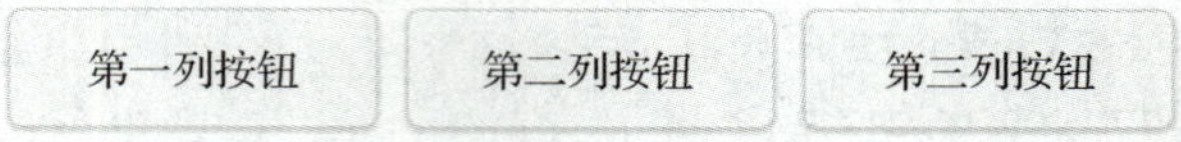

图 9-8　网格样式设置 3 列效果图

在以上代码中，“class="ui-grid-b"”表示将网格分为 3 列的网格类，class="ui-block-a"，class="ui-block-b"和 class="ui-block-c"分别表示 3 列对应的取值。

网格样式中最多可以定义 5 列，其网格类的取值、对应的列数、列的宽度和对应各列的取值如表 9-1 所示。

表 9-1　各种网格类说明表

网格类	列数	列宽	各列取值
ui-grid-solo	1	100%	ui-block-a
ui-grid-a	2	50% / 50%	ui-block-a|b
ui-grid-b	3	33% / 33% / 33%	ui-block-a|b|c
ui-grid-c	4	25% / 25% / 25% / 25%	ui-block-a|b|c|d
ui-grid-d	5	20% / 20% / 20% / 20% / 20%	ui-block-a|b|c|d|e

网格样式也可以设置为多行显示，使用方法如以下 HTML 代码所示。

```
<div class="ui-grid-b">
        <div class="ui-block-a">
          <a href="#" class="ui-btn ui-corner-all ui-shadow">11 按钮</a><br/>
        </div>
        <div class="ui-block-b">
          <a href="#" class="ui-btn ui-corner-all ui-shadow">12 按钮</a><br/>
```

```
        </div>
        <div class="ui-block-c">
            <a href="#" class="ui-btn ui-corner-all ui-shadow">13 按钮</a><br/>
        </div>
    <div class="ui-block-a">
            <a href="#" class="ui-btn ui-corner-all ui-shadow">21 按钮</a><br/>
        </div>
        <div class="ui-block-b">
            <a href="#" class="ui-btn ui-corner-all ui-shadow">22 按钮</a><br/>
        </div>
        <div class="ui-block-a">
            <a href="#" class="ui-btn ui-corner-all ui-shadow">31 按钮</a><br/>
        </div>
    </div>
```

运行效果如图 9-9 所示。

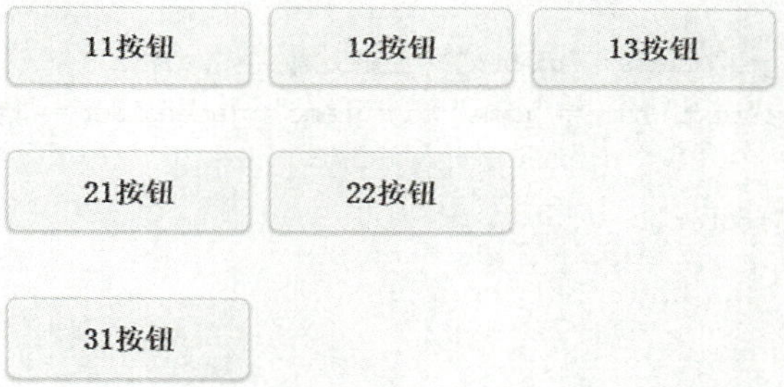

图 9-9　网格样式多行设置效果

由上可见，“<div class="ui-block-a">”总是可以创建一个新行。

4. jQuery Mobile 页面主题样式的设置方法

jQuery Mobile 版本不同，所提供的主题也不同，本书使用的 jQuery Mobile 1.4.5 版本提供了两套主题样式，分别使用 a 和 b 来表示。其中，a 是 jQuery Mobile 页面中头部栏与尾部栏的默认主题。若要改变容器的当前主题，则更改该容器的 data-theme 属性值即可。主题样式取值和对应样式描述如表 9-2 所示。

表 9-2　主题样式取值和对应样式描述

data-theme 属性值	主题样式描述
a	页面为灰色背景黑色文字； 头部与底部均为灰色背景黑色文字； 按钮为灰色背景黑色文字； 激活的按钮和链接为蓝色背景白色文字； input 输入框中的 placeholder 属性值为浅灰色，value 值为黑色

续表

data-theme 属性值	主题样式描述
b	页面为黑色背景白色文字； 头部与底部均为黑色背景白色文字； 按钮为深灰背景白色文字； 激活的按钮和链接为蓝色背景白色文字； input 输入框中的 placeholder 属性值为浅灰色，value 值为白色

创建主题设置文件 Example9-3. html，部分 HTML 代码如下。

```
<body>
<div data-role="page" id="page1" data-theme="a">
  <div data-role="header">
    <h1>主题 a(默认)样式</h1>
  </div>
  <div data-role="main" class="ui-content">
    <p>文本内容</p>
    <a href="#page2" class="ui-btn">主题 b 样式</a>
      <input type="text" name="name" id="name" placeholder="请输入..">
  </div>
  <div data-role="footer">
    <h1>页脚</h1>
  </div>
</div>

<div data-role="page" id="page2" data-theme="b">
  <div data-role="header">
    <h1>主题 b 样式</h1>
  </div>
  <div data-role="main" class="ui-content">
    <p>文本内容</p>
    <a href="#page1" class="ui-btn">返回主题 a</a>
      <input type="text" name="name" id="name" placeholder="请输入..">
  </div>
  <div data-role="footer">
    <h1>页脚</h1>
  </div>
</div>
</body>
```

主题 a 和主题 b 样式效果如图 9-10 和图 9-11 所示。

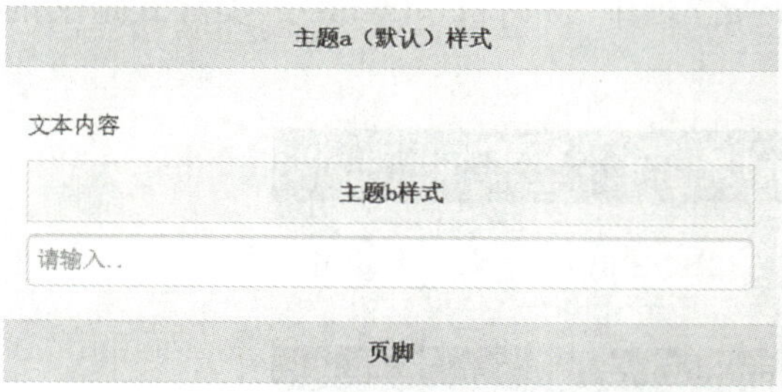

图 9-10　主题 a 样式效果

图 9-11　主题 b 样式效果

在 jQuery Mobile 页面中，除了使用系统给定的主题样式外，还可以自定义主题样式。方法是编写一个定义页面和组件主题样式的 CSS 文件，并同时与系统主题文件在 jQuery Mobile 页面中进行应用。自定义主题样式的字母范围是 a～z。例如，自定义页面主题样式 g，可以在 CSS 文件中添加 ui-page-theme-g，为了避免和系统主题样式混淆，自定义主题样式的字母最好从 f 开始(jQuery Mobile 1.1.1 版本提供了 5 种主题样式)。

下面从页面、工具栏和内容 3 个方面讲解主题样式的自定义。

(1)页面。jQuery Mobile 页面是在一个<div>容器中添加“data-role="page"”属性，将 data-theme 属性添加在该<div>容器中实现页面主题的设置。使 data-theme 的属性值为引用的 CSS 文件中未定义的主题值，即可设置自定义页面主题。实现步骤如下。

①创建 css 文件夹，定义外部样式表文件 theme.css，包含如下样式代码。

```
.ui-page-theme-g{
  background-color:#9CF;
}
```

②同时引用 theme.css 和库文件。

```
<!--系统函数库引用-->
<link rel="stylesheet" href="library/jquery.mobile-1.4.5/jquery.mobile-1.4.5.css">
<script src="library/jquery-1.11.1/jquery-1.11.1.js"></script>
<script src="library/jquery.mobile-1.4.5/jquery.mobile-1.4.5.js"></script>
<!--自定义主题样式引用-->
<link rel="stylesheet"  href="css/theme.css"  type="text/css">
```

③编写 HTML 代码 Example9-4.html，引用自定义页面主题样式，代码只给出<body>部分。

```
<body>
<div id="page1" data-role="page" data-theme="g">
<div data-role="header" data-theme="b"><h1>自定义页面主题</h1></div>
<div data-role="content"><p>文字内容文字内容文字内容文字内容文字内容</p></div>
<div data-role="footer" data-theme="b"><h1>页脚</h1></div>
</div>
</body>
```

运行效果如图 9-12 所示，网页背景为 theme-g. css 中“. ui-page-theme-g”类样式定义的背景颜色。

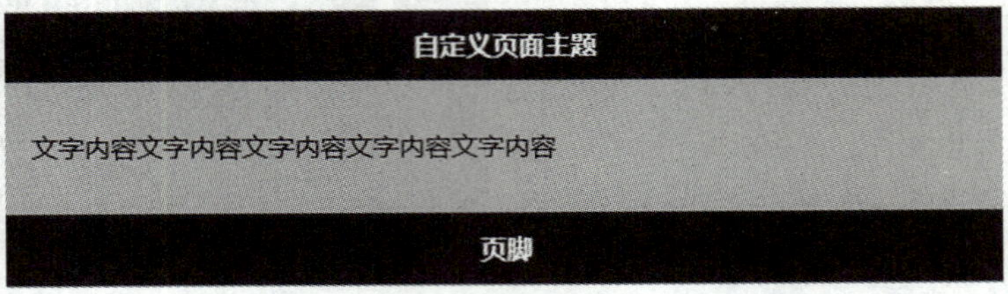

图 9-12　自定义页面主题

(2)工具栏。通过创建“. ui-bar-(a～z)”类样式，然后在工具栏容器中使用 data-theme 属性引用该样式，即可在 jQuery Mobile 中实现工具栏主题样式的自定义。实现步骤如下。

①在 css 文件夹中的外部样式表文件 theme. css 中添加如下样式代码。

```
.ui-bar-g{
  background-color: #006;
  border-bottom: #333 1px solid;
  color: #69F;
  font-family:Arial, Helvetica, sans-serif;
  font-size:18px;
  }
.ui-bar-h{
  background-color: #303;
  border-top: #003 1px solid;
  color: #333;
  font-family:Georgia, "Times New Roman", Times, serif;
  font-size:12px;
  }
```

②同时引用 theme. css 和库文件。

③编写 HTML 代码 Example9-5. html，引用自定义页面主题样式，代码只给出<body>部分。

```
<body>
<div id="page1" data-role="page">
<div data-role="header" data-theme="g"><h1>自定义工具栏主题</h1></div>
<div data-role="content"><p>文字内容文字内容文字内容文字内容文字内容</p></div>
<div data-role="footer" data-theme="h"><h1>页脚</h1></div>
</div>
</body>
```

运行效果如图 9-13 所示，网页背景为 theme-e. css 中“. ui-page-theme-e”类样式定义的背景颜色。

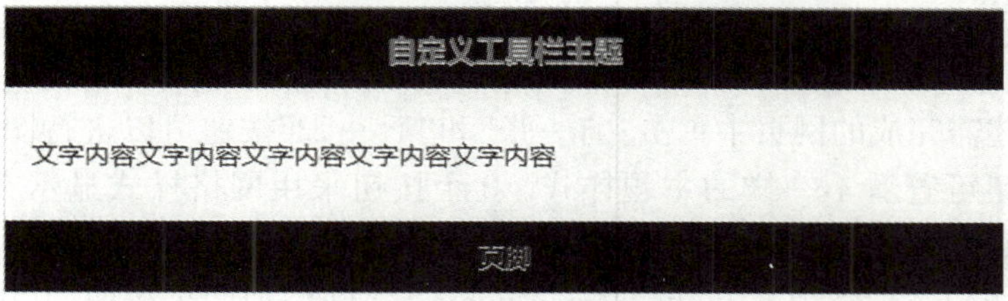

图 9-13　自定义页面主题

(3)内容。与自定义页面主题和自定义工具栏主题类似,自定义内容主题是在 CSS 样式表中添加“. ui-body-(a～z)”类样式,然后在 HTML 代码的“data-role="content"”容器中使用。在此不再详述。除此之外,content 容器还可以使用 data-content-theme 属性独立设置折叠区域块的主题,该主题不受限于内容区域 content 容器的主题。创建文件 Example9-6. html,<body>部分的代码如下。

```
<body>
<div data-role="page" id="pageone">
  <div data-role="header">
    <h1>内容主题</h1>
  </div>
    <div data-role="content">
    <div data-role="collapsible" data-theme="b" data-content-theme="b">
      <h1>折叠标题</h1>
      <p>折叠内容</p>
    </div>
  </div>
  <div data-role="footer">
    <h1>页脚</h1>
  </div>
</div>
</body>
```

在以上代码中,在“data-role="collapsible"”的容器中,属性“data-theme="b"”表示折叠标题为 b 的主题样式,其他样式都为默认的 a 主题样式。图 9-14 所示为上述 HTML 代码运行效果图,图 9-15 所示为默认主题样式效果图。

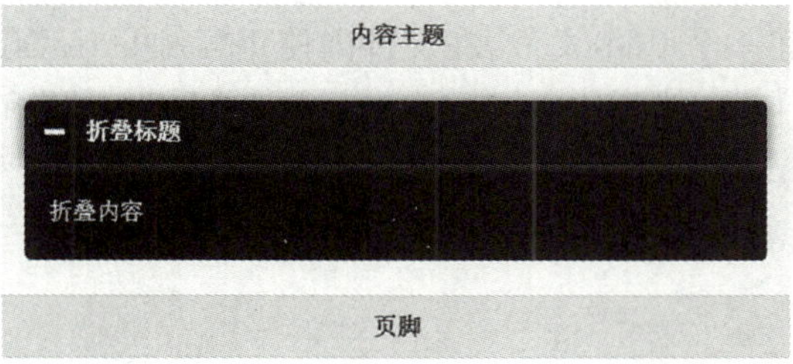

图 9-14　更改内容主题效果图

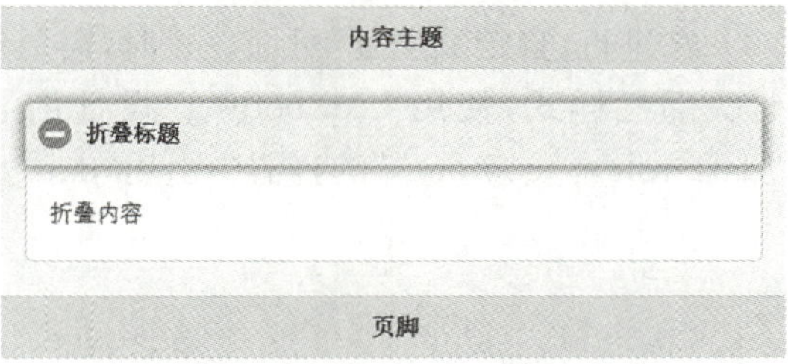

图 9-15　默认内容主题效果图

9.1.4 任务实施

在任务描述需完成的网页中单击“前一张”和“后一张”按钮可以进行图片的浏览，单击“更换主题”按钮可查看不一样的主题样式。3 个按钮采用网格样式显示在头部栏中。在 Dreamweaver CS6 中创建 Task9-1. html，在<head>与</head>内添加<meta>标签，导入 jQuery Moblie 函数库，在<body>与</body>之间添加两个按钮，其中“前一张”按钮引用“data-icon="arrow-l"”并跳转到“id=page1”的页面，单击“后一张”按钮跳转到“id=page2”的页面，单击“更换主题”按钮跳转到“id= page-theme”的页面，且在“id= page-theme”的页面中设置“data-theme="b"”，浏览的图片均显示为 width="90%"。

9.1.5 任务实训

使用 jQuery Mobile 页面基本架构，设计图 9-16 所示的主题设置网页，底部导航实现相应主题页面，自定义主题页面实现标题栏和内容区域的主题自定义。详细实现代码见 Task9-2. html。

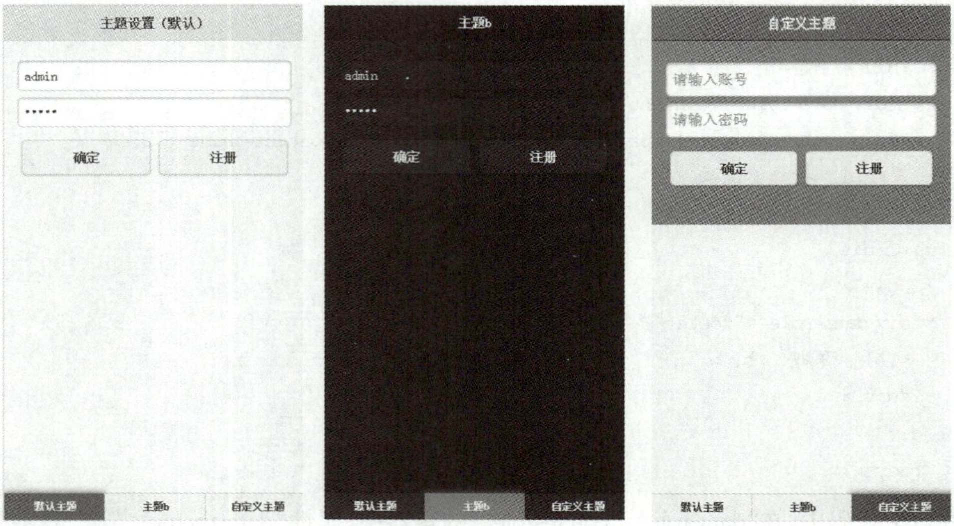

(a) 默认主题页面效果　　(b) 主题 b 页面效果　　(c) 自定义主题页面效果

图 9-16　主题设置效果图

在进行“自定义主题”页面设置时，需要创建一个 CSS 文件，在文件内使用“. ui-bar-g”设计头部栏样式，使用“. ui-body-g”设计内容样式，然后分别在“data-role="header"”和“data-role="content"”的容器中引用“data-theme="g"”即可。

9.2 制作音乐点评网页

9.2.1 任务目标

- 熟悉 jQuery Mobile 中的各种表单元素。
- 掌握各种表单元素的设置和使用方法。
- 掌握 jQuery Mobile 中列表组件的创建方法。
- 掌握 jQuery Mobile 中各种列表的设置和使用方法。

9.2.2 任务描述

引入 jQuery Mobile 框架，制作图 9-17 所示的音乐列表网页，对列表进行分类，单击某首歌曲后，进入该歌曲的评分页面。

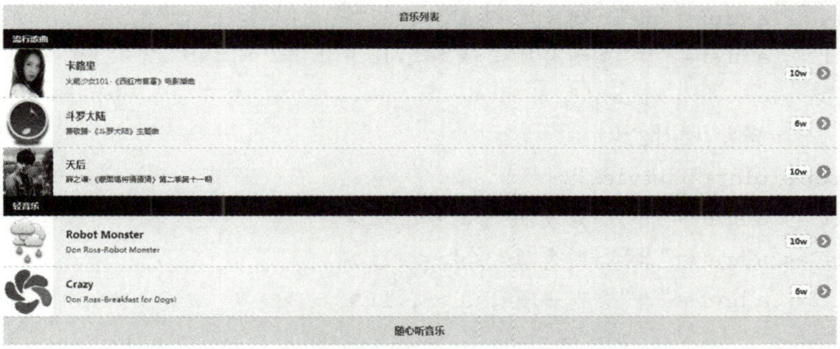

图 9-17　音乐列表图

分别用 Chrome 模拟器 Galaxy S5 和 iPad，得到自适应的网页显示效果，如图 9-18 和图 9-19 所示。

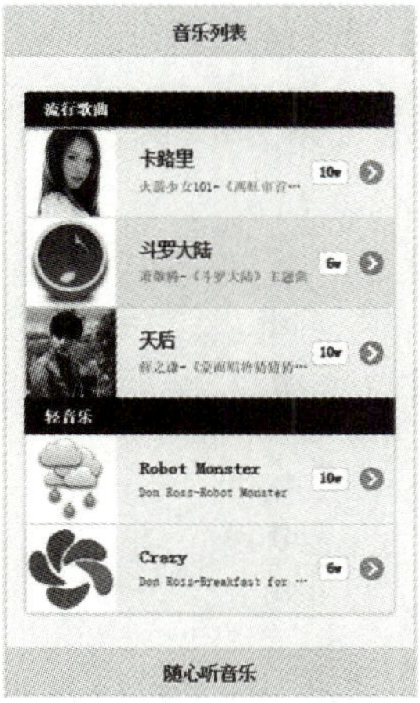

图 9-18　Galaxy S5 预览效果图 2

图 9-19　iPad 预览效果图 2

9.2.3 任务知识

1. jQuery Mobile 页面列表组件的设置方法

在 jQuery Mobile 中，列表视图是标准的 HTML 列表，分为有序(<ol>) 和 无序(<ul>)两种。设置方法为：在 ol 或 ul 元素中添加属性“data-role="listview"”，然后在每个<li>元素中设置超链接，这样用户就能单击列表项。创建列表文件 Example9-7. html，<body>部分的 HTML 代码如下。

```
<body>
<div data-role="page" id="pageone">
  <div data-role="header"><h1>列表</h1></div>
  <div data-role="content">
    <h2>有序列表:</h2>
    <ol data-role="listview">
      <li><a href="#">列表项</a></li>
      <li><a href="#">列表项</a></li>
      <li><a href="#">列表项</a></li>
    </ol>
    <h2>无序列表:</h2>
    <ul data-role="listview">
      <li><a href="#">列表项</a></li>
      <li><a href="#">列表项</a></li>
      <li><a href="#">列表项</a></li>
    </ul>
  </div>
  <div data-role="footer"><h1>页脚</h1></div>
</div>
</body>
```

运行效果如图 9-20 所示。

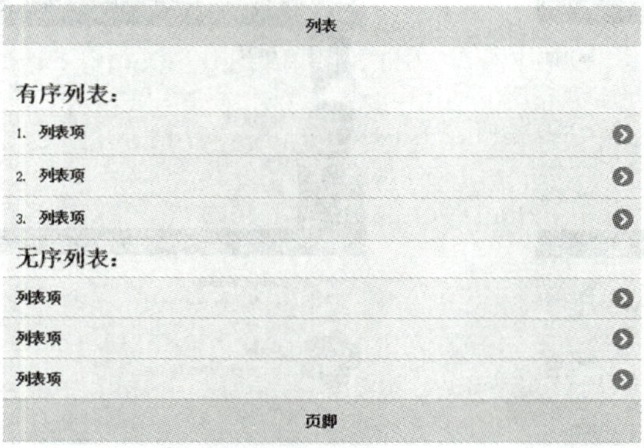

图 9-20　列表显示效果

注意，默认列表四角样式为直角，可通过“data-inset="true"”属性来设置列表四角圆角和边缘。使用方法：＜ul data-role="listview" data-inset="true"＞。

jQuery Mobile 中也可以对列表项进行分组，方法为：给列表项＜li＞元素添加“data-role="list-divider"”属性。创建列表分组文件 Example9-8. html，＜body＞部分的 HTML 代码如下。

```
<body>
<div data-role="page" id="pageone">
  <div data-role="header"> <h2>列表分组</h2></div>
  <div data-role=content>
    <ul data-role="listview">
      <li data-role="list-divider">四川</li>
      <li><a href="#">成都</a></li>
      <li><a href="#">德阳</a></li>
      <li data-role="list-divider">湖南</li>
      <li><a href="#">长沙</a></li>
      <li><a href="#">邵阳</a></li>
      <li data-role="list-divider">河南</li>
      <li><a href="#">郑州</a></li>
      <li><a href="#">洛阳</a></li>
    </ul>
  </div>
</div>
</body>
```

在上述代码中，带有“data-role="list-divider"”属性的＜li＞标签相当于分组后列表项的分组标题，运行效果如图 9-21 所示。

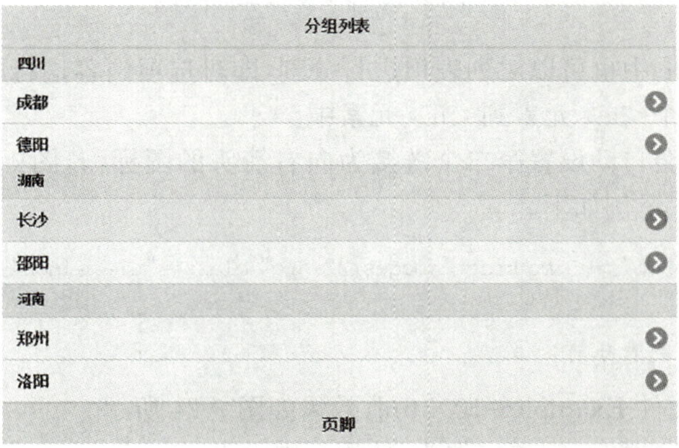

图 9-21　分组列表效果

如上例所示，默认情况下每个列表项最右侧都会包含一个向右箭头的图标，可通过设置“data-icon="false"”移除图标。若要修改该图标，可设置每个＜li＞标签的 data-icon 属性，示例如下。

```
<li data-icon="plus"><a href="#">设置列表右侧图标</a></li>
```

效果如图 9-22 所示。

图 9-22　设置列表右侧图标

除了在右侧设置图标外，还可以在左侧添加图标，若给列表添加标准图标(16 px×16 px)，则在列表项<li>标签中添加 <img> 元素，并给<img>元素设置类属性“class="ui-li-icon"”，示例如下。

```
<li><a href="#"><img src="images/22.jpg" class="ui-li-icon">添加左侧图标</a>
</li>
```

若所显示图片大于标准尺寸，直接在<a>标签中添加<img>元素即可，jQuery Mobile 将自动按比例缩放图像到 80 px×80 px，示例如下。

```
<li><a href="#"><img src="images/22.jpg">添加左侧图标</a></li>
```

创建为列表添加左侧图标的文件 Example9-9. html，效果如图 9-23 所示。

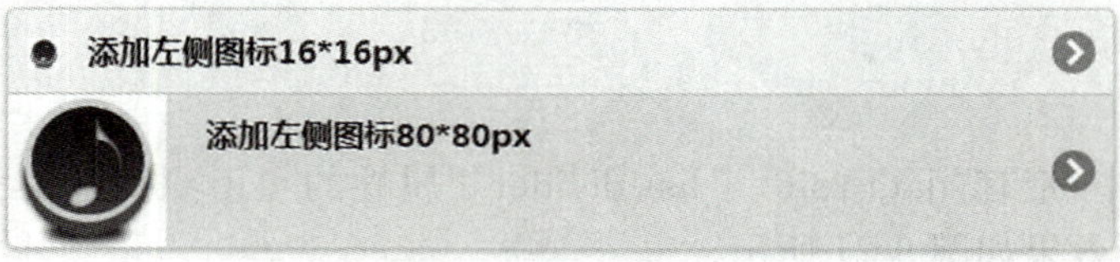

图 9-23　为列表添加左侧图标

在 Query Mobile 中也可以对列表项进行分割，即对选项内容进行两个不同的操作。实现方法为：再增加一个<a>元素到<li>元素中。

jQuery Mobile 会自动设置第二个链接为向右箭头的图标，若图标包含文字，则在鼠标悬停在图标时显示。示例如下。

```
<li><a href="#"><img src="images/22.jpg" class="ui-li-icon">添加左侧图标</a>
</li>
<a href="#">列表分割</a>
```

创建列表分割文件 Example9-10. html，效果如图 9-24 所示。

列表还可添加气泡数字，设置方法为：使用行内元素，如 <span>，设置其类样式“class="ui-li-count"” 属性并添加数字内容。示例如下。

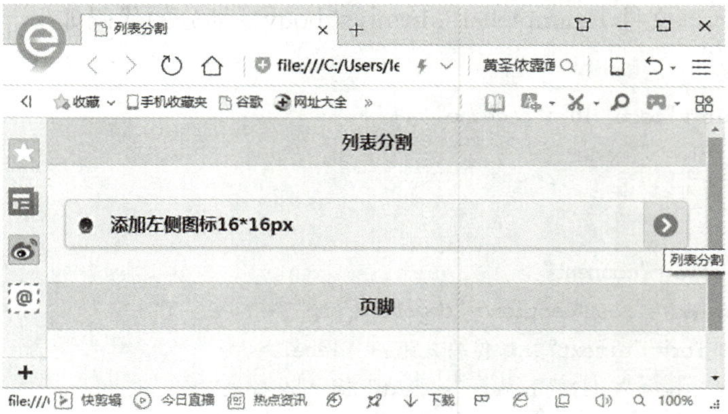

图 9-24 列表分割效果

```
<li><a href="#">
        未接电话
        <span class="ui-li-count">2</span>
</a> </li>
```

创建气泡数字文件 Example9-11. html,效果如图 9-25 所示。

图 9-25 气泡数字效果

2. jQuery Mobile 页面表单元素的设置方法

jQuery Mobile 为表单提供了一套完全基于 HTML 代码的框架。在该框架下,HTML 中表单元素的原始代码全部升级为 jQuery Mobile 组件,可以在 jQuery Mobile 下进行各种表单元素和触摸操作。在 jQuery Mobile 中的表单元素包括文本输入框、搜索输入框、单选按钮、复选框、选择菜单、滑动条和翻转拨动开关,使用表单时,需注意:由于 jQuery Mobile 的单个页面可以包含多个 page 容器,因此,表单元素的 id 属性必须唯一。

1)文本输入框

文本输入框有 5 种类型,如表 9-3 所示。

表 9-3 文本输入框的类型

类型(type)	说 明
email	电子邮件输入框
number	数字输入框,输入框右端有数字调整按钮
search	搜索输入框,左端显示搜索图标,输入内容时,右端显示删除图标,单击会删除输入的内容
tel	电话号码输入框
text	普通文本输入框,无具体内容要求

创建各类输入框文件 Example9-12. html，<body>部分的代码如下。

```
<body>
<div data-role="page" id="pageone">
  <div data-role="header">
    <h1>文本框</h1>
  </div>
  <div data-role="content">
    <form method="post" action="demoform.php">
      <label for="e_text">邮件输入框:</label>
      <input type="email" name="e_text" id="e_text">
      <label for="s_text">搜索输入框:</label>
      <input type="search" name="s_text" id="s_text">
      <label for="text">文本输入框:</label>
      <input type="text" name="text" id="text">
      <label for="tel_text">电话号码输入框:</label>
      <input type="tel" name="tel_text" id="tel_text">
      <label for="num_text">数字输入框:</label>
      <input type="number" name="num_text" id="num_text">
    </form>
    </div>
  <div data-role="footer">
    <h1>页脚</h1>
  </div>
</div>
</body>
```

运行效果如图 9-26 所示。

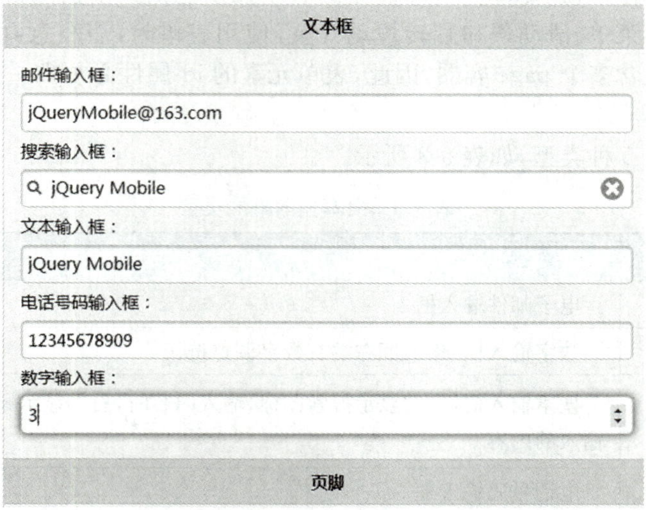

图 9-26　各类输入框显示效果

除了 search 输入框，使用属性“data-clear-btn="true"”也可以给其他输入框在其右侧添加删除图标，方法如下。

```
<label for="text">文本输入框:</label>
<input type="text" name="text" id="text" data-clear-btn="true">
```

显示效果如图 9-27 所示。

图 9-27　添加删除图标的输入框

对于多行文本输入可使用 <textarea>，文本域会自动调整大小以适应新增加的行，使用示例如下。

```
<form>
  <div class="ui-field-contain">
    <label for="info">信息描述:</label>
    <textarea name="addinfo" id="info"></textarea>
  </div>
</form>
```

在上述代码中，“<div class="ui-field-contain">”表示在该<div>容器内元素基于页面的宽度为标签和表单控件添加样式，此处<label>与<textarea>在同一行显示。创建文本域文件 Example9-13. html，显示效果如图 9-28 所示。

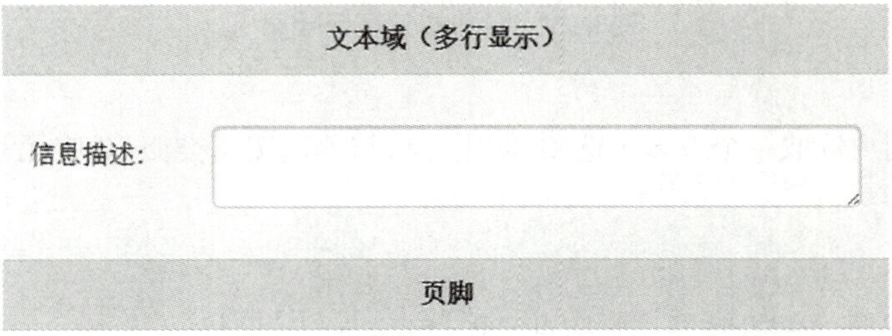

图 9-28　文本域显示效果

2)单选按钮

单选按钮仅允许用户在多个选项中选择一个，使用方法为：将带有“type="radio"”的 input 元素及相应的 label 标签放置在 <fieldset> 元素内，可以添加<legend>元素来设置<fieldset>的标题，使用 “data-role="controlgroup"”把单选按钮组合在一起，使用示例如下。

```
<div data-role="content">
  <form>
    <fieldset data-role="controlgroup">
    <legend>请选择您最喜欢的水果:</legend>
      <label for="apple">苹果</label>
```

```
        <input type="radio" name="fruit" id="apple" value="apple"/>
        <label for="banana">香蕉</label>
        <input type="radio" name="fruit" id="banana" value="banana"/>
        <label for="pear">梨</label>
        <input type="radio" name="fruit" id="pear" value="pear"/>
      </fieldset>
        <input type="submit" data-inline="true" value="提交">
    </form>
    </div>
```

创建单选按钮文件 Example9-14.html，显示效果如图 9-29 所示。

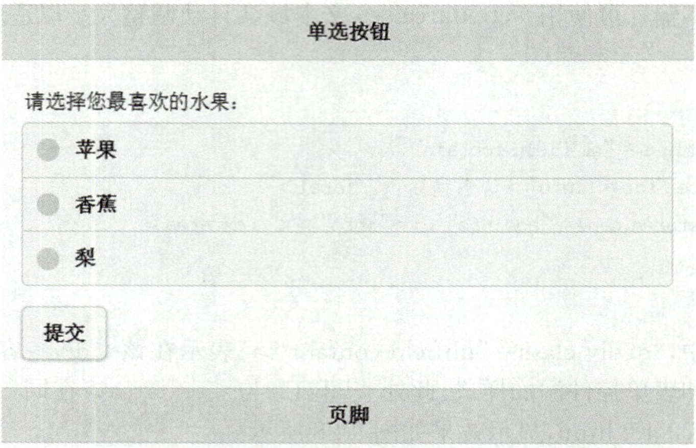

图 9-29　单选按钮显示效果

3）复选框

复选框实现用户选取一个或多个选项，使用方法与单选按钮类似，对应元素为<checkbox>。使用示例如下。

```
  <form>
      <fieldset data-role="controlgroup">
      <legend>请选择您喜欢的水果：</legend>
        <label for="apple">苹果</label>
        <input type="checkbox" name="fruit" id="apple" value="apple"/>
        <label for="banana">香蕉</label>
        <input type="checkbox" name="fruit" id="banana" value="banana"/>
        <label for="pear">梨</label>
        <input type="checkbox" name="fruit" id="pear" value="pear"/>
      </fieldset>
        <input type="submit" data-inline="true" value="提交">
    </form>
```

创建复选框文件 Example9-15.html，效果如图 9-30 所示。

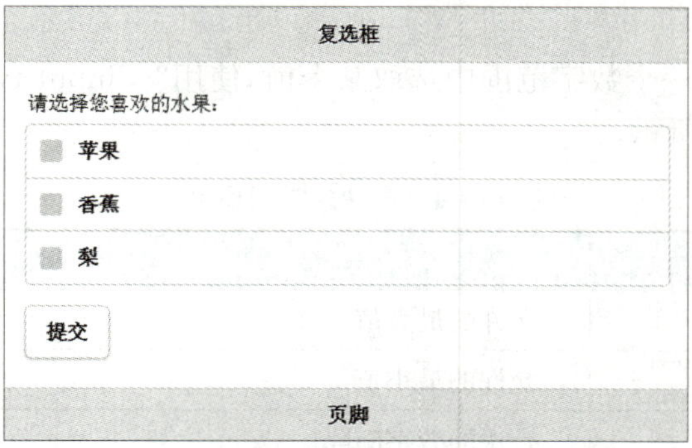

图 9-30　复选框显示效果

4)选项菜单

使用<select>元素创建选项菜单，将<option>元素放入<select>元素内定义菜单中的可用选项，可在<select>内使用<optgroup>元素实现列表项的分组。使用示例如下。

```
<form>
        <label for="商品">请选择商品</label>
        <select name="product" id="product">
    <optgroup label="服装">
         <option value="dress">裙子</option>
         <option value="T-shirt">T 恤</option>
         <option value="trousers">裤子</option>
         <option value="coat">外套</option>
    </optgroup>
    <optgroup label="水果">
         <option value="apple">苹果</option>
         <option value="banana">香蕉</option>
         <option value="pear">梨</option>
    </optgroup>
        </select>
      <input type="submit" data-inline="true" value="提交">
  </form>
```

创建选项菜单文件 Example9-16. html，显示效果如图 9-31 所示。

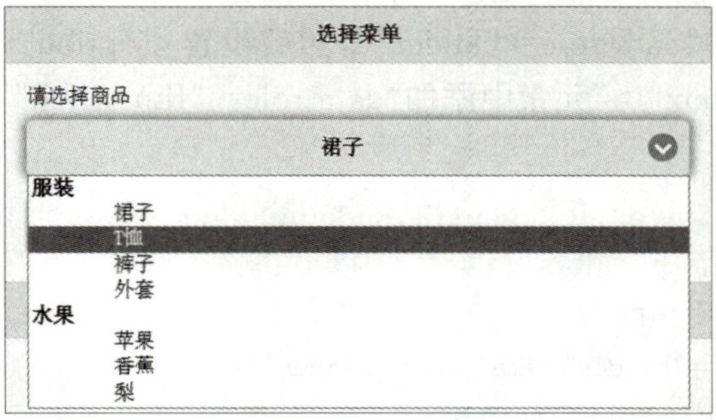

图 9-31　选择菜单

5)滑动条

滑动条允许用户从一个数字范围中选取某个值,使用"<input type="range">"进行创建。常用属性如表 9-4 所示。

表 9-4　滑动条常用属性

属　性	说　明
max	允许的最大值
min	允许的最小值
step	合法的数字间隔
value	默认值
data-show-value	取值为 true|false,在滑块中显示进度的值
data-popup-enabled	取值为 true|false,在滑动上以小弹窗样式显示进度值
data-highlight	取值为 true|false,高亮突出滑动条的值

使用示例如下。

```
<form>
    <label for="points">评分:</label>
    <input type="range" name="points" id="points" value="60" min="0" max="100"
data-popup-enabled="true" data-highlight="true"/>
</form>
```

创建滑动条文件 Example9-17.html,显示效果如图 9-32 所示。

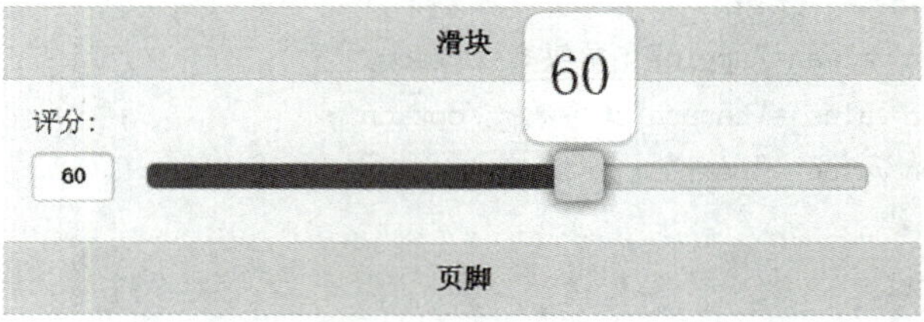

图 9-32　滑动条显示效果

6)拨动开关

拨动开关通常用于设置 on/off 或 true/false 按钮。可通过以下两种方法实现:一种是在<select>元素中添加"data-role="slider"",然后设置<option>选项的值;另一种是在"<input type="checkbox">"元素中添加"data-role="flipswitch""。使用示例如下。

```
<form>
  <table>
  <tr>
  <td>select 实现</td>
  <td><select id="slider" data-role="slider">
  <option value="1">True</option>
```

```
        <option value="0">False</option>
        </select>
        </td>
        </tr>
        <tr>
        <td>checkbox 实现</td>
        <td><input type="checkbox" data-role="flipswitch" name="switch" id="switch"
        data-on-text="开" data-off-text="关">
        </td>
        </tr>
        </table>
      </form>
```

在上述代码中，<table>制表元素是为了开关的布局。使用 select 实现开关，默认值为设置的第一个<option>的值；使用 checkbox 实现开关，默认值为关闭状态，且可通过 data-on-text 属性来设置开关的显示值。

创建拨动开关文件 Example9-18. html，显示效果如图 9-33 所示。

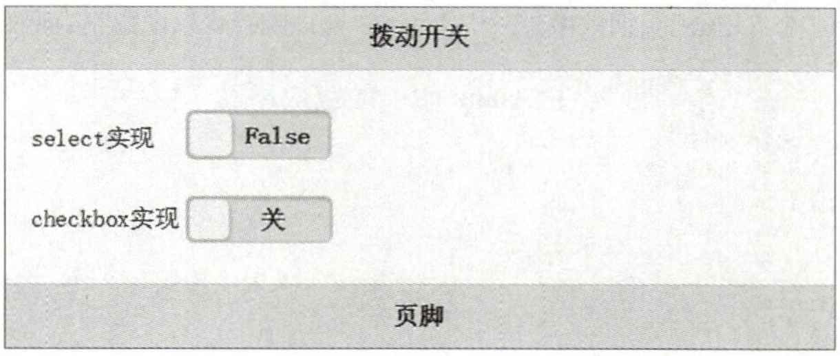

图 9-33　拨动开关显示效果

9.2.4　任务实施

任务描述中需完成一个展示音乐列表且单击可以进入列表项进行相关评论的网页。在 Dreamweaver CS6 中创建 Task9-3. html，在<head>与</head>内添加<meta>标签，导入 jQuery Moblie 函数库，然后在<body>与</body>之间使用任务知识中介绍的方法实现相应功能的展示。

9.2.5　任务实训

使用 jQuery Mobile 页面基本架构设计图 9-34 所示的“个人中心”页面，使用列表组件完成各项添加，设置拨动开关、选项菜单、滑动条及带有删除按钮的文本框，分别实现接收新信息、响铃音乐、音量调整及密码更改的设置，其中响铃音乐选择是在“id="pagetwo"”的页面中进行的，在“响铃音乐设置”页面中，设置选项菜单和一个“提交”按钮，单击“提交”按钮，返回“个人中心”页面。详细实现源码见 Task9-4. html。

在“响铃音乐设置”页面中，“提交”按钮需要自定义按钮 margin 样式，避免“提交”按钮被选项菜单各选项遮蔽。

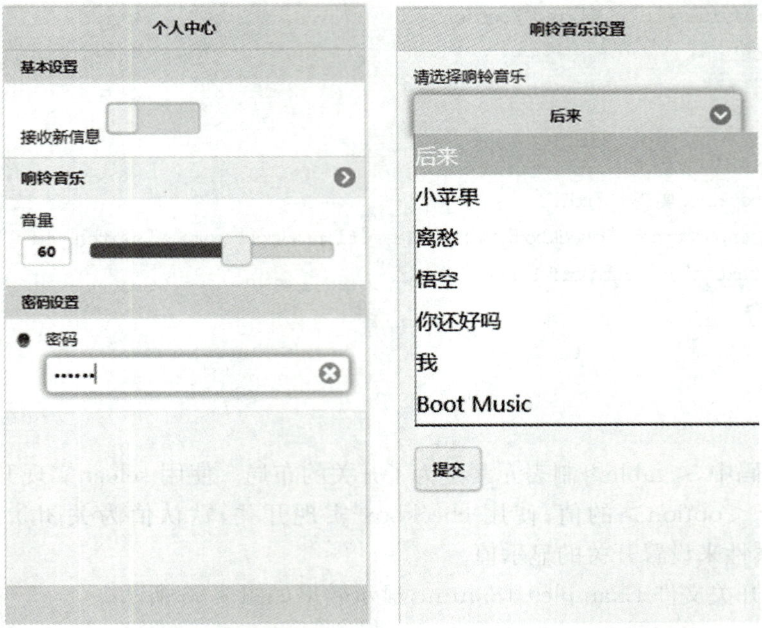

(a)“个人中心”页面效果　　(b)“响铃音乐设置”页面效果

图 9-34　Galaxy S5 预览效果图 3

10 第 10 章 jQuery Mobile 部件及事件

10.1 制作购物网首页

10.1.1 任务目标

- 熟悉 jQuery Mobile 页面中工具栏的设置方法。
- 掌握 jQuery Mobile 页面中面板的定义方法。
- 熟悉面板显示方式的设置方法。
- 掌握 jQuery Mobile 页面中弹窗的定义方法。
- 掌握弹窗过渡效果和关闭按钮的设置方法。
- 熟悉 jQuery Mobile 页面中的翻转事件和触摸事件。

10.1.2 任务描述

引入 jQuery Mobile 框架，制作图 10-1 所示的购物网首页，标题栏有 4 个导航，单击“商品分类”按钮后，侧滑出一个关于各类商品主题的面板，单击其上的按钮，会有相关主题介绍（此处只给出“服装”和“母婴”类）的弹出框，弹出框以向下滑动的方式打开。

图 10-1 购物网首页效果

分别用 Chrome 模拟器 Galaxy S5 和 iPad，得到自适应的网页显示效果，如图 10-2 和图 10-3 所示。

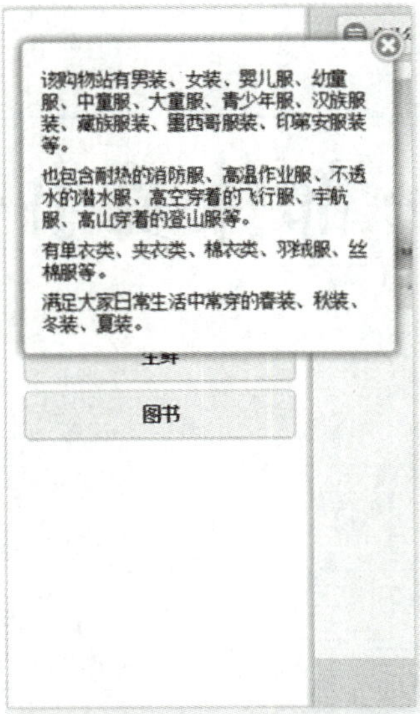

图 10-2　Galaxy S5 弹窗网页显示

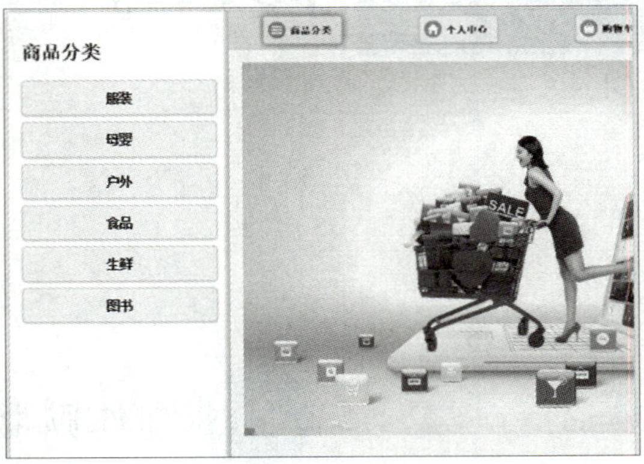

图 10-3　iPad 弹窗网页显示

10.1.3　任务知识

1. 工具栏

工具栏一般分为头部栏和尾部栏，在第 9 章中已经介绍了头部栏中按钮位置的设置方法，尾部栏比头部栏更加灵活，可以使用 class 类样式来定义尾部栏的样式，在此不再详述。关于工具栏在页面中显示的位置，可以通过设置 data-position 属性来实现定位，data-position 属性的取值如表 10-1 所示。

表 10-1　data-position 属性值及说明

属性值	说　明
inline(默认)	工具栏与页面内容内联
fixed	头部栏和尾部栏固定在页面的顶部和底部
fullscreen	头部栏和尾部栏固定在页面的顶部和底部，单击屏幕，可呼出或隐藏工具栏

以 inline 为例，使用方法如下。

```
<div data-role="header" data-position="inline"></div>
<div data-role="footer" data-position="inline"></div>
```

2. 面板

jQuery Mobile 面板默认是从左侧划入页面的一个组件，可作为侧边导航页面。设置方法为：给具有 id 属性的<div>元素添加属性“data-role="panel"”，在该<div>中同样可以设置相关 HTML 元素作为显示在面板上的内容。

要显示面板，需创建一个链接来指向所建面板的 id，打开面板后，可通过单击面板外部区域或按 Esc 键来关闭面板。需要注意的是，面板的定义在“data-role="page"”的容器内，但是必须置于头部、内容及底部组成的整体结构之前或之后。建立面板定义文件 Example10-1.html，部分代码如下。

```
<body>
<div data-role="page" id="pageone">
  <!--定义面板,必须置于由头部、内容及底部组成的页面之前或之后-->
<div data-role="panel" id="myPanel">
<h2>面板标题</h2>
<p>面板文本内容</p>
</div>
  <!--页面开始-->
<div data-role="header">
<h1>网页标题</h1>
</div>
<div data-role="content">
<p>点击按钮打开面板。</p>
<a href="#myPanel" class="ui-btn ui-btn-inline ui-corner-all ui-shadow">打开面板</a>
</div>
<div data-role="footer">
<h1>页脚</h1>
</div>
</div>
</body>
```

运行效果如图 10-4 所示。

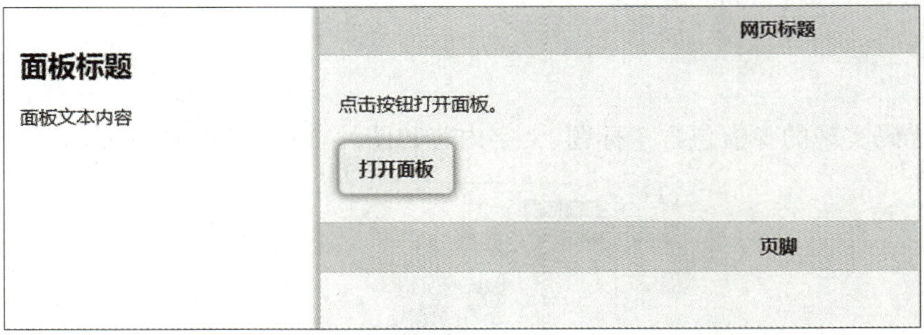

图 10-4　面板示例图

可以通过设置属性 data-display 来控制面板的出现方式，data-display 属性的取值如表 10-2 所示。

表 10-2 data-display 属性值及说明

属 性 值	说 明
overlay	在原页面内容上显示面板
push	同时推动面板和页面
reveal(默认值)	将原页面向屏幕右侧滑动,同时显示面板

使用示例如下。

```
<div data-role="panel" id="myPanel" data-display="overlay|push|reveal"/>
```

面板默认显示在屏幕的左侧,通过设置属性“data-position="right"”可使面板在屏幕右侧显示。使用示例如下。

```
<div data-role="panel" id="myPanel" data-position="right"/>
```

3. 弹窗

弹窗类似于对话框,可以覆盖在页面上进行显示。在弹窗上,可显示文本、图片、地图等。创建弹窗的方法为:指定一个<div>容器的 id,并添加属性“data-role="popup"”,然后设置一个<a>元素的链接指向该 id,在该<a>元素上添加属性“data-rel="popup"”。单击超链接,显示出来的弹窗内容即为指定 id 的<div>的内容。需要注意的是,<div>弹窗与对应的 <a> 超链接必须在同一个页面上。

建立弹窗定义文件 Example10-2. html,代码如下(仅给出页面内容部分)。

```
<div data-role="content">
<a href="#myPopup" data-rel="popup" class="ui-btn ui-btn-inline ui-corner-all">显示弹
窗</a>
<div data-role="popup" id="myPopup">
<h1>弹窗标题</h1>
<p>这里是弹窗内容</p>
<img src="images/cat. jpg"/>
</div>
</div>
```

上述代码实现的弹窗包含了标题、文字内容和图片,效果如图 10-5 所示。

图 10-5 简单弹窗效果

在图 10-5 中，弹窗默认显示在所单击元素的上方，这样会遮盖单击元素，在打开弹窗的链接元素上添加属性 data-position-to 可以更改弹窗位置。data-position-to 属性值及位置说明如表 10-3 所示。

表 10-3 data-position-to 属性值及位置说明

属性值	位置说明
window	弹窗在窗口居中显示
#id	弹窗在指定 id 的元素上显示
Origin(默认)	弹窗在单击的元素上显示

除了改变弹窗显示位置，还可以给弹窗添加方向小边框，设置属性 data-arrow 的取值为 "t|r|l|b"，分别对应方向小边框在弹窗的上、右、左、下。

以显示在指定"id=display"的元素上，且带有向下方向边框的弹窗为例，建立文件 Example10-3.html，代码如下(仅给出页面内容部分)。

```
<div data-role="main" class="ui-content">
  <p>弹窗显示在 id="display"的元素上，且弹窗下边框有方向</p>
<a href="#myPopup" data-rel="popup" class="ui-btn ui-btn-inline ui-corner-all" data-position-to="#demo">显示弹窗</a>
<div data-role="popup" id="myPopup" class="ui-content"  data-arrow="t">
<p>我显示在指定元素上。</p>
</div>
<p>弹窗显示在 <span id="demo" style="color:red;">这里</span> 。</p>
</div>
```

效果如图 10-6 所示。

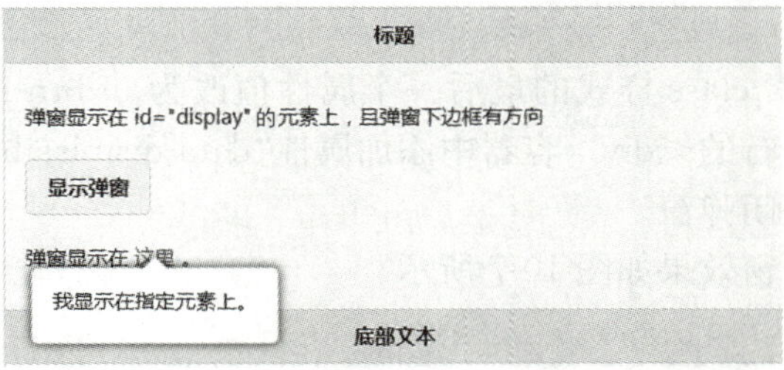

图 10-6 弹窗位置及方向边框

单击链接元素呼出弹窗，可通过设置 data-transition 属性来实现弹窗的过渡效果，data-transition 属性值及对应过渡效果说明如表 10-4 所示。

表 10-4 data-transition 属性值及对应过渡效果说明

属性值	效果说明
fade	淡入
flip	翻转

续表

属性值	效果说明
flow	抛出当前页后显示
pop	弹出
slide	向左滑动
slidefade	向左滑动并淡入
slideup	向上滑动
slidedown	向下滑动
turn	转向
none(默认)	无过渡效果

以 flip 翻转过渡效果为例,代码如下。

```
<a href="#myPopup" data-rel="popup" class="ui-btn" data-transition="flip">翻转效果
</a>
```

弹窗可以通过单击弹窗外的任意区域或按 Esc 键关闭,也可以给弹窗设置关闭按钮,设置方法为:在弹窗中添加链接元素并设置属性"data-rel="back"",通过样式来控制按钮的位置。该方法实现的弹窗可以同时通过单击关闭按钮和弹窗外部区域进行关闭。如果只想通过单击关闭按钮关闭弹窗,那么给弹窗添加属性"data-dismissible="false""即可。

建立文件 Example10-4.html,关闭按钮在弹窗左上角,设置方法如下。

```
<div data-role="popup" id="myPopup">
<a href="#" data-rel="back" class="ui-btn ui-corner-all ui-shadow ui-icon-delete ui-btn-icon-notext ui-btn-left">关闭</a>
</div>
```

将第二行<a>元素 class 样式的最后一个属性值改为 ui-btn-right 即可使关闭按钮位于弹窗右上角。在第一行的<div>容器中添加属性"data-dismissible="false""即可实现只能单击关闭按钮才能关闭弹窗。

上述代码实现的弹窗效果如图 10-7 所示。

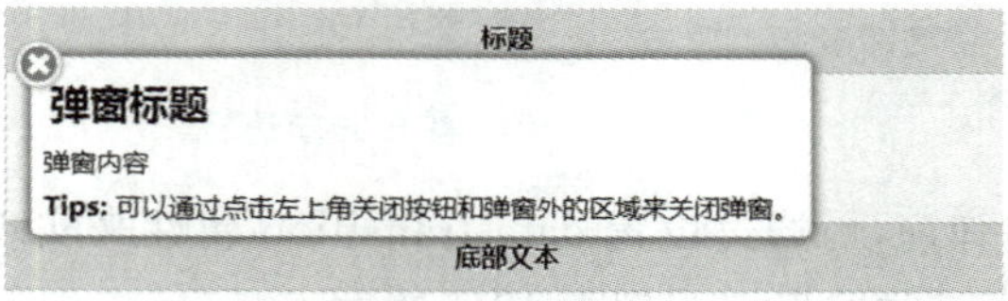

图 10-7 带关闭按钮的弹窗

10.1.4 任务实施

任务描述中需完成的是一个购物网的首页。在 Dreamweaver CS6 中创建 Task10-1.html,在<head>与</head>内添加<meta>标签,导入 jQuery Moblie 函数库,在<body>与

</body>之间使用任务知识介绍的内容完成相应面板、弹窗和主页的设置，可使用网格样式实现主页导航按钮。

10.1.5 任务实训

使用 jQuery Mobile 页面基本架构设计图 10-8(a)所示简易图书浏览网页，在首页单击主体部分，可以实现标题栏和底部栏的呼出和隐藏，单击标题栏右侧的“查看”按钮，以推动方式呼出标题为“书名”的面板，面板中设置若干按钮，如图 10-8(b)所示，单击其中的按钮，如单击“JavaScript 权威指南(第 6 版)”按钮，会有相应弹窗显示书本的简要介绍，如图 10-8(c)所示。详细源码见 Task10-2. html。

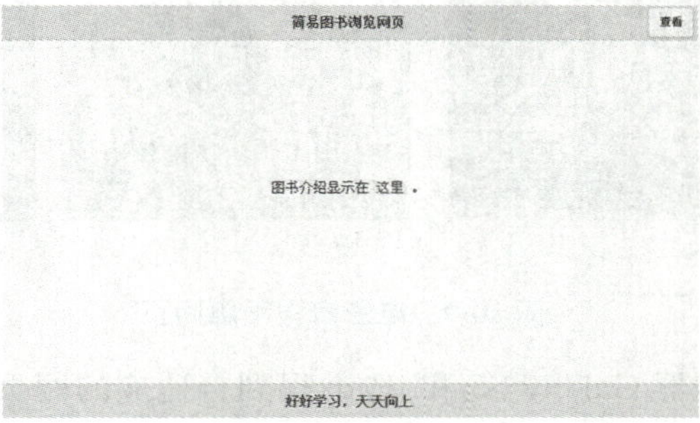

(a) 首页效果图

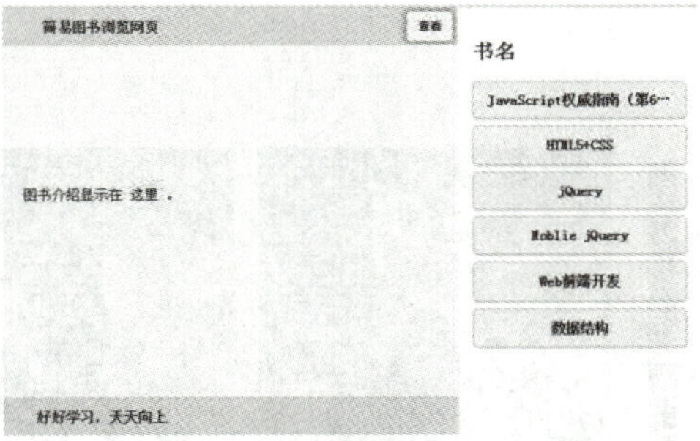

(b) 面板效果图

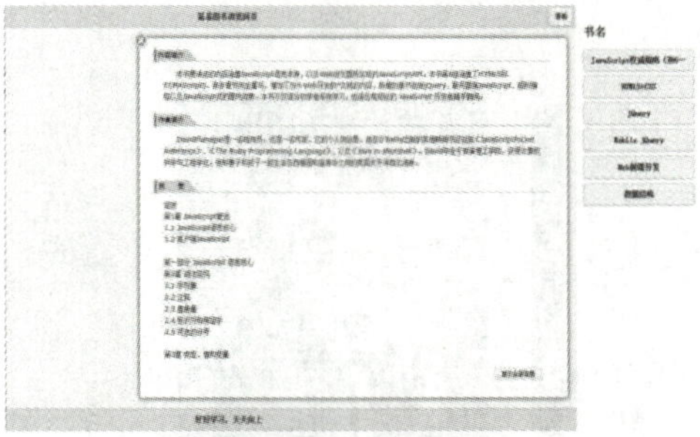

(c) 弹窗效果图

图 10-8 简易图书浏览网页效果图

以上代码实现的弹窗出现的位置定位在“这里”处，需要注意的是，弹窗出现的位置并不是从指定的“这里”开始的，而是以“这里”为中心弹出，因此，看到的弹窗会把“这里”覆盖。

10.2 制作电影海报画廊网页

10.2.1 任务目标

- 掌握 jQuery Mobile 中页面切换事件的使用方法。
- 熟悉 jQuery Mobile 中触摸事件的使用方法。

10.2.2 任务描述

引入 jQuery Mobile 框架，制作图 10-9 所示的电影海报画廊网页，电影海报在网页上呈现一行排列，使用鼠标拖曳模拟屏幕触摸，可以向左和向右浏览海报，单击海报后，进入海报内容介绍页面，页面过渡效果为逐渐放大，单击返回按钮，首页以左切的方式进行显示。

图 10-9　电影海报画廊网页

分别用 Chrome 模拟器 Galaxy S5 和 iPad，得到自适应的网页显示效果，如图 10-10 和图 10-11 所示。

图 10-10　Galaxy S5 画廊页面效果图

图 10-11　iPad 画廊页面效果图

10.2.3 任务知识

1. jQuery Mobile 页面切换事件

在 jQuery Mobile 中，页面之间的相互切换都会有相应的过渡效果，过渡效果的实现，可以通过直接在链接元素中添加属性 data-transition 来完成(取值见表 10-4)，另一种方法就是为元素设置页面切换事件，语法格式如下。

```
$(":mobile-pagecontainer").pagecontainer("change",to[,option]);
```

to 表示切换的目标页面，值为字符串或 DOM 对象，对于内部页面的切换，可以直接使用目标页面的 id。具体使用方法如下。

```
$(":mobile-pagecontainer").pagecontainer("change","#page21",{transition:"pop"});
```

该语句表示以从小到大的过渡效果切换到“id=page21”的页面，其中 transition 的取值就是属性 data-transition 的取值。

可选项 option 的属性如表 10-5 所示。

表 10-5　option 属性表

属　性	说　明
allowSamePageTransition	取值为 true 或 false(默认)，表示是否允许切换到当前页面
changeHash	取值为 true(默认)或 false，表示是否更新浏览记录。false 表示当前浏览记录会被清除，用户无法返回上一页
dataUrl	更新地址栏的 URL
loadMsgDelay	表示页面加载延迟时间，单位是 ms(毫秒)，默认值为 50，页面加载时间小于 50 ms 的，不会显示“正在加载中”的画面
reload	取值为 true 或 false(默认)，表示是否重新加载页面
reverse	取值为 true 或 false(默认)，表示页面切换效果是否需要反向
showLoadMsg	取值为 true(默认)或 false，表示页面加载时是否显示“正在加载中”的画面
transition	页面切换的过渡效果，取值和效果同表 10-4
type	当目标页面是 URL 时，指定通信方法是 get(默认)还是 post

2. jQuery Mobile 页面触摸事件

jQuery Mobile 中的页面触摸事件主要有 5 种：tap(轻击)、taphold(轻击不放)、swipe(滑动)、swipeleft(左滑)和 swiperight(右滑)。

(1)tap(轻击)事件。快速地轻击页面时触发，使用方法如下。

```
$("div").on("tap",function(){
$this.hide();})
```

或

```
$("div").tap(function(){
$this.hide();})
```

$("div")表示选中的元素，可以是标签元素，也可以是元素 id(使用#id)，也可以是类(使用.class)。

(2)taphold(长按)事件。长按页面(大约 1 s)时触发，使用方法如下。

```
$("div").on("taphold",function(){
$this.hide();})
```

或

```
$ ("div").taphold (function(){
$ this.hide();})
```

(3)swipe(滑动)。1 s 内拖曳页面时触发,使用方法如下。

```
$ ("div").on("swipe",function(){
$ this.hide();})
```

或

```
$ ("div"). swipe (function(){
$ this.hide();})
```

(4)swipeleft(左滑)。在页面上进行左滑拖曳操作时触发。

```
$ ("div").on("swipeleft",function(){
$ this.hide();})
```

或

```
$ ("div"). swipeleft (function(){
$ this.hide();})
```

(5)swiperight(右滑)。在页面上进行右滑拖曳操作时触发。

```
$ ("div").on("swiperight",function(){
$ this.hide();})
```

或

```
$ ("div"). swiperight (function(){
$ this.hide();})
```

建立文件 Example10-5.html,实现 5 个触摸事件的综合应用。

```
<head>
<script>
$ (document).on("pagecreate","#pageone",function(){
//轻击
    $ ("#tap").tap(function(){
        $ (this).hide();});
//长按
    $ ("#taphold").taphold(function(){
        $ (this).hide();});
//滑动
    $ ("#swipe").swipe(function(){
        $ (this).hide();});
//左滑
    $ ("#swipeleft").swipeleft(function(){
```

```
        $(this).hide();});
  //右滑
      $("#swiperight").swiperight(function(){
        $(this).hide();});
  });
  </script>
  </head>
  <body>
  <div data-role="page" id="pageone">
  <div data-role="header">
  <h1>jQuery Mobile 事件</h1>
  </div>
  <div data-role="main" class="ui-content">
  <p id="tap">轻击隐藏内容</p>
    <p id="taphold">长按隐藏内容</p>
    <p id="swipe">滑动隐藏内容</p>
    <p id="swipeleft">左滑隐藏内容</p>
    <p id="swiperight">右滑隐藏内容</p>
  </div>
  <div data-role="footer">
  <h1>页脚</h1>
  </div>
  </div>
  </body>
```

上述代码的第三行“$(document).on("pagecreate","#pageone",function(){})”表示在 pageone 页面创建之后触发 function()中的内容，效果如图 10-12 所示。

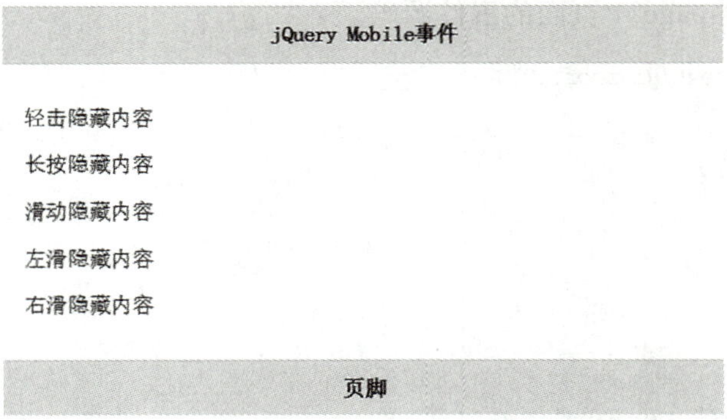

图 10-12　触摸事件示例

10.2.4　任务实施

任务描述中需完成的是一个电影海报画廊网页。在 Dreamweaver CS6 中创建 Task10-2.html，在<head>与</head>内添加<meta>标签，导入 jQuery Moblie 函数库，再添加如下 CSS 代码来定义画廊中海报的样式。

```
.myswipe{position: relative;
height: 540px;
margin: 0px;
}
.myswipe ul{
position:absolute;
width: 3150px;
overflow: hidden;
top: 0px;
left: 0px;
}
.myswipe li{
list-style-type: none;
display: inline-block;
float: left;
position: relative;
margin: 0px 8px 0px 7px;
}
.img_swipe{
cursor:pointer;
border: solid 5px #FFF;
height: 500px;
}
```

然后在<body>与</body>之间添加图片，并引用以上相应的样式，单击每张图片，都会指向电影海报的介绍页面。

最后在</body>之前添加<script></script>标签对，其中的内容是实现画廊左滑、侧滑及轻点图片转到 page21 页面的事件源码。

```
<script type="text/javascript">
//全局命名
var swipe_img={
$index:0,
$width:380,
$swipe:0,
$length:8
}
var $imgul= $("#myswipe");
$(".img_swipe").each(function(){
$(this).on("swipeleft",function(){
if(swipe_img.$index<swipe_img.$length){
swipe_img.$index++;
swipe_img.$swipe=-swipe_img.$index * swipe_img.$width;
```

```
    $imgul.animate({left:swipe_img.$swipe},200);
    }
    }).on("swiperight",function(){
    if(swipe_img.$index>0){
    swipe_img.$index--;
    swipe_img.$swipe=-swipe_img.$index*swipe_img.$width;
    $imgul.animate({left:swipe_img.$swipe},200);
    }
    }).on("tap",function(){
  $(":mobile-pagecontainer").pagecontainer("change","#page21",{transition:"pop"});
  });
  </script>
```

详细的实现源码见 Task10-3.html。

10.2.5 任务实训

使用 jQuery Mobile 页面基本架构，设计图 10-13 所示书架管理网页，使用网格样式对书本进行 2 行 3 列的布局，如图 10-13(a)所示。对每本书设置触摸的长按事件，长按某本书，则从书架上删除该本书(实际是对该书进行隐藏，只是测试长按事件，因此没有添加书本重排效果)，如图 10-13(b)所示。

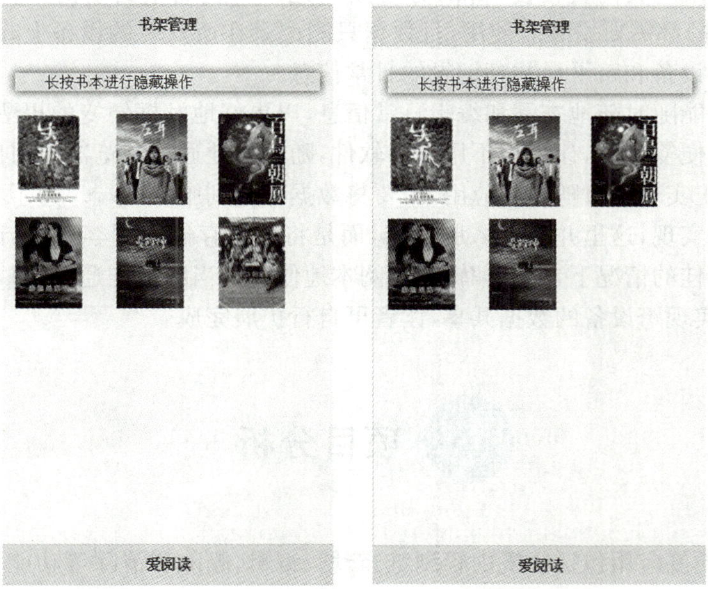

(a) 图书删除前效果　　(b) 图书删除后效果

图 10-13 书架管理网页效果

具体实现参见 Task10-4.html。

11 第 11 章 jQuery Mobile 综合项目

11.1 项目描述

一般移动终端均会内置便笺 App，方便用户记录一些简单的事情。目前，大多数便笺 App(如备忘录等)都需要安装后使用，且数据只能记录在所安装的设备上，不便于在多个终端设备间实现跨设备和跨平台共享记录的日常信息。

为了让用户能随时随地查阅和编辑日常信息，以更好地发挥便笺的提醒作用，本章设计一款基于网页的便笺应用，让用户不用安装软件，随时随地通过浏览器使用自己的信息。

当然，要真正实现随时随地的应用，需要将数据存储到服务器端。为了集中体现和讲清响应式客户端的实现，这里并未引入服务器，而是将数据存储到了客户端，让用户在网络断开或连接状态不佳的情况下，也能编辑和查阅本地便笺。当网络连通时，将客户端的数据上传到服务器端，实现跨设备的数据共享，读者可自行扩展完成。

11.2 项目分析

一般来讲，便笺应用包括便笺内容浏览、新增、编辑、删除和清除等功能，同时，为方便读者在将后续便笺内容上传到服务器时，隔离不同使用者的便笺信息，设计中添加了用户注册和登录管理功能。

项目前端开发采用 jQuery Mobile 框架，后端数据存储通过 HTML5 的 IndexedDB 数据库和 localStorage 存储实现。各功能模块的逻辑关系如图 11-1 所示。

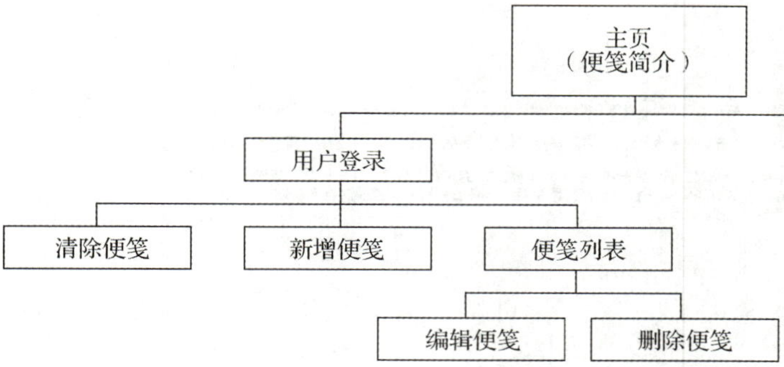

图 11-1　便笺功能模块图

11.3 项目实现与测试

11.3.1 创建站点

打开 Dreamweaver CS6，执行“站点”→“新建站点”菜单命令，在弹出的站点对话框中，设置站点名称“Notes”，选择本地站点文件夹后，引入 jQuery Mobile 框架和图片资源（在 images 文件夹中）。生成的站点结构如图 11-2 所示。

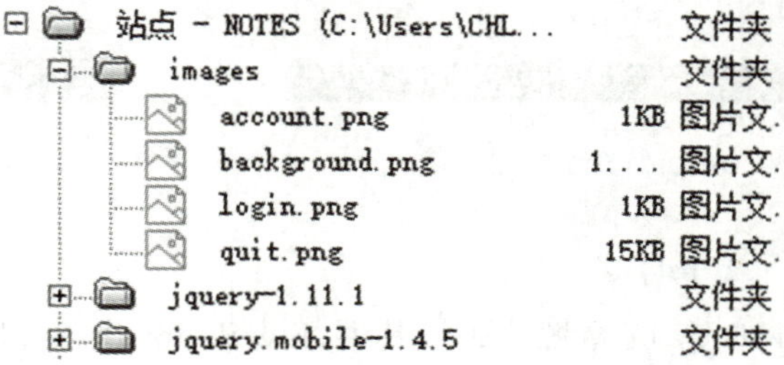

图 11-2　引入 jQuery Mobile 框架和图片资源后的站点结构

11.3.2 各功能模块实现与测试

1. 主页（index.html）

右击图 11-2 中的站点，在弹出的快捷菜单中选择“新建文件”命令，在站点下创建一个 HTML 文件，将其重命名为 index.html，其具体代码见第 11 章源代码。

其中，单击“注册”和“登录”超链接时，将跳转到用户页面 user.html。由于注册和登录页面是通过同一个网页的不同选项卡来实现的，所以为了区分是“注册”还是“登录”超链接实现的跳转，在跳转时携带了参数 value。如果 value 是 1，则跳转到 user.html 后，首先显示注册页面；如果 value 是 2，则跳转到 user.html 后，首先显示登录页面。

在 Chrome 浏览器的 PC、iPad、Galaxy S5 模拟器中，得到 index.html 的运行效果如

图 11-3～图 11-5 所示。

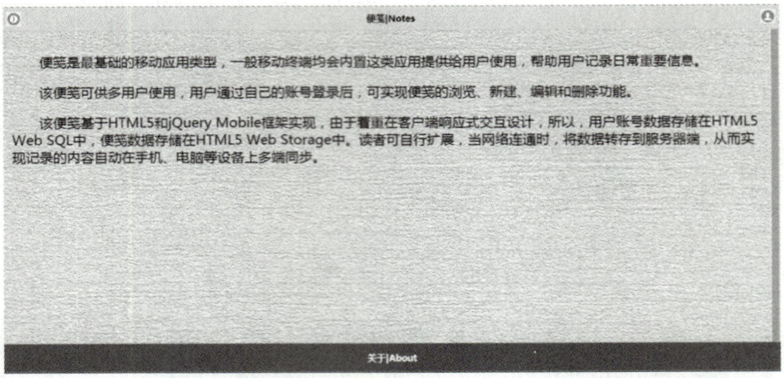

图 11-3　主页在 PC 显示器上的测试效果图

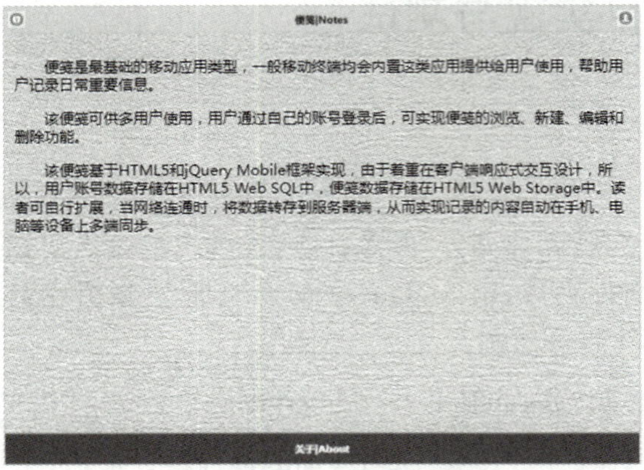

图 11-4　iPad 测试效果图

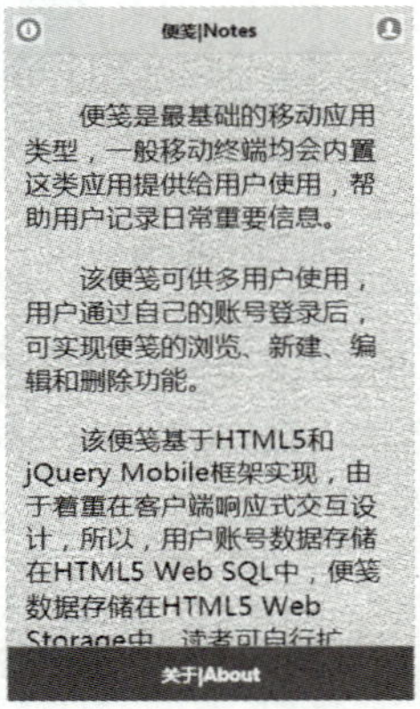

图 11-5　Galaxy S5 预览效果图

2. 用户管理页(user. html)

user. html 具体代码见第 11 章源代码。其中，JavaScript 代码片段用于接收主页传递的参数，并根据不同的参数，通过为“登录|Login”或“注册|Account”选项卡添加“ui-btn-active”类来决定是显示注册表单还是登录表单。

下面通过客户端脚本实现网页交互功能。注意登录和注册选项卡的切换使用的事件是 tap，使用 click 在移动设备中会出现问题。

```
$("#foot a").tap(function(){
  $("#foot a").toggleClass("ui-btn-active");
});
```

用户管理页在 Chrome 浏览器的 Galaxy S5 模拟器中的运行效果如图 11-6 和图 11-7 所示，在其他模拟器上的兼容性测试，请用户自行完成。

存储用户数据的 IndexedDB 数据库，可通过按快捷键“F12”或执行“工具”→“更多工具”→“开发者工具”菜单命令启用 Chrome DevTools 后，选择“Application”选项卡查看，图 11-8 中显示了“aa”和“bb”注册用户的信息。

图 11-6　注册页面 Galaxy S5 预览效果图

图 11-7　登录页面 Galaxy S5 预览效果图

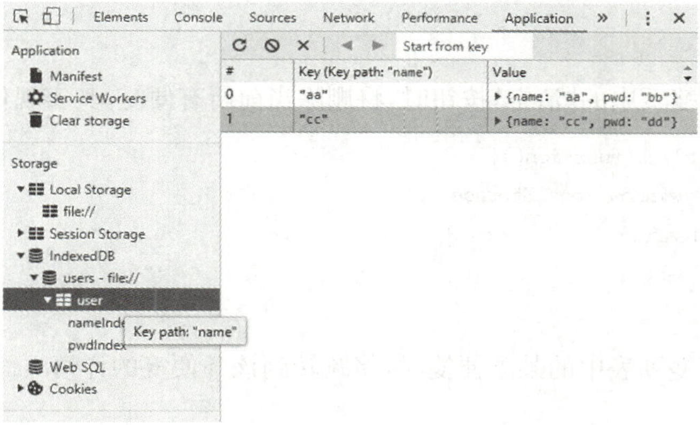

图 11-8　用户注册信息在 IndexedDB 中的存储

3. 便笺页(note. html)

该页面包含"浏览|View"和"新建|New"两个选项卡,分别用来显示便笺列表内容和创建新的便笺。当从 user. html 登录跳转到该页面时,默认显示"浏览|View"选项卡的内容,其实现代码如下。

```
var storage=window.localStorage;
if (storage.length!=0){
 for (var i=0;i<storage.length;i++){
   var key=storage.key(i);
   var stringData=storage.getItem(key);
   if (stringData!=""){
 var jsonObject=JSON.parse(stringData);
 if (jsonObject.author==name){
```

```
        var $newNode = $("<tr class='detail'><td>"+(i+1)+"</td><td>"+jsonObject.
title+"</td><td>"+ jsonObject.time+"</td></tr>");
         $("table").append($newNode);
       }
     }
   }
}
```

“浏览|View”和“新建|New”选项卡的切换及“清空”按钮的显示和隐藏操作代码如下。

```
   $("#foot a").tap(function(){
     $("#foot a").toggleClass("ui-btn-active");  if ($("#clear").css("visibility")==
"visible"){
       $("#clear").css("visibility","hidden");
     }
     else{
       $("#clear").css("visibility","visible");
     }
   });
```

当单击浏览便笺页中的“清空”按钮时，将删除当前所有便笺，其实现代码如下。

```
   $("#clear").click(function(){
     var storage=window.localStorage;
       storage.clear();
     location.reload();
   });
```

当用户单击便笺列表中的某条便笺时，将跳转到该条便笺的详情页面 notedetail.html，其实现代码如下。

```
   $(".detail").tap(function(){
     var stringContent=$(this).html();
       var begin=stringContent.indexOf("<td>");
     var end=stringContent.indexOf("</td>");
     var number=stringContent.substring(begin+4,end);
     location.href="notedetail.html? name="+name+"&number="+number;
   });
```

在新建便笺页中单击“取消”和“保存”按钮的功能代码如下。

```
   $("#cancel").click(function(){
       $("#t").val("");
     $("#c").val("");
   });
   $("#save").click(function(){
       //获取便笺内容数据,建立 JSON 对象
```

```
var flag;
  var jsonObject=new Object();
jsonObject.author=name;
jsonObject.title= $ ("#t").val();
jsonObject.content= $ ("#c").val();
var mydate = new Date();
  var str = "" + mydate.getFullYear() + "年";
  str += (mydate.getMonth()+1) + "月";
  str += mydate.getDate() + "日  ";
str+=mydate.getHours()+":";
str+=mydate.getMinutes()+":";
str+=mydate.getSeconds();
jsonObject.time=str;
//序列化 JSON 对象为字符串数据
var stringData=JSON.stringify(jsonObject);
var storage=window.localStorage;
//获取当前 locaStorage 中最后一行数据的下标
  if (storage.length==0){
  flag=1;
}
else{
  flag=storage.length+1;
}
//localStorage 存入数据
storage.setItem("key"+flag,stringData);
//浏览页添加显示新增便笺内容
var $newNode = $ ("<tr class='detail'><td>"+flag+"</td><td>"+jsonCbject.
title+"</td><td>"+ jsonObject.time+"</td></tr>");
$ ("table").append( $ newNode);
alert("保存成功");
$ ("#t").val("");
$ ("#c").val("");
});
```

便笺数据存储在 Local Storage 中，通过按快捷键“F12”或执行“工具”→“更多工具”→“开发者工具”菜单命令启用 Chrome DevTools 后，选择“Application”选项卡中的“Local Storage”，可查看所有用户的便笺存储，如图 11-9 所示。

note.html 完整代码见第 11 章源代码。假设现有用户名为“aa”，密码为“bb”的用户，当登录跳转到 note.html 时，其在 Chrome 浏览器的 Galaxy S5 模拟器中的运行效果如图 11-10(a) 所示。

在图 11-10(a)中，当用户单击“新建|New”选项卡时，将显示新建便笺页，输入便笺标题和内容，如图 11-10(b)所示，单击“保存”按钮实现保存。当用户再次单击“浏览|View”选项卡时，便笺列表页显示如图 11-10(c)所示。

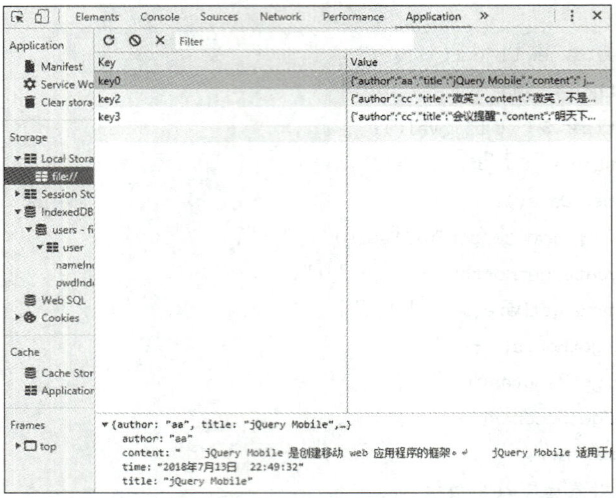

图 11-9　Local Storage 中用户便笺数据存储

(a) 浏览便笺页面　(b) 新建便笺页面　(c) 浏览页显示新建的便笺

图 11-10　便笺内容页预览效果图

4. 便笺详情页(notedetail. html)

在 Notes 站点下创建 notedetail. html 浏览便笺详情。便笺详情的操作包括修改和删除,当单击"修改"按钮时,实现该条便笺修改后跳转到 note. html 的代码如下。

```
$("#edit").click(function(){
  //获取修改后的便笺内容数据,建立 JSON 对象
    var jsonObject=new Object();
  jsonObject.author=name;
  jsonObject.title=$("#t").val();
  jsonObject.content=$("#c").val();
    var mydate = new Date();
```

```
    var str = "" + mydate.getFullYear() + "年";
    str += (mydate.getMonth()+1) + "月";
    str += mydate.getDate() + "日  ";
  str+=mydate.getHours()+":";
  str+=mydate.getMinutes()+":";
  str+=mydate.getSeconds();
  jsonObject.time=str;
  //序列化 JSON 对象为字符串数据
  var stringData=JSON.stringify(jsonObject);
  //localStorage 在指定 key 处,删除原有数据后,写入新数据
  var key=storage.key(i);
  storage.removeItem(key);
  storage.setItem("key"+i,stringData);
  alert("修改成功");
  location.href="note.html? name="+name;
  });
```

当单击“删除”按钮时,实现删除该条便笺后跳转到 note.html 的代码如下。

```
$("#delete").click(function(){
  var key=storage.key(i);
  storage.removeItem(key);
  alert("删除成功");
  location.href="note.html? name="+name;
  });
```

在 Chrome 浏览器的 Galaxy S5 模拟器中单击图 11-8(c)所示的便笺列表项时,便笺详情页显示如图 11-11 所示。

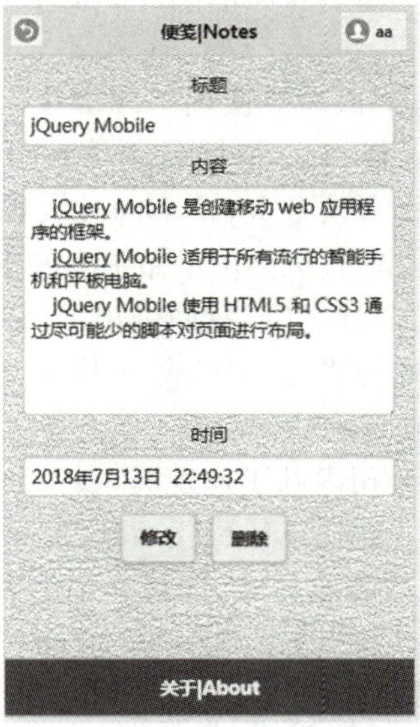

图 11-11 便笺详情页预览效果图

12 第 12 章 Bootstrap 概述

12.1 Bootstrap 简介

Bootstrap 是目前最流行的一套前端开发工具包，是由美国 Twitter 公司的设计师 Mark Otto 和 Jacob Thornton 合作基于 HTML、CSS、JavaScript 开发的简洁、直观、强悍的前端开发框架，提供字体排印、窗体、按钮、导航及其他各种组件及 JavaScript 扩展，通过使用该框架，可以使 Web 开发更加快捷。Bootstrap 提供了优雅的 HTML 和 CSS 规范，它是由动态 CSS 语言 Less 写成的。Bootstrap 一经推出后颇受欢迎，一直是 GitHub 上的热门开源项目，包括 NASA 的 MSNBC(微软全国广播公司)的 Breaking News 都使用了该项目。国内一些移动开发者较为熟悉的框架(如 WeX5 前端开源框架等)，也是基于 Bootstrap 源码进行性能优化而来的。

在 Bootstrap 出现之前，开发界面需要使用不同的代码库，这样很容易导致不一致的问题，增加了开发人员维护的负担。Bootstrap 原名 Twitter Blueprint，本意是制作一套可以保持一致性的工具和框架。Twitter 开发者 Mark Otto 说：我和几个开发者一起设计创建一个新的内部使用的工具，然后我们发现有机会可以做更多的事。从那之后，我们发现我们设计的工具比别人设计的更强壮。几个月之后，我们做出了 Bootstrap 的原型，在公司内分享文档、设计和资源。经过小组几个月的努力，2011 年 8 月 19 日，Bootstrap 作为开源项目发布，开源地址为 http://www.getbootstrap.com。

后来，Bootstrap 在 Twitter 公司内部迅速发展，项目继续由 Mark Otto、Jacob Thornton 和一个核心开发小组维护，并被 www.twitter.com 广泛采用，随着工作小组成员对其不断地开发和完善，Bootstrap 不仅包含基本样式，而且有了更为持久的前端设计模式。

2012 年 1 月 31 日，Bootstrap 2 发布。这一版对之前的框架进行了清晰的功能划分，主要分为框架、基础 CSS、构件库和 jQuery 插件库，并增加了 12 列网格布局和响应式组件。用户可以通过 http://v3.bootcss.com/了解 Bootstrap 2.0 版本特性。

Bootstrap 3 于 2013 年 8 月 19 日发布，开始将移动设备优先作为方针，转换文档到 Jekyll 替代 Mustche，重做插入，更新支持 Retina 的示列，重新设计图标预览，通过插件改进 noConglict 等。用户可以通过 http://v3.bootcss.com/了解 Bootstrap 3.0 版本特性。

2015 年 4 月 23 日，Mark Otto 宣布正在开发 Bootstrap 4。该版本几乎涉及每行代码的重大更新。主要更新有：

(1)从 Less 迁移到 Sass：Bootstrap 的编译速度比以前更快。

(2)新增一个网格层适配移动设备，并整顿语义混合。

(3)将所有 HTML 重置样式表整合到 Reboot 中。例如，box-sizing：border-box、margin tweaks 等都存放在一个单独的 Sass 文件中。

(4)不再支持 IE 8，使用 rem 和 em 单位。

(5)将之前分散的单独样式表都移到一个 Sass 变量中。

(6)重写所有 JavaScript 插件：用 ES6 重写了所有插件，现在提供 UMD 支持、泛型拆解方法、选项类型检查等特性。

除了发布 Bootstrap 4.0 外，官方还发布了 Bootstrap 主题，主题有很多工具集。

截止到 2018 年 7 月 30 日，Bootstrap 在 GitHub 上面被标记为“Starred”次数有 126 386 次，而分支次数超过了 61 000 次，如图 12-1 所示，并且这个数字还在不断上升中。

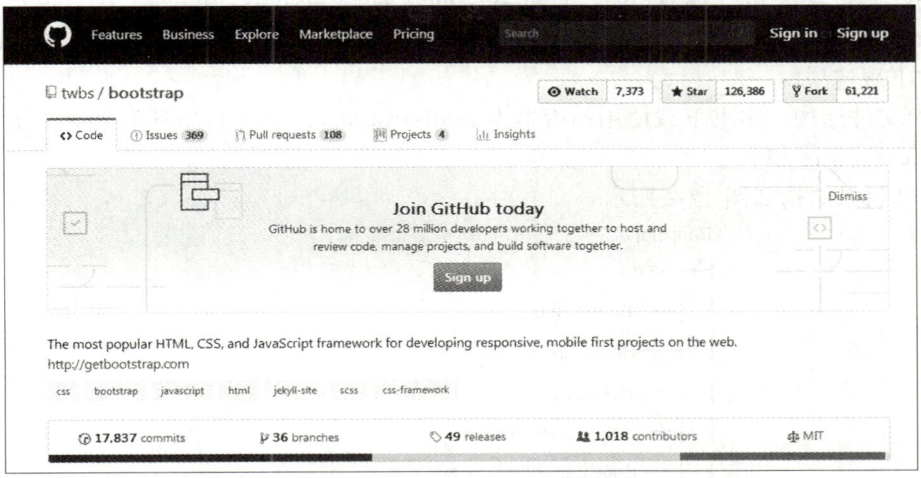

图 12-1　Bootstrap 开源页面

Bootstrap 支持多种浏览器和设备，因为 Bootstrap 的目标就是在各种设备的浏览器上都有最佳的表现。

Bootstrap 对移动设备浏览器的支持说明如表 12-1 所示。

表 12-1　Bootstrap 对移动设备浏览器的支持说明

操作系统	Chrome	Firefox	Opera	Safari	Android Browser & WebView
Android	支持	支持	不支持		Android v5.0+ 支持
iOS	支持	N/A	不支持	支持	

Bootstrap 对桌面浏览器的支持说明如表 12-2 所示。

表 12-2 Bootstrap 对桌面浏览器的支持说明

操作系统	Chrome	Firefox	Internet Explorer	Microsoft Edge	Opera	Safari
Mac	支持	支持			支持	支持
Windows	支持	支持	支持	支持	支持	不支持

Bootstrap 在 IE 上的支持一般，因为 IE 不支持很多 CSS3 属性和 HTML5 元素，因此在 IE 浏览器上应用 Bootstrap 需要谨慎。

12.2 Bootstrap 的下载和引用

为了帮助读者正确使用 Bootstrap，本节将介绍如何安装和使用 Bootstrap，为后面深入学习使用 Bootstrap 奠定基础。由于 Bootstrap 在国内有 Bootstrap 中文网，因此资源就从该网站下载。

(1)文件下载。首先可以进入官网 http://www.bootcss.com。在官网的导航页面选择起步，找到下载区域。在这里有 3 种类型的文件可供下载：第一种用于生产环境的 Bootstrap，这是我们需要下载的压缩文件；第二种是 Bootstrap 源码的下载选项；第三种是 Sass 的下载选项。

(2)文件结构。本书下载使用的版本为 Bootstrap-3.3.7。文件解压后为 3 个子文件夹，分别为 css、fonts 和 js。

文件目录结构如图 12-2 所示。

```
Bootstrap/
├── css/
│   ├── Bootstrap.css
│   ├── Bootstrap.css.map
│   ├── Bootstrap.min.css
│   ├── Bootstrap-theme.css
│   ├── Bootstrap-theme.css.map
│   └── Bootstrap-theme.min.css
├── js/
│   ├── Bootstrap.js
│   └── Bootstrap.min.js
└── fonts/
    ├── glyphicons-halflings-regular.eot
    ├── glyphicons-halflings-regular.svg
    ├── glyphicons-halflings-regular.ttf
    ├── glyphicons-halflings-regular.ttf
└── glyphicons-halflings-regular.woff2
```

图 12-2 Bootstrap 文件目录结构

上面展示的就是 Bootstrap 的基本文件结构：预编译文件可以直接应用到任何 Web 项目中。Bootstrap 提供了编译好的 CSS 和 JS（Bootstrap. *）文件，还有经过压缩的 CSS 和 JS（Bootstrap. min. *）文件。同时还提供了 CSS 源码映射表（Bootstrap. *. map），可以在某些浏览器的开发工具中使用。同时还包含了来自 Glyphicons 的图标字体。

- Bootstrap. css：完整的 Bootstrap 样式表（未经压缩），可供开发时进行调试使用。
- Bootstrap. min. css：经过压缩的 Bootstrap 样式表，内容和 Bootstrap. css 完全一样，但是将空格和注释等不需要的内容进行了删减，比 Bootstrap. css 小，可以在部署网站时引用。Bootstrap. css 和 Bootstrap. min. css 这两个文件，引用其中一个即可。
- Bootstrap-theme. css：Bootstrap 框架主题样式表，网站项目不需要各种复杂的主题样式，就不需要引用这个文件。
- Bootstrap-theme. min. css：与 Bootstrap-theme. css 作用一样，是 Bootstrap-theme. css 的压缩版。
- Bootstrap. js：Bootstrap 的所有 JavaScript 指令的集和，网站设计中所有的 JavaScript 效果都是由这个文件控制的。
- Bootstrap. min. js：内容和 Bootstrap. js 一样，是 Bootstrap. js 的压缩版。

(3)基本模板。本节将说明怎样使用 Bootstrap 框架文件。首先打开 Dreamweaver，新建一个站点文件，取名为 12 章，将 Bootstrap 包里的 3 个文件夹都放入一个文件夹，取名为 library，然后将该文件夹加入新建的站点文件中，然后建立 Task12-1. html 文档。

打开 Task12-1. html 文件，书写代码引入 Bootstrap 框架文件。

```
<!doctype html>
<html lang="zh-cn">
  <head>
    <meta charset="utf-8">
    <meta http-equiv="X-UA-Compatible" content="IE=edge">
    <meta name="viewport" content="width=device-width, initial-scale=1">
    <!--上述 3 个 meta 标签必须放在最前面，任何其他内容都必须紧跟其后-->
    <title>Bootstrap 组件</title>
    <!--第一步-->
    <link href="library/css/Bootstrap.min.css" rel="stylesheet">
  </head>
  <body style="margin:50px;">
   <p>Bootstrap 框架的使用</p>
  <!--第二步-->
    <script src="library/js/jquery.min.js"></script>
    <!--第三步-->
    <script src="library/js/Bootstrap.min.js"></script>
  </body>
</html>
```

使用 Bootstrap 框架文件主要分为以下 3 个步骤。

①引入 Bootstrap 的 CSS 文件。在<title></title>标签下方通过<link>标签的

href 属性引入 Bootstrap 的 CSS 文件(使用相对路径)。

②引入 jQuery 库。在</body>标签上方通过<script>标签的 src 属性引入 jQuery 文件。注意必须在加载 Bootstrap. min. js 文件之前引入 jQuery 文件。还有一点就是，引入的 jquery. min. js 并不存在于 Bootstrap 框架中，需要读者在网上提前下载下来存储使用。

```
<script src="library/js/jquery.min.js"></script>
```

也可以直接使用网上提供的 jQuery 插件源文件，代码如下。

```
<script src="https://cdn.bootcss.com/jquery/1.12.4/jquery.min.js"></script>
```

③引入 Bootstrap 的 JavaScript 文件。一般我们在引入 jQuery 文件后紧接着引入 JavaScript 文件。并且为了管理方便，我们一般把 jQuery 文件和 JavaScript 文件都存放在 js 文件夹中。

在 Google 浏览器中按 F12 键打开浏览器编辑窗口，可以看到默认的 Bootstrap 的样式文件，说明引入成功，如图 12-2 所示。

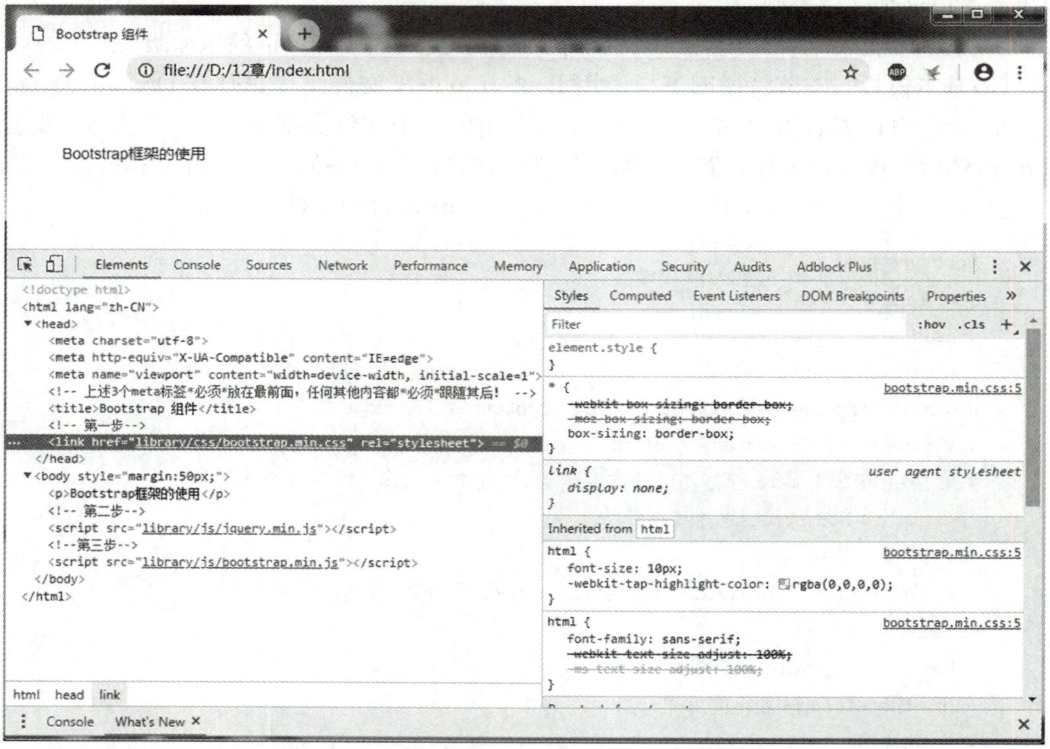

图 12-2　index 页面编辑文件图

通过以上操作我们可以直接使用 Bootstrap 框架了，仔细查看 HTML 文件可以发现，我们只使用 Bootstrap 框架文件中的 3 个文件，其余文件都没有使用，为了使站点文件更加简洁、清晰，建议读者删除不用的文件。

第 13 章 Bootstrap 布局

13.1 响应式 Web 页面

13.1.1 任务目标

- 理解默认的网格布局的结构。
- 掌握 Bootstrap 布局容器的使用方法。
- 掌握 Bootstrap 响应式布局设计页面的方法。
- 掌握 Bootstrap 通过栅格系统进行网页布局的方法。

13.1.2 任务描述

引入 Bootstrap 框架，制作图 13-1 所示的响应式测试网页。浏览器在不同像素下将会有不同效果。如果屏幕宽度为 700～1 200 px，则主要内容区域分为并列两栏显示。如果屏幕宽度为 480～700 px，则主要内容区域分为上下两栏显示，如图 13-2 所示。如果屏幕宽度在 480 px 以下，则将分类导航隐藏，只留下主内容区，如图 13-3 所示。

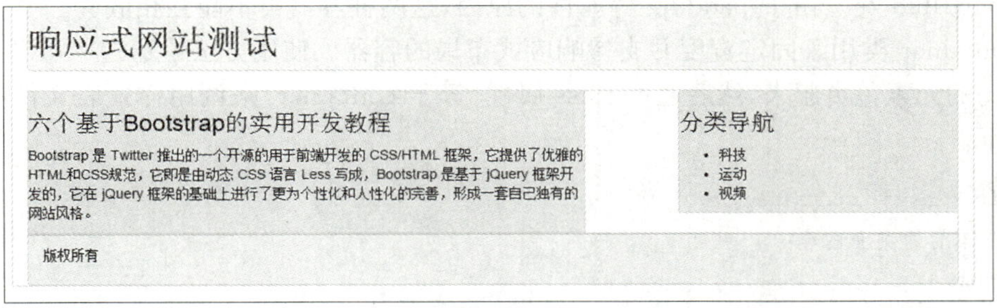

图 13-1　响应式测试网页 PC 端效果图

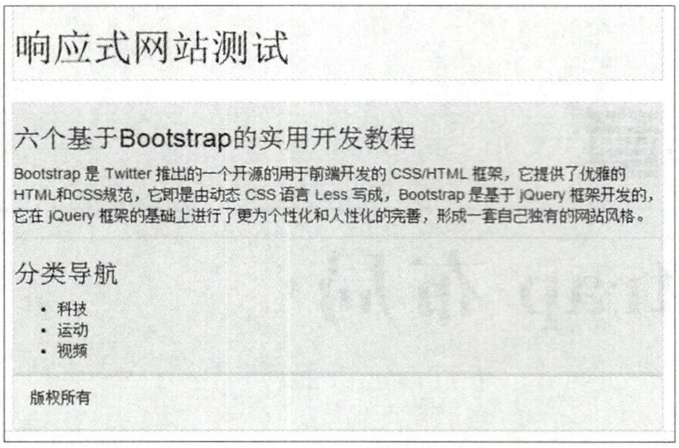

图 13-2　响应式测试网页平板端效果图

图 13-3　响应式测试网页移动端效果图

13.1.3　任务知识

1. 移动设备优先

在 Bootstrap 3 中开发小组重写了整个框架，使其一开始就是对移动设备友好的。这次不是简单地增加一些可选的针对移动设备的样式，而是直接融合进框架的内核中。也就是说，Bootstrap 是移动设备优先的。针对移动设备的样式融合进了框架的每个角落，而不是增加一个额外的文件。为了确保适当的绘制和触屏缩放，需要在 <head> 之中添加 viewport 元数据标签。

```
<meta name="viewport" content="width=device-width, initial-scale=1">
```

在移动设备浏览器上，通过将视口(viewport)设置 meta 属性为“user-scalable=no”可以禁用其缩放(zooming)功能。这样，用户只要滚动屏幕就能让我们制作的网站看上去更像原生应用。

```
<meta name="viewport" content="width=device-width, initial-scale=1, maximum-scale=1,
user-scalable=no">
```

2. 布局容器

Bootstrap 为页面内容和栅格系统提供了两种包裹类容器，分别为. container 类和. container-fluid 类。由于 padding 等属性的原因，这两种容器类不能互相嵌套。

. container 类用于固定宽度并支持响应式布局的容器。使用方法是通过<div>标签将需要布局的元素包裹起来，然后通过 class 属性(等于 container)来调用样式表文件布局，其代码如下。

```
<div class="container">
需要布局的页面内容
</div>
```

. container-fluid 类用于 100% 宽度，占据全部视口的容器。使用方法与 container 类相同。

```
<div class="container-fluid">
需要布局的页面内容
</div>
```

3. 响应式布局

CSS 有@media(媒体查询)功能,可以检测出用户设备的屏幕大小。然后,可针对相应屏幕实现更加优化的体验。使用语法如下。

```
@media screen and (max-width:屏幕尺寸) {
/*自定义样式*/
}
```

例如,如下代码的含义是 480 px 以下的 header 元素所占屏幕跨度为 80%。

```
@media screen and (max-width:480px) {
#header {
  width: 80%;
}
}
```

由于网页需要根据屏幕宽度自动调整布局,因此不能使用绝对宽度来指定元素宽度,只能指定百分比宽度,而百分比宽度的换算公式为

目标元素宽度÷父盒子宽度=百分比宽度

网页字体大小也不建议使用绝对大小(px),建议使用相对大小(em)。用户浏览器默认的渲染字体大小是 16 px,1 em=16 px。例如,定义一级标题大小是 1.5 em,换算成像素就是 1.5×16=24 px。使用 em 来替代 px 设置字体大小的好处是,em 的实际大小是相对于父元素的字体大小而言的,如果在上文中设置字体为 100%,下文的字体都使用 em,则在页面整体发生改变时,下文中的字体都会随着上文的变化而变化。

13.1.4 任务实施

任务描述中需完成的网页是一个响应式测试网页,根据访问设备的不同,页面的显示效果也将不同。在 Dreamweaver CS6 中,创建网页文件,在文档的头部区域定义 meta 标签,大多数浏览器将网页页面放大为宽的视图以符合屏幕分辨率。这是使用 meta 标签来进行重置,让浏览器使用设备宽度作为视图宽度并禁止初始的缩放。由于该样例不需要复杂样式效果,因此,只在头部区域引入 Bootstrap 的 css 文件和自定义的 css 文件。

```
<!doctype html>
<html lang="zh-cn">
  <head>
    <meta charset="utf-8">
    <meta http-equiv="X-UA-Compatible" content="IE=edge">
    <meta name="viewport" content="width=device-width, initial-scale=1">
    <!--上述 3 个 meta 标签必须放在最前面,任何其他内容都必须紧随其后-->
```

```
<title>响应式网站</title>
<link href="library/css/bootstrap.min.css" rel="stylesheet">
    <!--引入 css 文件 -->
    <link href= "css/Task13-1.css" rel="stylesheet">
  </head>
```

设计 HTML 页面结构，整个页面基本布局包括头部、内容、侧边栏和页脚。头部为导航样式，内容容器宽度为 60%，侧边栏宽度是 30%。该页面的 HTML 具体代码见 Task13-1.html。

HTML 页面设计完成后，需要完成 CSS 页面的设计。在站点文件的 css 文件夹下新建 CSS 文件，对 HTML 页面的元素进行排版。其中，CSS Media Query（媒介查询）是响应式设计的核心，当视图宽度小于等于 1 200 px 时，会将主要容器设置为百分比以使容器大小自适应。

```
@media screen and (max-width:1200px) {
  #content {
    width: 60%;
  }
  #sidebar {
    width: 30%;
  }
}
```

在视图宽度小于等于 700 px 时，指定的 #content 和 #sidebar 的宽度为自适应并清除浮动。

```
@media screen and (max-width:700px) {
  #content {
    width: auto;
    float: none;
  }
  #sidebar {
    width: auto;
    float: none;
  }
}
```

在视图屏幕小于等于 480 px（移动端屏幕）时，将 #sidebar 进行隐藏。

```
@media screen and (max-width:480px) {
  #sidebar {
    display: none;
  }
}
```

页面完整的 CSS 代码见 Task13-1. css。

13.1.5 任务实训

使用 Bootstrap 基本框架，设计图 13-4～图 13-6 所示的响应式简介网页，对于桌面浏览环境，页面采用左右两列式布局方式。通过 Media Query 检测宽度小于 850 px 的设备分辨率，将页面调整为单列布局方式。当屏幕设备进一步减小到 480 px 时，将图片的排列方式由一行四列变为一行两列，并对字体大小进行调整。

图 13-4　示例在 PC 屏幕显示效果图

图 13-5　示例在小屏幕显示效果图

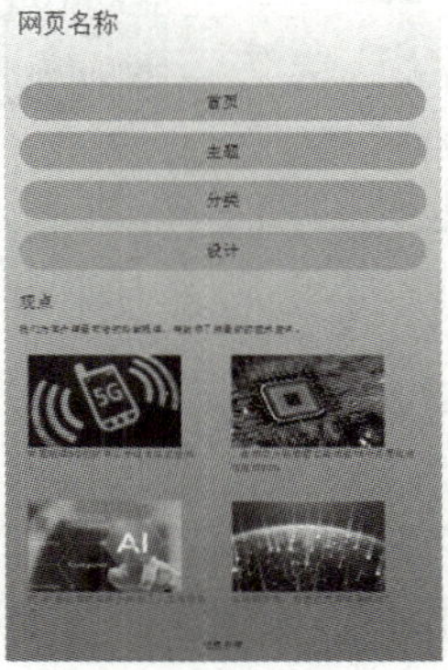

图 13-6　示例在超小屏幕显示效果图

与响应式页面设计类似，网站页面 HTML 具体代码见 Task13-2. html，CSS 页面项目代码见 Task13-2. css。

13.2 制作旅游介绍网页

13.2.1 任务目标

· 了解网页栅格系统的设计基础。

- 掌握 Bootstrap 栅格系统。
- 掌握 Bootstrap 响应设备类型。
- 掌握 Bootstrap 固定栅格和流式栅格。
- 掌握 Bootstrap 栅格堆叠和水平排列。

13.2.2 任务描述

引入 Bootstrap 框架，制作图 13-7 所示的旅游介绍网页。如果屏幕设备是中等屏幕（桌面浏览器），则主要内容区域分为并列 2 栏显示，侧边栏占 2 列，热门推荐区占 10 列。图片排列为每行 3 列显示。

图 13-7 旅游介绍网页 PC 屏幕效果图

如果屏幕设备是小屏幕（平板浏览器），则主要内容区域分为并列 2 栏显示，侧边栏占 4 列，热门推荐区占 8 列。图片排列为每行 2 列显示，如图 13-8 所示。

如果屏幕设备是超小屏幕（手机浏览器），则将侧边栏隐藏，只留下主要内容区域并在一行中显示一副图片，如图 13-9 所示。

图 13-8 旅游介绍网页平板设备效果图

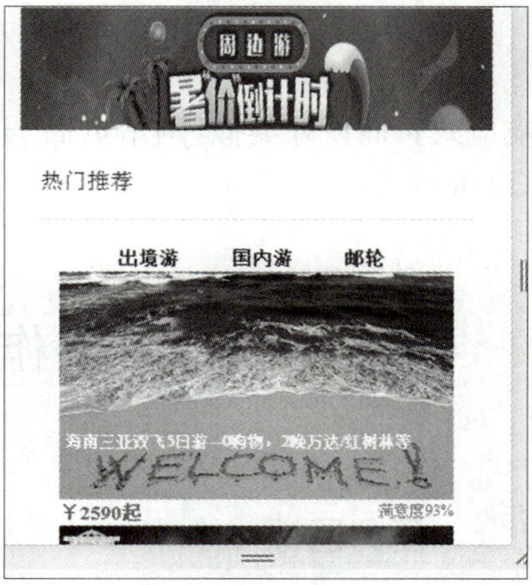

图 13-9 旅游介绍网页手机设备效果图

13.2.3 任务知识

1. 网页栅格系统

栅格系统(grid systems)也可以翻译为网格系统，它运用固定的格子设计版面布局，以规则的网络阵列来指导和规范网页中的版面布局，如图 13-10 所示。运用栅格系统设计页面的优势有：能提高页面的规范性，在栅格系统下，所有组件的尺寸都是有规律的，对于大型网站的开发和维护能节省很多的成本；基于栅格进行设计，可以让网站的所有页面布局保持一致，提升用户体验；对于前端开发工程师来说，页面的布局设计将完全是规范的和可重用的，这将大大节约开发成本；对于内容编辑或广告销售来说，所有的广告都是规则的、通用的，工程师们再也不用做出多张不同尺寸的广告图了。

在网页设计中，如果把页面宽度设置为 W，页面分割成 n 个网格单元 a，每个单元与单元之间的间隙设为 i，此时把 $a+i$ 定义为 A。它们之间的关系如下。

$$W=(a\times n)+(n-1)\times i$$

由于 $a+i=A$，可得 $(A\times n)-i=W$，如图 13-11 所示。

图 13-10　栅格系统效果图

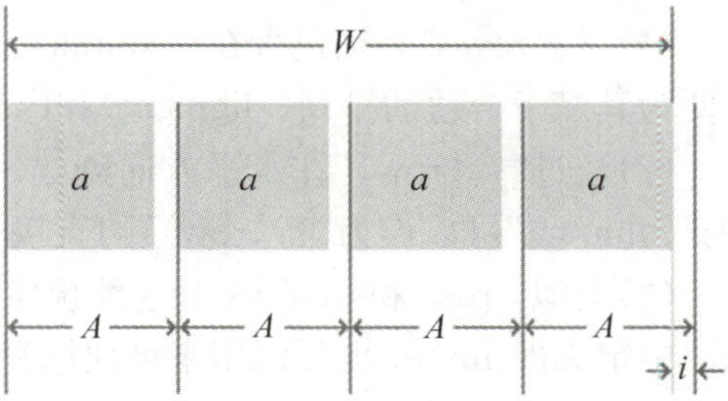

图 13-11　栅格系统示意图

只要改变 A 和 i 的值就可以衍生出任何一种栅格系统，这个根据网站的实际情况来制定。那么如何选择合适的栅格系统，主要通过构成要素与程序、限制与选择、构成要素的比例、组合、虚空间与组合、四边联系与轴的联系、圆与构成、水平构成这些设计元素规划，来实现比例和谐的平面设计。

960 栅格系统的首页展示了各种栅格系统的应用。如图 13-12 所示，网站首页展示了 12×80 栅格的应用。

图 13-13 展示了 16×60 栅格的应用。

图 13-12 12×80 栅格系统切法

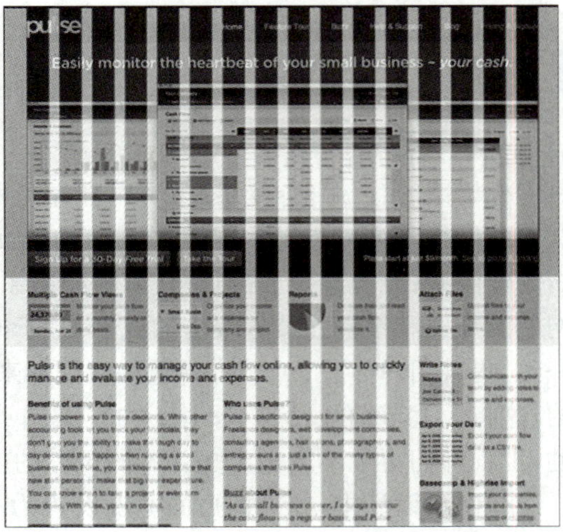

图 13-13 16×60 栅格系统切法

2. Bootstrap 栅格系统

Bootstrap 3 内置了一套响应式、移动设备优先的流式栅格系统，随着屏幕或视口尺寸的增加，系统会自动分为最多 12 列。它包含易于使用的预定义类，还有强大的 mixin 用于生成更具语义的布局。

栅格系统用于通过一系列的行（row）与列（column）的组合来创建页面布局。下面就介绍一下 Bootstrap 栅格系统的工作原理。

（1）“行（row）”必须包含在 .container（固定宽度）或 .container-fluid（100% 宽度）中，以便为其赋予合适的排列（aligment）和内补（padding）。

（2）通过“行（row）”在水平方向创建一组“列（column）”，列的总数应该是 12，并且只有“列（column）”可以作为“行（row）”的直接子元素。

（3）类似 .row 和 .col-xs-4 这种预定义的类，可以用来快速创建栅格布局。Bootstrap 源码中定义的 mixin 也可以用来创建语义化的布局。

（4）通过为“列（column）”设置 padding 属性，从而创建列与列之间的间隔（gutter）。通过为 .row 元素设置负值 margin，从而抵消掉为 .container 元素设置的 padding，也就间接为“行（row）”所包含的“列（column）”抵消掉了 padding。

（5）栅格系统中的列通过指定 1 到 12 的值来表示其跨越的范围。

（6）如果一“行（row）”中包含的“列（column）”大于 12，多余的“列（column）”所在的元素将被作为一个整体另起一行排列。

在栅格系统中，在 Less 文件中使用以下媒体查询（media query）来创建关键的分界点阈值。

```
/* 超小屏幕(手机,小于 768 px) */
/* 没有任何媒体查询相关的代码,因为这在 Bootstrap 中是默认的 */
/* 小屏幕(平板,大于等于 768 px) */
@media (min-width: @screen-sm-min) { ... }
/* 中等屏幕(桌面显示器,大于等于 992 px) */
```

```
@media (min-width: @screen-md-min) { ... }
/* 大屏幕(大桌面显示器,大于等于 1 200 px) */
@media (min-width: @screen-lg-min) { ... }
```

Bootstrap 3 使用了 4 种栅格选项来形成栅格系统,这 4 种栅格选项的区别在于适合不同尺寸的屏幕设备,具体介绍如表 13-1 所示。

表 13-1　栅格参数表

栅格系统	屏　幕			
	超小屏幕 手机 (<768 px)	小屏幕平板 (≥768 px)	中等屏幕桌面 显示器(≥992 px)	大屏幕大桌面 显示器(≥1 200 px)
栅格系统行为	总是水平排列	开始是堆叠在一起的,当大于这些阈值时将变为水平排列		
. container 最大宽度	None (自动)	750 px	970 px	1 170 px
类前缀	. col-xs-	. col-sm-	. col-md-	. col-lg-
列(column)数	12			
最大列(column)宽	自动	62 px	81 px	97 px
槽(gutter)宽	30 px (每列左右均有 15 px)			
可嵌套	是			
偏移(offsets)	是			
列排序	是			

在表 13-1 中,类前缀的取值分别是. col-xs-、. col-sm-、. col-md-和. col-lg-。其中,lg 是 larger 的缩写,md 是 mid 的缩写,sm 是 small 的缩写,xs 是 extrasmall 的缩写。这样的命名就体现了这几种 class 使用不同的屏幕宽度。例如,使用. col-xs 适合小于 768 px 的超小屏幕。

栅格系统可以让用户在不同尺寸的设备上看见不同的布局效果,示例 HTML 页面 Example13-1. html 代码如下。

```
<!doctype html>
<html lang="zh-cn">
<head>
<meta charset="utf-8">
<meta http-equiv="X-UA-Compatible" content="IE=edge">
<meta name="viewport" content="width=device-width, initial-scale=1">
<!--上述 3 个 meta 标签必须放在最前面,任何其他内容都必须跟随其后-->
<title>Example13-1 网页</title>
<!-- Bootstrap -->
<link href="css/bootstrap.min.css" rel="stylesheet">
<style>
body{
  height:1000px;
  }
```

```
.border {
  border: 1px solid #ccc;
}
h3 {
  text-align: center;
}
</style>
</head>
<body>
<h3>Bootstrap 栅格系统效果展示</h3>
<div class="container">
  <div class="row">
    <div class="col-md-12">
      <p>通过"行(row)"在水平方向创建一组"列(column)",列的总数应该是 12。并且,只有"列(column)"可以作为"行(row)"的直接子元素。</p>
    </div>
  </div>
  <div class="row">
    <div class="col-md-1  border">1 列</div>
    <div class="col-md-1  border">2 列</div>
    <div class="col-md-1  border">3 列</div>
    <div class="col-md-1  border">4 列</div>
    <div class="col-md-1  border">5 列</div>
    <div class="col-md-1  border">6 列</div>
    <div class="col-md-1  border">7 列</div>
    <div class="col-md-1  border">8 列</div>
    <div class="col-md-1  border">9 列</div>
    <div class="col-md-1  border">10 列</div>
    <div class="col-md-1  border">11 列</div>
    <div class="col-md-1  border">12 列</div>
  </div>
  <div class="row">
    <div class="col-md-12">
      <p>栅格系统中的列通过指定 1 到 12 的值来表示其跨越的范围。</p>
    </div>
  </div>
  <div class="row">
    <div class="col-md-3 col-xs-6 border">3 列</div>
    <div class="col-md-3 col-xs-6 border">3 列</div>
    <div class="col-md-3 col-xs-6 border">3 列</div>
    <div class="col-md-3 col-xs-6 border">3 列</div>
  </div>
```

```
</div>
</body>
</html>
```

用浏览器打开 Example13-1. html 文件，其效果如图 13-14 和图 13-15 所示。

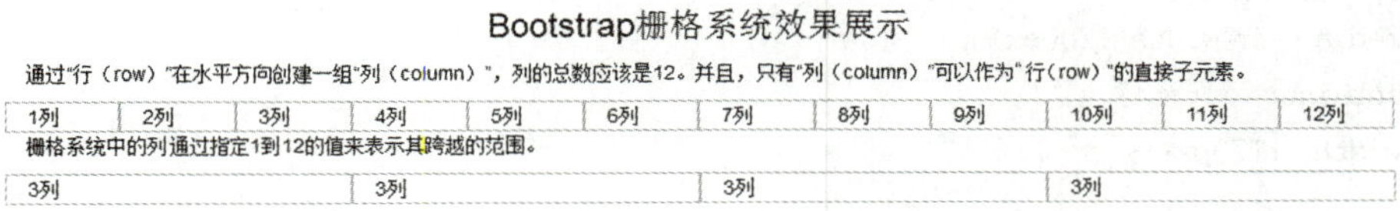

图 13-14　Example13-1. html 显示效果

将浏览器窗口调整至小屏幕时，. col-xs-6 设置生效，页面网格会变为两列。当一行的列数和大于 12 时会另起一行排列，所以显示了 4 行。

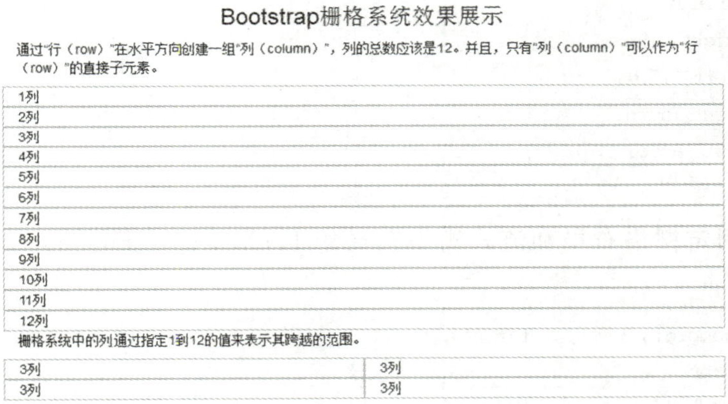

图 13-15　Example13-1. html 在缩小浏览器中的显示效果

3. Bootstrap 固定栅格和流式栅格

Bootstrap 3 在默认状态下支持响应式布局，. container 将根据设备类型调整自身宽度，bootstrap. min. css 样式代码如下。

```
.container {
  padding-right: 15px;
  padding-left: 15px;
  margin-right: auto;
  margin-left: auto;
}
@media (min-width:768px) {
.container {
  width: 750px;
}
}
```

```
@media (min-width:992px) {
.container {
  width: 970px;
}
}
@media (min-width:1200px) {
.container {
  width: 1170px;
}
}
```

但是流式栅格与固定式栅格不同，.container-fluid 不再声明宽度，确保整个布局满屏显示，bootstrap.min.css 样式代码如下。

```
.container-fluid {
  padding-right: 15px;
  padding-left: 15px;
  margin-right: auto;
  margin-left: auto;
}
```

分别使用固定栅格布局和流式栅格布局的 HTML 页面 Example13-2.html 的代码如下。

```
<title>Example13-2 网页</title>
<!-- Bootstrap -->
<link href="css/bootstrap.min.css" rel="stylesheet">
<style>
body {
  height: 500px;
}
div {
  border: 1px solid #ccc;
}
h3 {
  text-align: center;
}
</style>
</head>
<body>
<h3>Bootstrap 固定栅格布局系统</h3>
<div class="container">
  <div class="row">
    <div class="col-md-4"> 列宽 4 格 </div>
```

```
        <div class="col-md-4"> 列宽 4 格 </div>
        <div class="col-md-4"> 列宽 4 格 </div>
      </div>
    </div>
    <h3>Bootstrap 流式栅格布局系统</h3>
    <div class="container-fluid">
      <div class="row">
        <div class="col-md-4"> 列宽 4 格 </div>
        <div class="col-md-4"> 列宽 4 格 </div>
        <div class="col-md-4"> 列宽 4 格 </div>
      </div>
    </div>
    </body>
```

固定栅格布局如图 13-16 所示，可以看见，当屏幕宽度为 768～992 px 时，根据媒体查询响应. container 的宽度是固定为 750 px 的，屏幕左右宽度会自动补白。

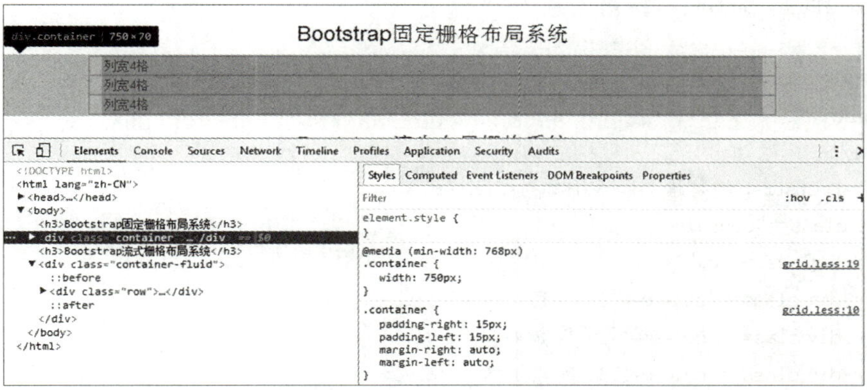

图 13-16　Example13-2. html 固定栅格布局效果图

流式栅格布局如图 13-17 所示，. container-fluid 的宽度是占满整个屏幕，并随着屏幕宽度而自动改变。

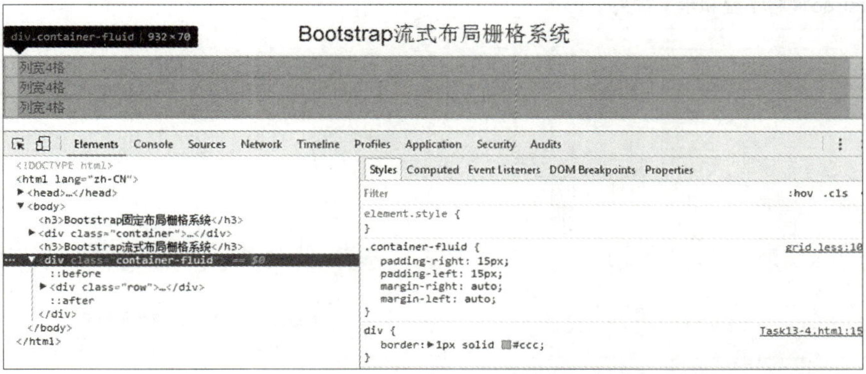

图 13-17　Example13-2. html 流式栅格布局效果图

4. Bootstrap 栅格堆叠和水平排列

Bootstrap 3 栅格系统中列的基本布局形式是堆叠和水平排列使用一组。col-sm-4 栅格在手机上显示为堆叠布局，在平板及桌面屏幕设备上 3 个变为水平排列。示例 HTML 页面 Example13-3. html 的效果如图 13-18 和图 13-19 所示，代码如下。

```
<title>Example13-3 网页</title>
<!-- Bootstrap -->
<link href="css/bootstrap.min.css" rel="stylesheet">
<style>
body {
  height: 500px;
}
div {
  border: 1px solid #ccc;
}
h3 {
  text-align: center;
}
</style>
</head>
<body>
<h3>Bootstrap 栅格堆叠和水平排列</h3>
<div class="container">
  <div class="row">
    <div class="col-sm-4"> 列宽 4 格 </div>
    <div class="col-sm-4"> 列宽 4 格 </div>
    <div class="col-sm-4"> 列宽 4 格 </div>
  </div>
</div>
</body>
```

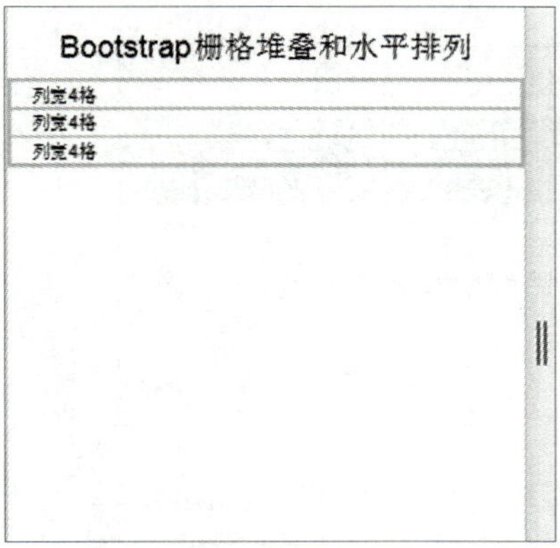

图 13-18　栅格堆叠效果图

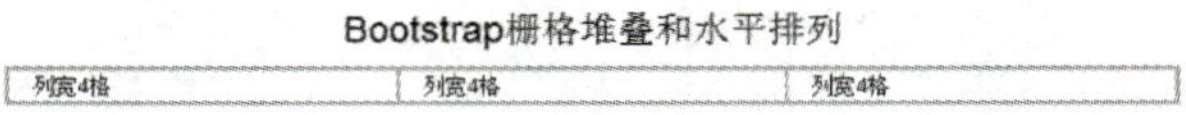

图 13-19　栅格水平排列效果图

13.2.4 任务实施

任务描述中需完成的网页是一个响应式旅游页面，其中采用了栅格系统进行布局，针对不同的设备可以看见不同的布局效果。侧边栏只在桌面屏幕进行显示，当设备变为移动设备时将隐藏。整个页面的布局如图 13-20 所示。

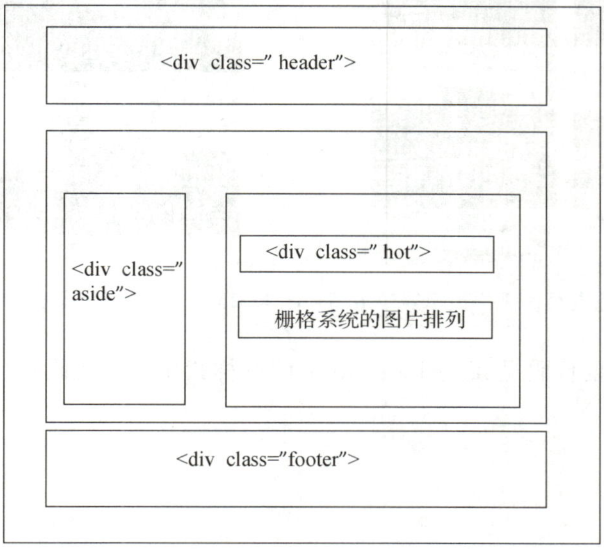

图 13-20　旅游页面布局图

HTML 项目主要代码见 Task13-3. html，CSS 样式主要源代码见 Task13-3. css。

13.2.5 任务实训

参照项目任务完成一个响应式旅游页面，采用栅格系统进行布局。桌面显示屏、平板显示屏和移动端显示屏的效果如图 13-21～图 13-23 所示。

图 13-21　响应式旅游页面桌面显示屏效果图

图 13-22　响应式旅游页面平板显示屏效果图　图 13-23　响应式旅游页面移动端显示屏效果图

HTML 项目主要代码见 Task13-4. html，CSS 样式主要源代码见 Task13-4. css。

14 第14章 Bootstrap样式

14.1 制作天气预报网页

14.1.1 任务目标

- 掌握 Bootstrap 框架的通用样式。
- 掌握 Bootstrap 框架文本排版的设置方法。
- 掌握 Bootstrap 框架表格的使用方法。
- 掌握 Bootstrap 框架中 JavaScript 插件标签页的创建和使用方法。

14.1.2 任务描述

使用 Bootstrap 3 的通用样式和 JavaScript 插件制作天气预报网页。页面包括 3 个标签页，默认显示 5 天内的国内天气情况，单击降水量显示当天 24 小时的降雨量，单击相关指数可以查看穿衣运动等指数。显示效果如图 14-1～图 14-3 所示。

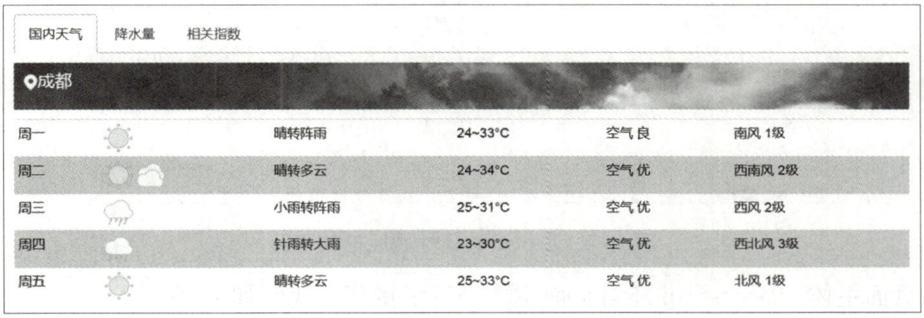

图 14-1　国内天气预报页面效果图

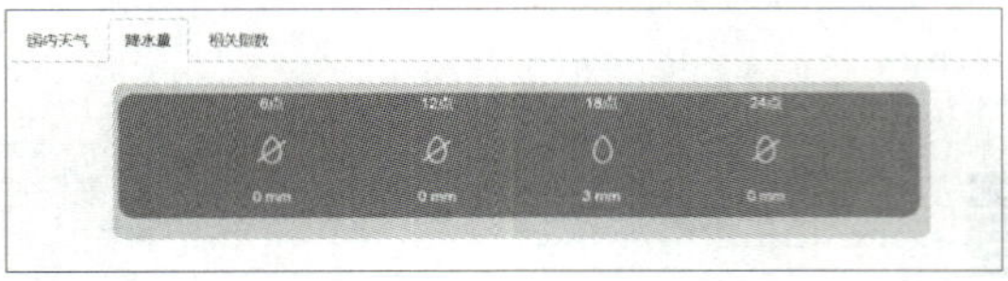

图 14-2 降水量页面效果图

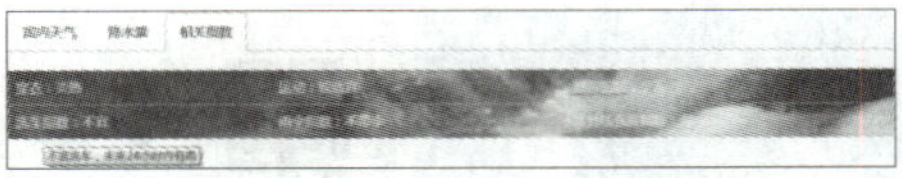

图 14-3 相关指数页面效果图

14.1.3 任务知识

1. 排版

Bootstrap 重写了 HTML 默认样式，实现了对页面排版的优化，提供优雅、一致的页面和元素表现。包括 HTML 中的标题、页面主体、内联文本元素、文本对齐方式、文本大小写、文本缩略语和列表等，能够满足网页设计最基本的需求。让网页设计师通过基础简洁的语法就可快速制作出精美的页面。

(1)标题。在 Bootstrap 中，<h1> 到 <h6> 均可使用。另外，还提供了 .h1 到 .h6 类，为的是给内联(inline)属性的文本赋予标题的样式。代码如下。

```
<body>
  <h1>一级标题</h1>
  <div class="h1">一级标题 内联(inline)属性的文本 </div>
</body>
```

在浏览器中的查看效果如图 14-4 所示。从显示效果可知，Bootstrap 对标题进行了优化，一级字体大小固定为 36 px，重设上下边界为固定值，固定所有标题行高为 1.1，避免不同级别标题行高不一致影响排版风格统一。

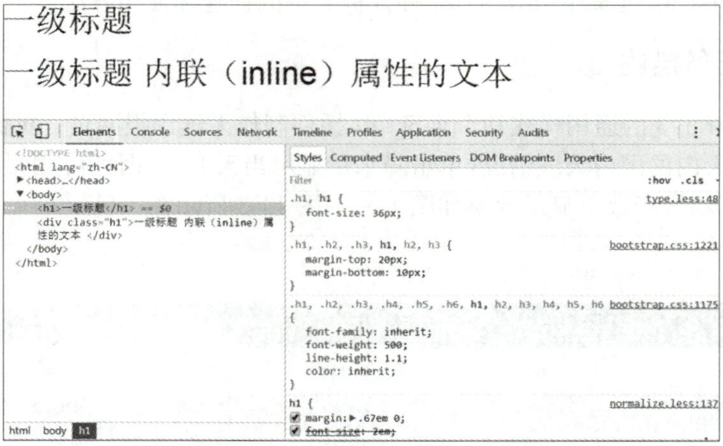

图 14-4 Bootstrap 3 标题风格效果图

(2)页面主体。Bootstrap 还对页面主体进行了重写。代码如下。

```
body {
  font-family: "Helvetica Neue",Helvetica,Arial,sans-serif;
```

```
    font-size: 14px;
    line-height: 1.42857143;
    color: #333;
    background-color: #fff;
}
```

(3)对齐。Bootstrap 定义了 5 个对齐类样式。代码如下。

```
<p class="text-left">Left aligned text.</p>
<p class="text-center">Center aligned text.</p>
<p class="text-right">Right aligned text.</p>
<p class="text-justify">Justified text.</p>
<p class="text-nowrap">No wrap text.</p>
```

(4)缩略语。缩略语是指当鼠标指针悬停在缩写和缩写词上时就会显示完整内容，Bootstrap 实现了对 HTML 的 <abbr> 元素的增强样式。缩略语元素带有 title 属性，外观表现为带有较浅的虚线框，当鼠标指针移至上面时会变成带有“问号”的指针。若想查看完整的内容，可把鼠标指针悬停在缩略语上(对使用辅助技术的用户也可见)，但需要包含 title 属性。示例页面 Example14-1.html 的代码如下。

```
<p>
<abbr title="HyperText Markup Language">HTML</abbr>
超文本标记语言是一种用于创建网页的标准标记语言。
</p>
```

效果如图 14-5 所示。

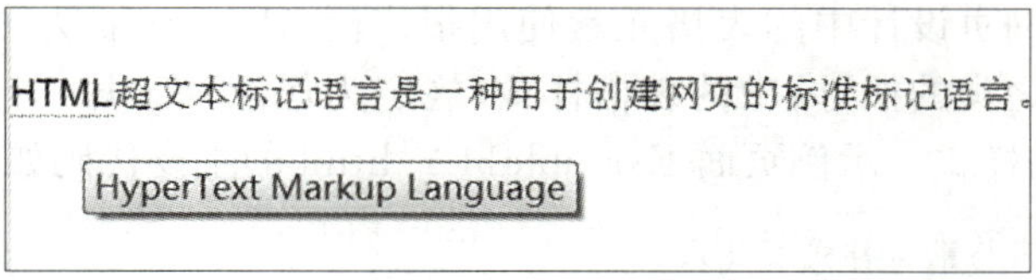

图 14-5　缩略语效果图

(5)列表。HTML 的列表结构分为有序列表和无序列表。Bootstrap 3 定义了 list-unstyled，移除默认的列表样式，清理左侧填充，这里选择无序列表进行说明。示例页面 Example14-1.html 的主要代码如下。

```
<h3>移除样式列表</h3>
<ul class="list-unstyled">
<li>列表项</li>
<li>列表项</li>
<li>列表项</li>
</ul>
```

未添加 list-unstyled 样式的列表和添加了 list-unstyled 样式的列表对比效果如图 14-6 所示。

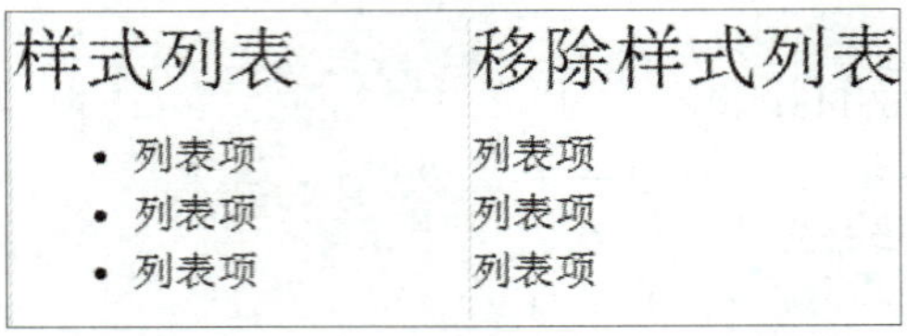

图 14-6　列表样式对比效果图

Bootstrap 3 还定义了 list-inline 类，让列表水平排列。示例页面 Example14-1. html 的代码如下。

```
<h3>列表水平排列</h3>
<ul class="list-inline">
<li>列表项</li>
<li>列表项</li>
<li>列表项</li>
</ul>
```

效果如图 14-7 所示。

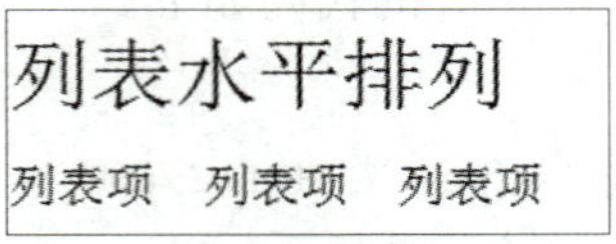

图 14-7　列表水平排列效果图

2. 表格

(1)基本表格。网页设计中的表格元素使用很广泛，Bootstrap 为了避免破坏其他插件(如日历和日期选择之类的插件)中的表格样式，规定为任意 <table> 标签添加 . table 类才能为其赋予基本的样式。示例页面 Example14-2. html 的主要代码如下。

```
<h3>Bootstrap 表格默认样式</h3>
<table class="table">
  <tr>
    <td>品牌</td>
    <td>入门价(元/GB)</td>
    <td>最优价(元/GB)</td>
  </tr>
  <tr>
    <td >阿里云</td>
    <td>0.27</td>
    <td>0.17</td>
  </tr>
  <tr>
    <td >腾讯云</td>
    <td>0.34</td>
```

```
        <td>0.28</td>
    </tr>
    <tr>
        <td >UCLOUD</td>
        <td>0.34</td>
        <td>0.20</td>
    </tr>
    <tr>
        <td >金山云</td>
        <td>0.36</td>
        <td>0.26</td>
    </tr>
</table>
```

为表格引用.table 样式的效果如图 14-8 所示。

Bootstrap表格默认样式

品牌	入门价(元/GB)	最优价(元/GB)
阿里云	0.27	0.17
腾讯云	0.34	0.28
UCLOUD	0.34	0.20
金山云	0.36	0.26

图 14-8　为表格引用.table 样式的效果

(2)条纹状表格。Bootstrap 3 通过.table-striped 类可以给表格内的每一行增加斑马条纹样式。需要注意的是,条纹状表格是依赖:nth-child CSS 选择器实现的,而这一功能不被 IE 8 及其以下版本的浏览器所支持。为上述表格引用.table-striped 样式的效果如图 14-9 所示。

Bootstrap条纹状表格

品牌	入门价(元/GB)	最优价(元/GB)
阿里云	0.27	0.17
腾讯云	0.34	0.28
UCLOUD	0.34	0.20
金山云	0.36	0.26

图 14-9　为表格引用.table-striped 样式的效果

(3)边框和鼠标指针悬停。Bootstrap 3 通过.table-bordered 类为表格和其中的每个单元格增加边框。.table-hover 类可以为表格中的每一行赋予鼠标悬停样式。为上述表格引用.table-bordered 样式的效果如图 14-10 所示。

Bootstrap边框和鼠标悬停效果

品牌	入门价(元/GB)	最优价(元/GB)
阿里云	0.27	0.17
腾讯云	0.34	0.28
UCLOUD	0.34	0.20
金山云	0.36	0.26

图 14-10　为表格引用.table-bordered 样式的效果

(4)紧凑表格和不同状态类单元格。Bootstrap 3 通过.table-condensed 类让单元格中的内补(padding)减半,这样的表格会显得更加紧凑。

Bootstrap 3 为现实应用中的不同情境设置了不同的特殊背景颜色。表格行情境类说明如表 14-1 所示。

表 14-1　表格行情境类说明

类　名	说　明
.active	鼠标悬停在行或单元格上时所设置的颜色
.success	标识成功或积极的动作
.info	标识普通的提示信息或动作
.warning	标识警告或需要用户注意
.danger	标识危险或潜在的带来负面影响的动作

示例页面 Example14-3.html 的主要代码如下。

```
<h3>Bootstrap 紧凑和特殊背景效果</h3>
<div class="table-responsive">
  <table class="table table-bordered table-condensed">
    <tr>
      <th>类名</th>
      <th>说明</th>
    </tr>
    <tr>
      <td class="active">类.active</td>
      <td>鼠标悬停在行或单元格上时所设置的颜色</td>
    </tr>
    <tr>
      <td class="success">类.success</td>
      <td>标识成功或积极的动作</td>
    </tr>
    <tr>
      <td class="info">类.info</td>
      <td>标识普通的提示信息或动作</td>
    </tr>
    <tr>
      <td class="warning">类.warning</td>
      <td>标识警告或需要用户注意</td>
    </tr>
    <tr>
      <td class="danger">类.danger</td>
      <td>标识危险或潜在的带来负面影响的动作</td>
    </tr>
```

```
    </table>
</div>
```

表格显示效果如图 14-11 所示。

Bootstrap紧凑和特殊背景效果

类名	说明
类.active	鼠标悬停在行或单元格上时所设置的颜色
类.success	标识成功或积极的动作
类.info	标识普通的提示信息或动作
类.warning	标识警告或需要用户注意
类.danger	标识危险或潜在的带来负面影响的动作

图 14-11 表格紧凑和不同背景样式效果

(5)响应式表格。Bootstrap 3 可创建响应式表格，其会在小屏幕设备(小于 768 px)上水平滚动。当屏幕大于 768 px 宽度时，水平滚动条消失。其方法是将任何. table 元素包裹在. table-responsive 元素内，示例页面 Example14-4. html 的主要代码如下。

```
<h3>响应式表格</h3>
<div class="table-responsive">
    <table class="table table-bordered table-hover">
        <tr class="info">
            <td>品牌</td>
            <td>入门价(元/GB)</td>
            <td>最优价(元/GB)</td>
            <td>最高价(元/GB)</td>
            <td>价格趋势</td>
            <td>用户满意度</td>
        </tr>
        <tr>
            <td >阿里云</td>
            <td>0.27</td>
            <td>0.17</td>
            <td>0.37</td>
            <td>升</td>
            <td>96%</td>
        </tr>
    ......
    </table>
</div>
```

表格显示效果如图 14-12 所示。

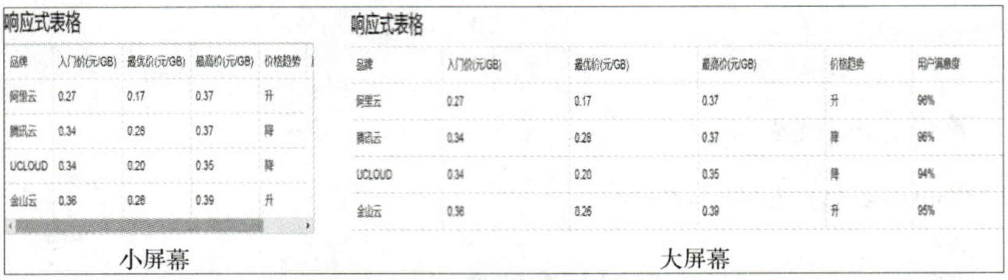

图 14-12　响应式表格效果

3. JavaScript 插件——标签页

Bootstrap 3 标签页需要 JavaScript 插件和 jQuery 插件支持，因此，使用标签页插件之前需要先引入 jQuery. min. js 和 Bootstrap. min. js 文件。使用标签页组件时需要注意以下几点。

(1)导航区内每个超链接的链接定义为锚点链接，锚点值指向对应的标签内容框的ID 值。

(2)导航区内需要使用 tab-content 类定义外边框，使用 tab-pane 类定义内容框。

(3)导航区内为每个超链接定义“data-toggle="tab"”或“data-toggle="pill"”，激活标签页插件。

示例页面 Example14-5. html 的主要代码如下。

```
    <!--标签页导航区-->
  <ul class="nav nav-tabs" role="tablist">
    <li role="presentation" class="active"><a href="#home" data-toggle="tab">首页
</a></li>
    <li role="presentation"><a href="#hot"  data-toggle="pill">热点</a></li>
    <li role="presentation"><a href="#content" data-toggle="tab">内容</a></li>
    <li role="presentation"><a href="#contant" data-toggle="tab">联系我们</a>
</li>
  </ul>
  <!--标签页内容区-->
  <div class="tab-content">
    <div  class="tab-pane active" id="home">首页标签页</div>
    <div  class="tab-pane" id="hot">热点标签页</div>
    <div  class="tab-pane" id="content">内容标签页</div>
    <div  class="tab-pane" id="contant">联系我们标签页</div>
  </div>
```

显示效果如图 14-13 所示。

图 14-13　标签页显示效果

14.1.4 任务实施

该页面导航部分由一个标签页构成，标签页的第一个导航页面（国内天气）由一个 5 行 6 列的<table>构成，第二个导航页面（降水量）由<ul>和多个<li>构成，第三个导航页面（相关指数）由一个 2 行 3 列的<table>构成。

14.1.5 任务实训

对以上项目进行页面扩展，增加一个“未来 5 天”的标签页，在该页面设计一个 5 行 6 列的<table>，采用 Bootstrap 3 框架中的表格样式修饰显示未来 5 天的天气预报，如图 14-14 所示。

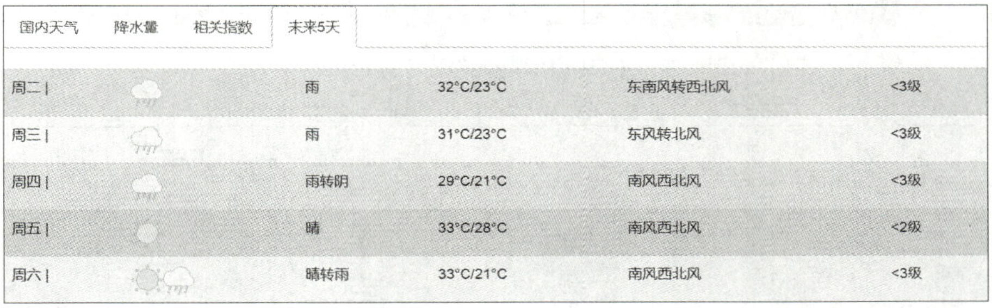

周二 |		雨	32°C/23°C	东南风转西北风	<3级
周三 |		雨	31°C/23°C	东风转北风	<3级
周四 |		雨转阴	29°C/21°C	南风西北风	<3级
周五 |		晴	33°C/28°C	南风西北风	<2级
周六 |		晴转雨	33°C/21°C	南风西北风	<3级

图 14-14 未来 5 天天气预报显示效果

要对当前页面新增标签页，需要先在标签的导航区内增加一个超链接，该页面的 HTML 代码参见 Task14-2. html。

14.2 制作机票预订网页

14.2.1 任务目标

- 掌握 Bootstrap 框架中表单的使用方法。
- 掌握 Bootstrap 框架中按钮的样式及其交互。
- 掌握 Bootstrap 框架中图片和图标的使用方法。
- 掌握 Bootstrap 框架中 JavaScript 模态框的结构和使用方法。
- 掌握 Bootstrap 框架中 JavaScript 下拉菜单的显示和使用方法。

14.2.2 任务描述

使用 Bootstrap 3 的通用样式和 JavaScript 插件完成机票预订网页的制作。页面主要通过标签页分为国内机票和国际/港澳台机票预订两部分，默认显示国内机票查询选项，单击出发城市或到达城市弹出模态框，可以进行城市选择，单击乘客人数，由下拉菜单展示可选择人数。当查看屏幕变小时，页面会随之改变布局方式。显示效果如图 14-15～图 14-17

所示。

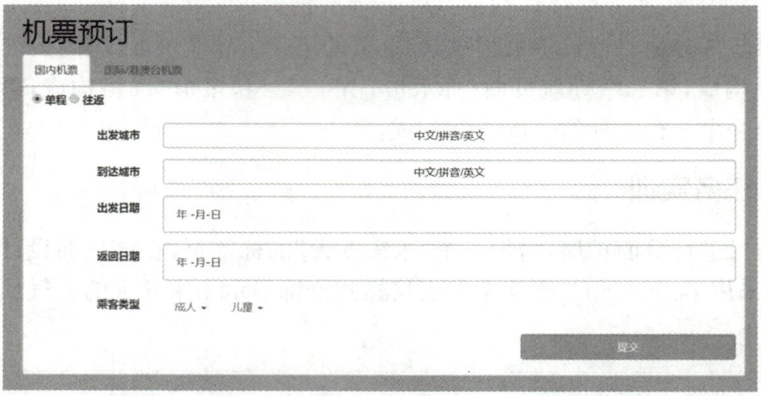

图 14-15　机票预订网页显示效果

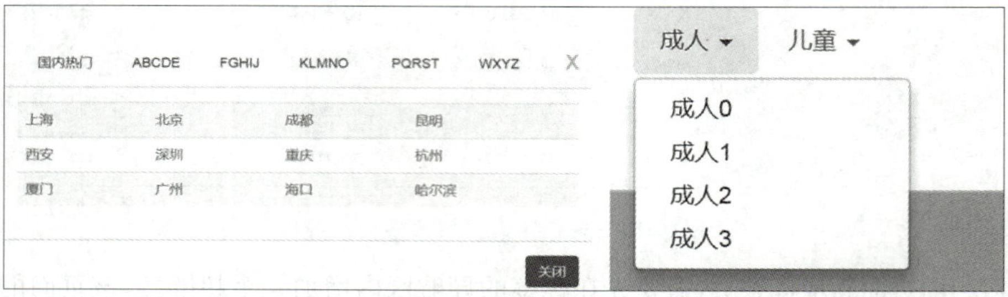

图 14-16　机票预订目的地和人数选择效果

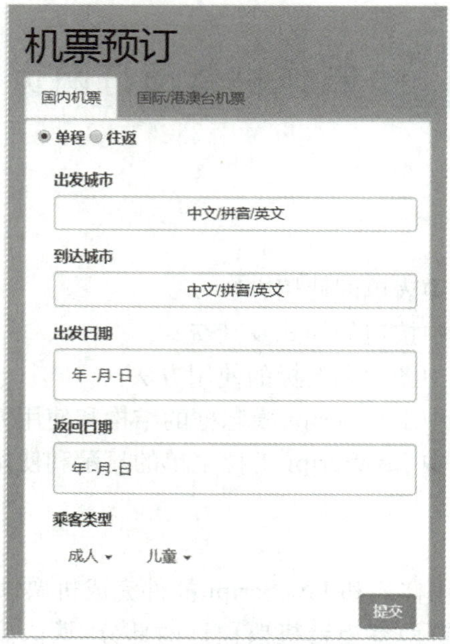

图 14-17　机票预订手机端显示效果

14.2.3 任务知识

1. 表单

表单用于网页中与用户进行交互，收集不同类型的用户输入，包括表单域、输入框、下拉框、单选按钮、复选框、按钮等控件。Bootstrap 支持所有标准表单控件，通过一些简单的 HTML 标签和扩展的类可创建出不同样式的表单，主要分为垂直表单、内联表单和水平表单 3 类。

垂直表单是默认的表单样式，Bootstrap 3 中单独的表单控件会被自动赋予一些全局样式。将标签元素和表单其他控件包裹在 .form-group 中可以获得最好的排列效果。所有设置了 .form-control 类的 <input>、<textarea> 和 <select> 元素都将被默认设置宽度属性为“width：100％；”。示例页面 Example14-5. html 的主要代码如下。

```
<h3>用户登录</h3>
<form>
  <div class="form-group">
    <label for="username">用户名</label>
    <input type="text" class="form-control" id="username" placeholder="请输入用户名">
  </div>
  <div class="form-group">
    <label for="password">Password</label>
    <input type="password" class="form-control" id="password" placeholder="请输入密码">
  </div>
  <div class="checkbox">
    <label><input type="checkbox"> 记住密码 </label>
  </div>
  <button type="submit" class="btn btn-default">提交</button>
</form>
```

页面效果如图 14-18 所示。

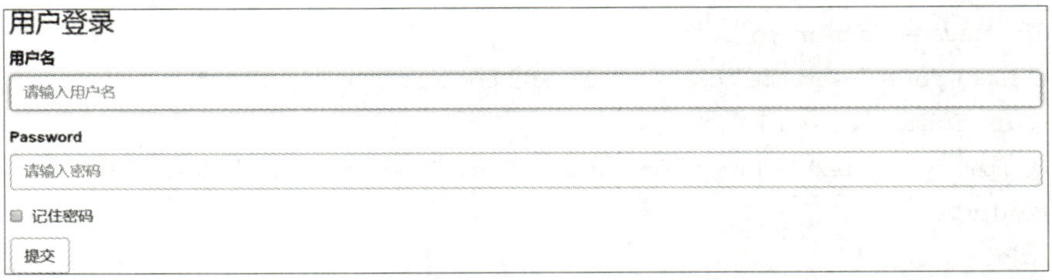

图 14-18　表单控件默认样式效果

Bootstrap 3 创建内联表单，只须为<form>标签引入. form-inline 类样式，可以设计整个表单结构在行内显示。需要注意的是，该规则只适用于视口宽度大于 768 px 时，否则会使表单折叠。在使用内联表单时，读者可以根据自己的需要在表单控件上设计宽度来调整表单样式，还可以通过为<label>标签设置. sr-only 类样式将其隐藏。示例页面 Example14-6. html 的主要代码如下。

```
<h3>用户登录</h3>
<form class="form-inline">
  <div class="form-group">
    <label for="username">用户名</label>
    <input type="text" class="form-control" id="username" placeholder="请输入用户名">
  </div>
  <div class="form-group">
    <label for="password">Password</label>
    <input type="password" class="form-control" id="password" placeholder="请输入密码">
  </div>
  <div class="checkbox">
    <label class="sr-only">
      <input type="checkbox"> 记住密码
    </label>
  </div>
  <button type="submit" class="btn btn-default">提交</button>
</form>
```

页面效果如图 14-19 所示，将看不见记住密码选项框。

图 14-19　内联表单样式效果图

在<form>中添加. form-horizontal 类，将改变. form-group 的行为，若联合使用 Bootstrap 预置的栅格类，可以将 label 标签和控件组水平并排布局。把标签和控件放在一个带有. form-group 类的<div>中，向标签添加. control-label 类，可以对表单样式进行重构。示例页面 Example14-7. html 的主要代码如下。

```
<h3>用户登录</h3>
<form class="form-horizontal" >
  <div class="form-group">
    <label for="username" class="col-md-2 control-label">用户名</label>
    <div class="col-md-10">
    <input type="text" class="form-control" id="username" placeholder="请输入用户名">
    </div>
  </div>
  <div class="form-group">
    <label for="password" class="col-md-2 control-label">Password</label>
    <div class="col-md-10">
    <input type="password" class="form-control" id="password" placeholder="请输入密码">
    </div>
  </div>
```

```
    <div class="checkbox">
      <label class="sr-only">
        <input type="checkbox"> 记住密码
      </label>
    </div>
    <div class="col-sm-offset-2 col-md-10">
    <button type="submit" class="btn btn-default">提交</button>
    </div>
  </form>
```

页面效果如图 14-20 所示。

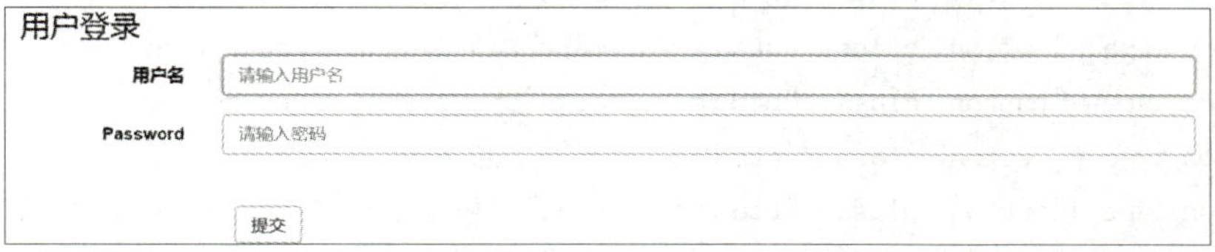

图 14-20 水平布局表单样式效果

2. 按钮

Bootstrap 3 定制了专用的按钮样式类.btn。在页面借助 CSS3 增强的圆角、渐变等表现属性可以设计出多种样式的按钮效果，使网页看起来更加具有吸引力。Bootstrap 3 采用扁平化设计，默认样式为纯色圆角效果。Bootstrap 3 按钮类支持<a>、<button>和<input>标签，按钮类的用法说明如表 14-2 所示。

表 14-2 按钮类的用法说明

类	说　明
.btn	为按钮添加基本样式
.btn-default	默认/标准按钮
.btn-primary	原始按钮演示(未被单击)，亮蓝色
.btn-success	成功，亮绿色
.btn-info	信息，浅蓝色
.btn-warning	警告，黄色
.btn-danger	危险，红色
.btn-link	将按钮转换为超链接样式
.active	激活状态(单击)
.disabled	禁用

Bootstrap 3 还定义了一些类用于控制按钮的大小，如表 14-3 所示。

表 14-3 按钮大小类说明

类	说　明
. btn-lg	大号按钮
. btn-sm	小号按钮
. btn-xs	超小按钮
. btn-block	创建块级按钮

示例页面 Example14-8. html 的主要代码如下。

```
<div class="container" style="margin-top:50px;">
<button type="button" class="btn btn-default">默认按钮</button>
<button type="button" class="btn btn-primary">原始按钮</button>
<button type="button" class="btn btn-success">成功按钮</button>
<button type="button" class="btn btn-info">信息按钮</button>
<button type="button" class="btn btn-warning">警告按钮</button>
<button type="button" class="btn btn-danger">危险按钮</button>
<button type="button" class="btn btn-link">超链接按钮</button>
<a href="#" class="btn btn-lg disabled">禁用大号链接</a>
<a href="#" class="btn btn-sm">小号链接</a>
<a href="#" class="btn btn-xs">超小号链接</a>
</div>
```

按钮样式效果如图 14-21 所示。

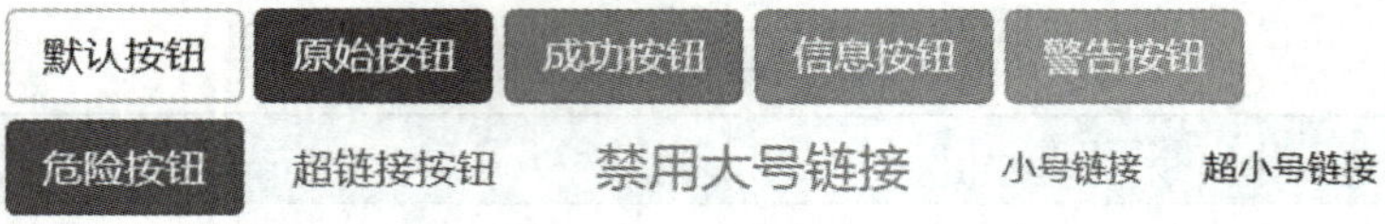

图 14-21 按钮样式效果

3. 图片

Bootstrap 3 为图片设置了“max-width: 100%;”“height: auto;”和“display: block;”属性，使图片支持响应式布局。用法是为图片添加. img-responsive 类，从而让图片在其父元素中更好地缩放。

同时，还为图像定义了 3 个特殊风格的类样式：. img-rounded 为圆角图片，. img-circle 为圆形图片，. img-thumbnail 为镶边图片。示例页面 Example14-9. html 的主要代码如下。

```
<div class="container" style="margin-top:50px;">
<div class="col-md-3 col-xs-6">
<h4>默认效果</h4>
<img src="images/sea.jpg" class="img-responsive">
</div>
<div class="col-md-3 col-xs-6">
```

```
<h4>img-rounded 效果</h4>
<img src="images/sea.jpg" class="img-responsive img-rounded">
</div>
<div class="col-md-3 col-xs-6">
<h4>img-circle 效果</h4>
<img src="images/sea.jpg" class="img-responsive img-circle">
</div>
<div class="col-md-3 col-xs-6">
<h4>img-thumbnail 效果</h4>
<img src="images/sea.jpg" class="img-responsive img-thumbnail">
</div>
</div>
```

图片样式效果如图 14-22 所示。

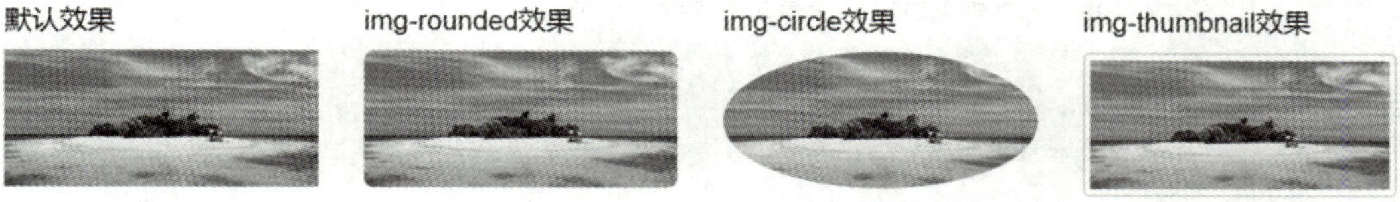

图 14-22 图片样式效果

4. JavaScript 插件——模态框

模态框需要 jQuery. min. js 和 Bootstrap. min. js 文件支持，因此，在使用该控件之前需要先引入这两个文件。模态对话框的组成结构如图 14-23 所示。打开模态框的行为通过超链接标签来实现，<a>标签中的 href 属性通过锚记与模态框的 id 值建立绑定关系，然后通

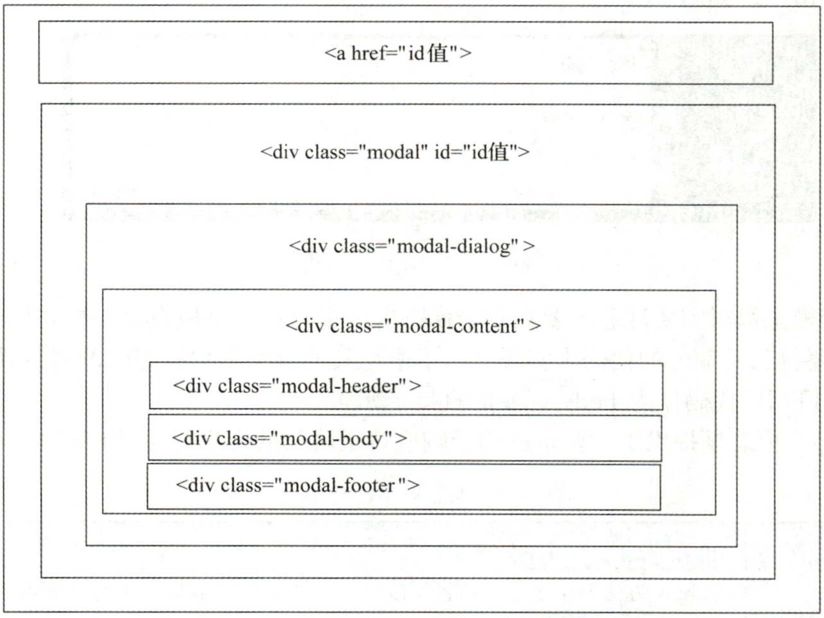

图 14-23 模态对话框的组成结构示意图

过“data-toggle="modal"”激活模态框显示行为。模态对话框的组成结构为内外两层嵌套。外层使用 modal 定义模态框的外框，内层分别使用 modal-dialog 定义模态框对话层，使用 modal-content 定义模态框对话框显示内容样式。在模态框显示内容区域可以使用 modal-header、modal-body 和 modal-footer 3 个类定义模态框的标题区、主题区和页脚区。

标准的模态框包含两个关闭按钮：一个是模态框右上角的关闭图标，另一个是页脚区域的关闭按钮。这两个关闭按钮通过自定义属性“data-dismiss="modal"”来触发模态框关闭行为。示例页面 Example14-10. html 的主要代码如下。

```
<a href="#myModel" class="btn bg-info" data-toggle="modal">模态框</a>
<div id="myModel" class="modal" tabindex="-1" role="dialog">
  <div class="modal-dialog" role="document">
    <div class="modal-content">
      <div class="modal-header">
        <button class="close" data-dismiss="modal">X</button>
        <h4 class="modal-title">模态框标题</h4>
      </div>
      <div class="modal-body">
        <p>模态框主体内容</p>
      </div>
      <div class="modal-footer">
        <button type="button" class="btn btn-primary" data-dismiss="modal">关闭</button>
      </div>
    </div><!-- /.modal-content -->
  </div><!-- /.modal-dialog -->
</div><!-- /.modal -->
```

模态框弹出效果如图 14-24 所示。

图 14-24　模态框弹出效果

读者使用模态框时需要注意不要在一个模态框上重叠另一个模态框。要想同时支持多个模态框，需要自己写额外的代码来实现。为了避免其他组件影响模态框的展现功能，尽量将模态框的 HTML 代码作为 body 标签的直接子元素。

Bootstrap 3 模态框提供了一些事件用于响应特定阶段的用户行为，如表 14-4 所示。

表 14-4　模态框事件行为

事　件	描　述
show. bs. modal	show 方法调用之后立即触发该事件。如果是单击某个作为触发器的元素，则此元素可以通过事件的 relatedTarget 属性进行访问

续表

事　件	描　述
shown. bs. modal	此事件在模态框已经显示出来(同时在 CSS 过渡效果完成)之后被触发。如果是单击某个作为触发器的元素,则此元素可以通过事件的 relatedTarget 属性进行访问
hide. bs. modal	hide 方法调用之后立即触发该事件
hidden. bs. modal	此事件在模态框被隐藏(同时在 CSS 过渡效果完成)之后被触发
loaded. bs. modal	从远端的数据源加载完数据之后触发该事件

模态框响应用户事件的主要代码如下。

```
<script type="text/javascript">
$(function(){
  $("#myModel").on("show.bs.modal",function(){
  alert("模态框开始打开");
  })
  $("#myModal").modal({
  backdrop:false,
  show:true
  });
  $(".btn").click(function(){$("#myModel").modal("toggle");})
  })
</script>
```

模态框响应用户事件的效果如图 14-25 所示。

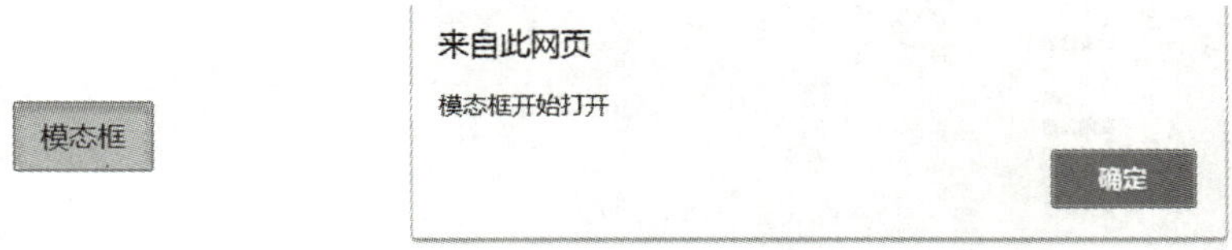

图 14-25　通过事件监听模态框示意图

读者还可以自己尝试一下其他几种事件的调用方法。

5. JavaScript 插件——下拉菜单

由于这部分项目需要实现简单的下拉菜单功能,因此这里将做简单的下拉菜单使用介绍,更为详细的使用方法将在第 15 章进行说明。Bootstrap 下拉菜单需要 jQuery. min. js 和 Bootstrap. min. js 文件支持,因此,在使用该控件之前需要先引入这两个文件。下拉菜单支持导航条、标签页、胶囊式按钮的调用。在超链接或按钮上添加"data-toggle="dropdown""属性即可激活下拉菜单。为了保证超链接标签符合 URL 规范,建议使用 data-target 属性替代 href="#"。示例页面 Example14-11. html 的主要代码如下。

```
  <div class="dropdown">
  <a href="/" class="btn btn-primary" data-toggle="dropdown" data-target="#">下拉菜
单<span class="caret"></a>
```

```
    <ul class="dropdown-menu" aria-labelledby="dLabel">
      <li><a href="#">菜单项 1</a></li>
      <li><a href="#">菜单项 2</a></li>
      <li><a href="#">菜单项 3</a></li>
    </ul>
  </div>
```

下拉菜单显示效果如图 14-26 所示。

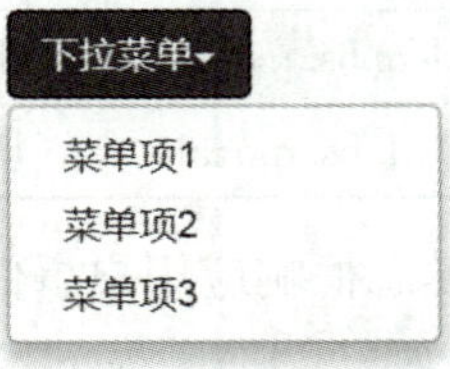

图 14-26　下拉菜单显示效果

14.2.4　任务实施

有了任务知识作为铺垫，接下来分析一下如何实现天气预报网页。该页面导航部分由一个标签页构成，标签页的第一个导航页面国内机票是表单构成显示。该页面主要 HTML 代码参见 Task14-3. html 和 Task14-3. css。

14.2.5　任务实训

对以上项目进行页面扩展，增加国际/港澳台机票标签页，页面设计如图 14-27 所示，仍然由一个<form>构成，在该表单中包含 7 个<form-group>，分别显示单程(往返或多程)，出发城市、达到城市、出发日期、返回日期、乘客类型和 2 个按钮。

(a)

(b)

图 14-27　国际/港澳台机票标签页效果

其实现源代码参照 Task14-4. html。

第 15 章 Bootstrap 组件

15.1 会员注册网页

15.1.1 任务目标

- 掌握 Glyphicons 字体图标的使用方法。
- 掌握下拉菜单的结构和使用方法。
- 掌握下拉按钮组和按钮工具条的结构和使用方法。
- 掌握输入框组的使用方法。

15.1.2 任务描述

引入 Bootstrap 框架，制作图 15-1 和图 15-2 所示的会员注册网页。当浏览设备不同时将会有不同的效果。如果是桌面浏览器，主体表单靠右边对齐。如果是移动设备浏览器，主体表单居中对齐且字体缩小。

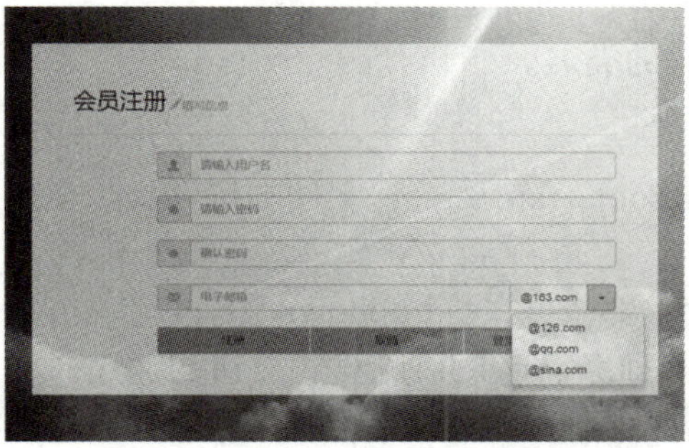

图 15-1　会员注册网页桌面浏览器显示效果

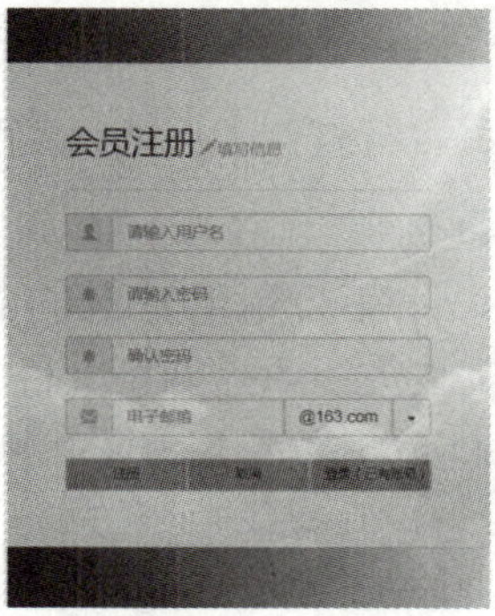

图 15-2　会员注册网页移动设备浏览器效果

15.1.3 任务知识

1. Glyphicons 字体图标

网页设计中的图标是一个使用率很高的元素，Glyphicons Halflings 一般是收费的，但是它们的作者允许 Bootstrap 免费使用。共有 250 多个来自 Glyphicons Halflings 的字体图标，可以把它们应用到按钮、工具条中的按钮组、导航或输入框等地方。Bootstrap 3 对所有图标都定义了一个基类.glyphicon 和对应每个图标的类，图标类不能和其他组件直接联合使用。应该创建一个嵌套的 <span> 标签，并将图标类应用到这个 <span> 标签上。现代的辅助技术能够识别并朗读由 CSS 生成的内容和特定的 Unicode 字符。为了避免屏幕识读设备抓取非故意的和可能产生混淆的输出内容(尤其是当图标纯粹作为装饰用途时)，Bootstrap 3 为这些图标设置了“aria-hidden="true"”属性。如果网页需要的组件不包含任何文本内容(如 <button> 内只包含一个图标)，可以为控件添加 aria-label 属性，让使用辅助设备的用户知道其作用。示例页面 Example15-1. html 的主要代码如下，效果如图 15-3 所示。

```
<span class="glyphicon glyphicon-thumbs-up"
aria-hidden="true"></span>
<button type="button" class="btn btn-default" aria-label="Left Align">
 <span class="glyphicon glyphicon-triangle-right"
aria-hidden="true"></span> <!--只包含图标按钮-->
 </button>
<button type="button" class="btn btn-default">
<span class="glyphicon glyphicon-home" aria-hidden="true"></span> 首页
 </button>
<button type="button" class="btn btn-default">
<span class="glyphicon glyphicon-music" aria-hidden="true"></span> 音乐
 </button>
```

图 15-3 Glyphicons 字体图标效果

读者可自行查阅 Bootstrap 官网上其他图标的类名。

2. 下拉菜单

Bootstrap 下拉菜单需要 jQuery. min. js 和 Bootstrap. min. js 文件支持，因此，在使用该控件之前需要先引入这两个文件。

Bootstrap 3 规定下拉菜单触发器和下拉菜单都包裹在 . dropdown 中，或另一个声明了“position: relative;”的元素中。下拉菜单支持导航条、标签页、胶囊式按钮的调用。在超链接或按钮上添加“data-toggle="dropdown"”属性，即可激活下拉菜单。为了保证超链接标签符合 URL 规范，建议使用 data-target 属性替代 href="#"。下拉菜单基本应用代码如下，示例页面为 Example15-2. html。

```
<div class="dropdown">
<a href="/" class="btn btn-primary" data-toggle="dropdown">下拉菜单<span class=
"caret"></a>
    <ul class="dropdown-menu">
        <li><a href="#">菜单项 1</a></li>
        <li><a href="#">菜单项 2</a></li>
        <li><a href="#">菜单项 3</a></li>
    </ul>
</div>
```

下拉菜单显示效果如图 15-4 所示。

图 15-4　下拉菜单显示效果

Bootstrap 3 为下拉菜单设置了一些可选项，以方便用户使用，下拉菜单类说明如表 15-1 所示。

表 15-1　下拉菜单类说明

类　名	说　明
. dropup	可以让菜单向上弹出（默认是向下弹出的）
. dropdown-menu-right	菜单右对齐
. dropdown-menu—left	菜单左对齐
. dropdown-header	下拉菜单标题，标明一组动作
. divider	下拉菜单分割线
. disabled	禁用相应的菜单项

下拉菜单各项设置代码如下，示例页面为 Example15-2. html。

```
<h3>带设置的下拉菜单</h3>
<div class="dropup">
<a href="/" class="btn btn-primary" data-toggle="dropdown">向上弹出菜单<span class=
"caret"></a>
    <ul class="dropdown-menu">
        <li><a href="#">菜单项 1</a></li>
        <li><a href="#">菜单项 2</a></li>
        <li><a href="#">菜单项 3</a></li>
    </ul>
</div>
```

```
<div class="dropup">
<a href="/" class="btn btn-primary" data-toggle="dropdown">右对齐菜单<span class="caret"></a>
  <ul class="dropdown-menu dropdown-menu-right">
    <li><a href="#">菜单项 1</a></li>
    <li><a href="#">菜单项 2</a></li>
    <li><a href="#">菜单项 3</a></li>
  </ul>
</div>
    <div class="dropdown">
<a href="/" class="btn btn-primary" data-toggle="dropdown">右对齐菜单<span class="caret"></a>
  <ul class="dropdown-menu">
    <li class="dropdown-header">菜单项 1 标题</li>
    <li><a href="#">菜单项 1</a></li>
    <li class="divider"></li>
      <li class="dropdown-header">菜单项 2 标题</li>
    <li><a href="#" class="disabled">菜单项 2</a></li>
  </ul>
</div>
```

显示效果如图 15-5 所示。

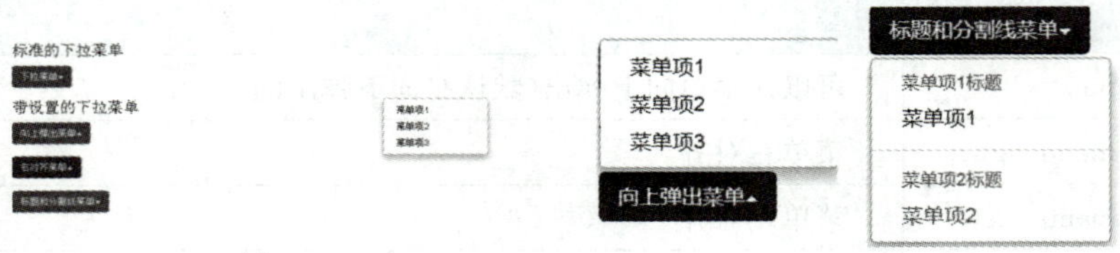

(a) (b)

图 15-5 下拉菜单不同设置显示效果

3. 按钮组和按钮式下拉菜单

通过按钮组容器把多个按钮放在同一行里，能设计各种精致的按钮导航样式，在网页设计中可以将按钮组当作工具条来使用。Bootstrap 3 组件中的按钮可以组合成多种样式，如按钮组和按钮式下拉菜单。使用. btn-group 类将一系列<a>、<li>、<span>或<button>的类包含在一起，可以生成一个按钮组。按钮组使用代码如下，示例页面为 Example15-3. html。

```
<div class="btn-group">
<a class="btn btn-default">a 标签按钮</a>
<li class="btn btn-info">li 标签按钮</li>
<button type="button" class="btn btn-danger">button 标签按钮</button>
<span class="btn btn-primary">span 标签按钮</span>
</div>
```

显示效果如图 15-6 所示。

图 15-6　按钮组显示效果

如果将多个按钮组包含在. btn-toolbar 中，可以设计更为复杂的按钮工具栏。按钮组使用代码如下，示例页面为 Example15-3. html。

```
<h3>导航条工具演示</h3>
<div class="btn-toolbar">
<div class="btn-group">
<a class="btn btn-default">新闻</a>
<a class="btn btn-default">军事</a>
<a class="btn btn-default">社会</a>
<a class="btn btn-default">国际</a>
</div>
<div class="btn-group">
<a class="btn btn-default">财经</a>
<a class="btn btn-default">股票</a>
<a class="btn btn-default">基金</a>
<a class="btn btn-default">外汇</a>
</div>
</div>
```

显示效果如图 15-7 所示。

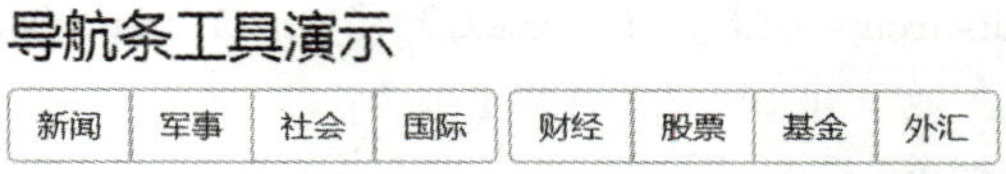

图 15-7　按钮导航工具条示意图

Bootstrap 3 中的按钮式下拉菜单是把按钮放入. btn-group 中，然后加入适当的菜单标签，就可以让按钮作为菜单的触发器了。按钮式下拉菜单代码如下，示例页面为 Example15-3. html。

```
<div class="btn-group">
  <button type="button" class="btn btn-default dropdown-toggle" data-toggle="dropdown"
href="#">
    按钮式下拉菜单 <span class="caret"></span>
  </button>
  <ul class="dropdown-menu">
    <li><a href="#">选项 1</a></li>
    <li><a href="#">选项 2</a></li>
  </ul>
</div>
```

显示效果如图 15-8 所示。

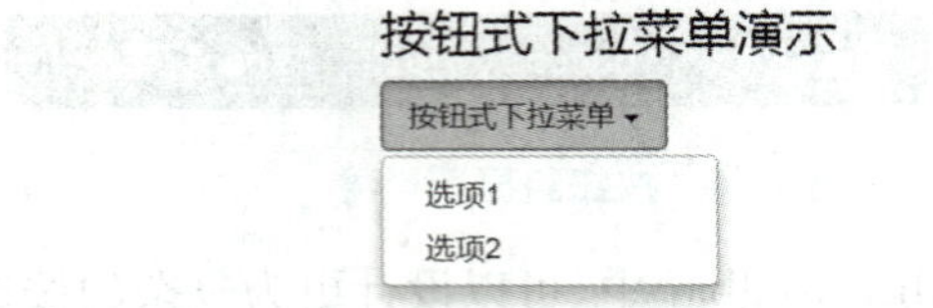

图 15-8　按钮式下拉菜单显示效果

4. 输入框组

Bootstrap 3 除了支持现有表单控件外，还定义了一些输入框表单组件。通过文本输入框<input>和.input-group-addon 的组合设计，可以实现对表单控件的扩展，在文本框前面、后面或两边加上文字或按钮。注意该控件不支持<select>元素。建议使用该控件时，父元素使用.input-group 类进行包含。不要将表单组和栅格列直接和输入框组混合使用。输入框组代码如下，示例页面为 Example15-4.html。

```
<div class="container">
<form>
<h6>绑定前端</h6>
<div class="input-group input-group-lg input-group-sm">
  <span class="input-group-addon" id="password">password</span>
  <input type="text" class="form-control" placeholder="password">
</div>
<h6>绑定后端</h6>
<div class="input-group">
  <input type="text" class="form-control" placeholder="email" >
  <span class="input-group-addon" id="email">@email.com</span>
</div>
<h6>绑定前、后端</h6>
<div class="input-group">
  <span class="input-group-addon">email</span>
  <input type="text" class="form-control" placeholder="xx@xx">
  <span class="input-group-addon">.com</span>
</div>
</form>
</div>
```

显示效果如图 15-9 所示。

图 15-9　输入框组示意图

为 . input-group 添加 input-group-lg 或 input-group-sm 可以定制输入框相应的尺寸类，这部分将不再进行详细说明，有兴趣的读者可以自行尝试。

15.1.4 任务实施

该页面由标题和主体部分构成，主体部分由一个表单构成，表单内部由多个 . input-group 构成的输入框组构成。页面结构如图 15-10 所示。

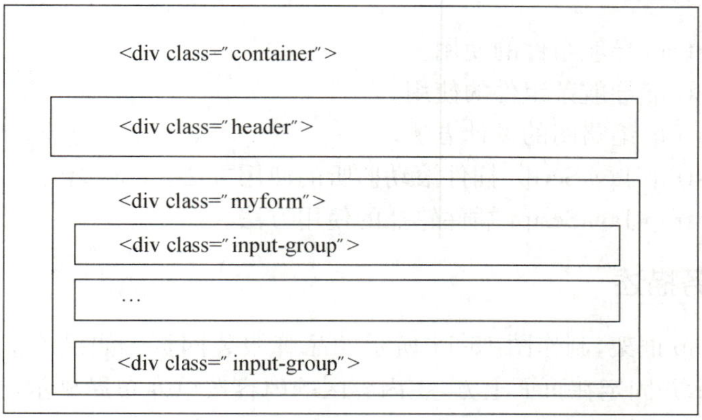

图 15-10 会员注册页面结构示意图

任务的 HTML 项目代码为 Task15-1. html，CSS 代码为 Task15-1. css。

15.1.5 任务实训

综合之前所介绍的知识，使用表单、下拉菜单和按钮组完成图 15-11 和图 15-12 所示的葡萄酒品尝师网站的登录页面。

图 15-11 登录页面 PC 端效果

图 15-12 登录页面移动端效果

主要的 HTML 项目代码为 Task15-2. html，CSS 项目代码为 Task15-2. css。

15.2 制作品牌服装网页

15.2.1 任务目标

- 掌握 Bootstrap 导航组件的使用。
- 掌握 Bootstrap 导航条组件的使用。
- 掌握 Bootstrap 缩略图的设计方法。
- 掌握 Bootstrap JavaScript 插件滚动监听的使用方法。
- 掌握 Bootstrap JavaScript 插件轮播的使用方法。

15.2.2 任务描述

引入 Bootstrap 框架，制作图 15-13 所示的品牌服装网页。如果屏幕设备是中等屏幕，则导航条平铺展示并固定在页面上方，主内容区的内容按单列布局显示，单击导航条不同的选项，页面自动滚动到相关内容。

图 15-13 服装网页桌面浏览器效果图

如果屏幕设备是移动设备，菜单将折叠为一个按钮，用户单击这个按钮即可展开，主内容区的内容全部按单列显示，如图 15-14 所示。

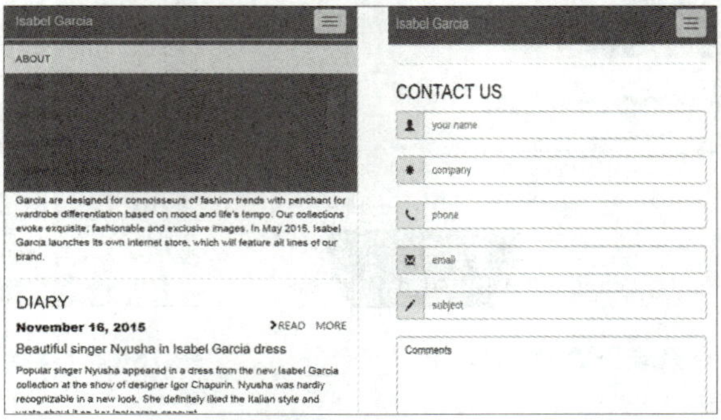

图 15-14 服装网页移动设备效果图

15.2.3 任务知识

1. 导航

Bootstrap 中使用.nav 类可以定义一个基础导航，在该类基础上可以添加状态类和修饰类来改变导航样式。导航组件可以分为标签页(nav-tabs)和胶囊式标签页(nav-pills)两种。导航组件应用代码如下，示例页面为 Example15-5.html。

```
<h3>标签页导航</h3>
<ul class="nav nav-tabs">
  <li role="presentation" class="active"><a href="#">首页</a></li>
  <li role="presentation"><a href="#">导航 1</a></li>
  <li role="presentation"><a href="#">导航 2</a></li>
</ul>
<h3>胶囊式标签页导航</h3>
<ul class="nav nav-pills">
  <li role="presentation" class="active"><a href="#">首页</a></li>
  <li role="presentation"><a href="#">导航 1</a></li>
  <li role="presentation"><a href="#">导航 2</a></li>
</ul>
```

显示效果如图 15-15 所示。

图 15-15 导航效果图 1

Bootstrap 提供一些类对导航进行布局控制。具体类和作用如表 15-2 所示。

表 15-2 导航控制类说明

类 名	说 明
.pull-right	导航右对齐
.pull-left	导航左对齐
.nav-justified	导航两端对齐
.nav-stacked	导航堆叠

下拉菜单各项设置代码如下，示例页面为 Example15-5.html。

```
<h3>导航两端对齐</h3>
<ul class="nav nav-tabs pull-right">
  <li role="presentation" class="active"><a href="#">首页</a></li>
  <li role="presentation"><a href="#">导航 1</a></li>
```

```
    <li role="presentation"><a href="#">导航 2</a></li>
</ul>
<h3>导航右对齐</h3>
<ul class="nav nav-tabs nav-justified">
    <li role="presentation" class="active"><a href="#">首页</a></li>
    <li role="presentation"><a href="#">导航 1</a></li>
    <li role="presentation"><a href="#">导航 2</a></li>
</ul>
<h3>导航堆叠</h3>
<ul class="nav nav-tabs nav-stacked">
    <li role="presentation" class="active"><a href="#">首页</a></li>
    <li role="presentation"><a href="#">导航 1</a></li>
    <li role="presentation"><a href="#">导航 2</a></li>
</ul>
```

效果如图 15-16 所示。

图 15-16　导航效果图 2

将下拉菜单与导航绑定在一起使用，可以使导航的选项更加多元性。在导航的<li>标签中添加一个.dropdown 类，然后添加下拉菜单的结构，即可将下拉菜单与导航绑定使用，代码如下，示例页面为 Example15-5.html。

```
<h3>带下拉菜单导航</h3>
<ul class="nav nav-tabs">
    <li role="presentation" class="active"><a href="#">首页</a></li>
    <li role="presentation"><a href="#">导航 1</a></li>
    <li role="presentation"><a href="#">导航 2</a></li>
    <li role="presentation" class="dropdown">
        <a class="dropdown-toggle" data-toggle="dropdown" href="#" role="button" >
          其他 <span class="caret"></span>
        </a>
        <ul class="dropdown-menu">
            <li><a href="#">其他 1</a></li>
            <li><a href="#">其他 2</a></li>
        </ul>
</ul>
```

效果如图 15-17 所示。

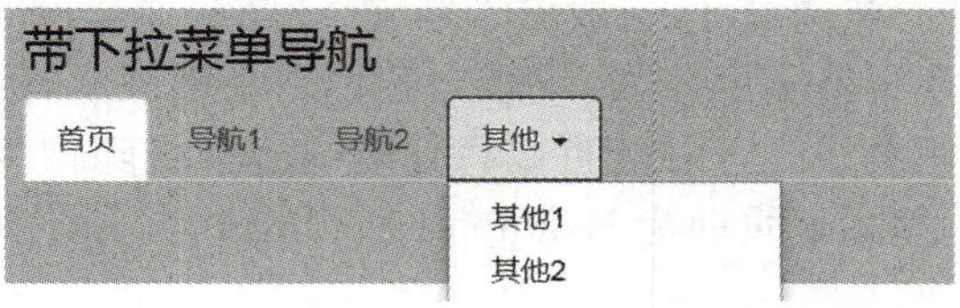

图 15-17 带下拉菜单导航效果图

2. 导航条

导航条是响应式网页设计中的基础组件。对导航组件进行适当的类包装即可完成导航条的设计。Bootstrap 3 的导航条是使用<nav>或<div>标签，并用. navbar 和. navbar-default 类定义的一个容器框，在该容器框中再添加导航即可完成一个基本导航条。导航条应用代码如下，示例页面为 Example15-6. html。

```
<nav class="navbar navbar-default">
<ul class="nav nav-tabs">
  <li role="presentation" class="active"><a href="#">首页</a></li>
  <li role="presentation"><a href="#">导航 1</a></li>
  <li role="presentation"><a href="#">导航 2</a></li>
</ul>
</nav>
```

效果如图 15-18 所示。

图 15-18 基本导航条效果图

还可以通过在导航条组件中增加一个<a>标签来设置网页的标题。应用代码如下，示例页面为 Example15-6. html。

```
<nav class="navbar navbar-default">
<a class="navbar-brand" href="#">网站名字</a>
<ul class="nav nav-tabs">
  <li role="presentation" class="active"><a href="#">首页</a></li>
  <li role="presentation"><a href="#">导航 1</a></li>
  <li role="presentation"><a href="#">导航 2</a></li>
</ul>
</nav>
```

效果如图 15-19 所示。

图 15-19 带网页标题导航条效果图

在实际应用中，一个完整的导航条一般会包含网站名称和导航项。在 Bootstrap 3 中采用.navbar-brand 类来进行样式设计，一般位于导航条左侧。同时导航条可以进行响应式设计，在桌面浏览器中，由于屏幕宽度较大，导航内容可以平铺展示，但在移动浏览器中，由于移动设备的屏幕一般都不会很宽，因此，可以将导航内容折叠隐藏为一个按钮，单击鼠标时再进一步展开。代码如下，示例页面为 Example15-6.html。

```
<h3>导航折叠样式</h3>
<nav class="navbar navbar-default">
  <div class="navbar-header">
    <button type="button" class="navbar-toggle collapsed" data-toggle="collapse" data-target="#menu1" aria-expanded="false">
      <span class="sr-only">汉堡按钮</span>
      <span class="icon-bar"></span>
      <span class="icon-bar"></span>
      <span class="icon-bar"></span>
    </button>
    <a class="navbar-brand" href="#">网站名字</a>
  </div>
  <!--导航折叠菜单-->
  <div class="collapse navbar-collapse" id="menu1">
    <ul class="nav navbar-nav">
      <li class="active"><a href="#">首页</a></li>
      <li><a href="#">导航 1</a></li>
      <li class="dropdown">
        <a href="#" class="dropdown-toggle" data-toggle="dropdown">其他<span class="caret"></span></a>
        <ul class="dropdown-menu">
          <li><a href="#">导航 2</a></li>
          <li><a href="#">导航 3</a></li>
        </ul>
      </li>
    </ul>
</nav>
```

效果如图 15-20 所示。

(a) 桌面浏览器效果图

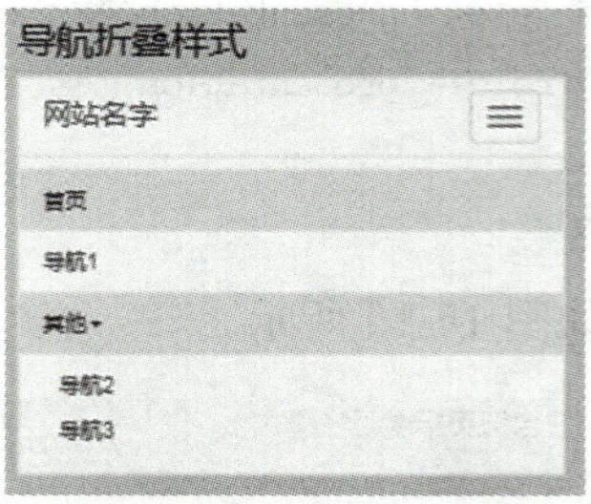

(b) 移动设备浏览器效果图

图 15-20 可折叠导航条效果图

复杂的导航条还可以包含表单、按钮、普通文本和链接多种对象类型。如果希望在寻航条中放置一个表单，需要为表单标签添加. navbar-form 类，同时通过. navbar-right 和. navbar-left 设置对齐方式。包含表单代码如下，示例页面为 Example15-6. html。

```
<nav class="navbar navbar-default">
<form class="navbar-form navbar-right">
    <div class="form-group">
      <input type="text" class="form-control" placeholder="搜索">
    </div>
        <button class="btn btn-default" type="button">Go!</button>
</form>
</nav>
```

效果如图 15-21 所示。

图 15-21　含表单导航条效果图

如果在导航中使用不包含<form>的按钮对象，需要为按钮加上 . navbar-btn 类。使用普通文本，需要为文本加上. navbar-text 类。而在使用超链接时，应把超链接包裹在. navbar-link 类中，这样可以获得正确的默认颜色和反色。应用代码如下，示例页面为 Example15-6. html。

```
<h3>其他导航样式</h3>
<nav class="navbar navbar-default">
<button type="button" class="btn btn-info navbar-btn">登录</button>
<p class="navbar-text">段落文本</p>
<a href="#" class="navbar-link">联系我们</a>
</nav>
```

效果如图 15-22 所示。

图 15-22　其他导航条效果图

Bootstrap 3 提供一些类对导航条的位置和效果进行布局控制。具体类和作用如表 15-3 所示。

表 15-3　导航条控制类说明

类　名	说　明
. navbar-fixed-top	导航条固定在顶部(为了确保导航条不遮挡其他页面内容，建议给<body>增加 padding-top:50px;)
. navbar-fixed-bottom	导航条固定在底部
. navbar-static-top	导航条静止在顶部，它会随着页面向下滚动而消失
. navbar-inverse	导航条反色效果

3. 缩略图

缩略图是指图片经压缩处理后的小图，因其小巧，加载速度非常快，多用于图片较多的网页，相当于图片文件预览及目录的作用。Bootstrap 支持通过缩略图扩展自带的栅格系统。

将图像元素包裹在带有.thumbnail 类的超链接<a>元素中，可以创建一个缩略图。.thumbnail 类会自动添加 4 像素的内边距和一个灰色边框，当鼠标指针悬停在图像上时会动态显示图像的蓝色边框。应用代码如下，示例页面为 Example15-7.html。

```
<h2>基本缩略图效果</h2>

<div class="row">
  <div class="col-xs-6 col-md-3">
    <a href="#" class="thumbnail">
      <img src="images/timg1.jpg">
    </a>
  </div>
  <div class="col-xs-6 col-md-3">
    <a href="#" class="thumbnail">
      <img src="images/timg2.jpg">
    </a>
  </div>
    <div class="col-xs-6 col-md-3">
    <a href="#" class="thumbnail">
      <img src="images/timg3.jpg">
    </a>
  </div>
    <div class="col-xs-6 col-md-3">
    <a href="#" class="thumbnail">
      <img src="images/timg4.jpg">
    </a>
  </div>
</div>
```

效果如图 15-23 所示。

图 15-23　基本缩略图效果

缩略图组件中可以自定义 HTML 内容，为了在缩略图中放置标题、段落、按钮等，可以把<a>替换成<div>。应用代码如下，示例页面为 Example15-7.html。

```
<h2>设计缩略图效果</h2>
<div class="row">
  <div class="col-xs-6 col-md-3">
    <div  class="thumbnail">
      <img src="images/timg1.jpg">
       <div class="caption">
         <h3>风景</h3>
         <p>美丽的风景</p>
         <p><a href="#" class="btn btn-primary" role="button">Button</a> <a href=
"#" class="btn btn-default" role="button">Button</a></p>
      </div>
    </div>
  </div>
  <div class="col-xs-6 col-md-3">
       <div  class="thumbnail">
……
      </div>
    </div>
  </div>
    <div class="col-xs-6 col-md-3">
       <div  class="thumbnail">
……
      </div>
    </div>
  </div>
    <div class="col-xs-6 col-md-3">
        <div  class="thumbnail">
……
      </div>
    </div>
  </div>
</div>
```

效果如图 15-24 所示。

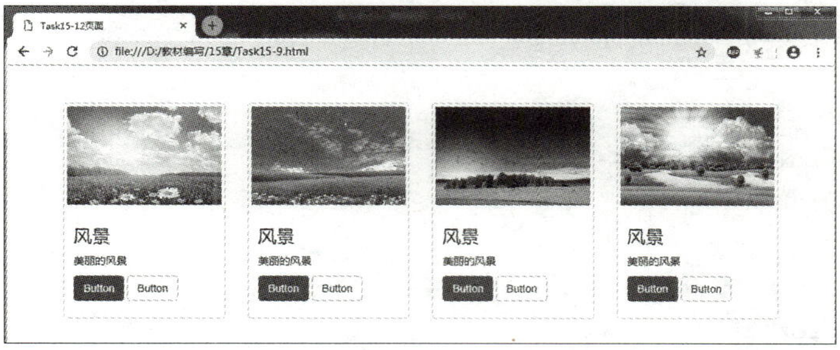

图 15-24　设计缩略图效果

4. JavaScript 插件——滚动监听

Bootstrap 中的滚动监听是很实用的 JavaScript 插件，当用户浏览页面时，页面能够根据滚动条所处的位置来自动更新导航项的变化。滚动监听主要由两部分构成：第一部分是需要对导航条中的所有超链接添加锚记，同时要对导航条定义一个 ID 值以方便滚动监听控制。第二部分是需要设计一个监听对象，用一个<div>包裹住所有需要监听的对象，在<div>上添加 DATA 属性"data-spy = " scroll""，指定监听的导航条"data-target = "#menu""，定义监听过程中滚动条的偏移位置"data-spy="scroll" data-offset="0""，还需要为每个对象设置锚点位置。具体应用代码如下，示例页面为 Example15-8. html。

```
<!--为了显示效果明显，增加了部分 CSS 效果-->
<style>
.container{
padding-top:50px;
}
.box{
  width:200px;
  height:400px;
  background-color:#C0C;
  }
</style>
<div id="menu" class="navbar navbar-default navbar-fixed-top">
      <ul class="nav navbar-nav">
        <li class="active"><a href="#">首页</a></li>
        <li><a href="#1">导航 1</a></li>
        <li><a href="#2">导航 2</a></li>
        <li><a href="#3">导航 3</a></li>
        </ul>
        </li>
      </ul>
</div>
<!--导航条结束-->
<!--监听对象-->
<div data-spy="scroll" data-target="#menu" data-offset="0">
<h3 id="1">列表 1</h3>
<div class="box">
滚动监听 1 项的内容
</div>
<h3 id="2">列表 2</h3>
<div class="box">
滚动监听 2 项的内容
</div>
<h3 id="3">列表 3</h3>
<div class="box">
```

```
        滚动监听 3 项的内容
    </div>
</div>
```

效果如图 15-25 所示。

图 15-25　滚动监听效果图

5. JavaScript 插件——轮播

轮播是一种灵活的、响应式的网页内容切换方式，也是网页使用较多的一种设计，采用轮播展示内容可以在有限的空间中展示丰富多彩的内容，在实际应用中，实现轮播也有很多方法。Bootstrap 中定义了轮播插件，帮助用户方便、快捷地使用。Bootstrap 中的轮播插件主要由 3 部分构成：轮播计数器、轮播内容和轮播图片控制器。这 3 部分都需要包裹在一个使用.carousel 类的父容器中，同时还需要定义 ID 值，该值将作为 data-parent 属性的引用，以确保当前轮播插件的各种控制图标和按钮进行定位。轮播插件结构应用代码如下。

```
<div id="carousel" class="carousel slide" data-ride="carousel">
  <!--轮播计数器-->
  <ol class="carousel-indicators">
  </ol>
  <!--轮播内容-->
  <div class="carousel-inner" role="listbox">
  </div>
  <!--控制按钮-->
  <a class="left carousel-control" href="#carousel" data-slide="prev">
    <span class="glyphicon glyphicon-chevron-left"></span>
  </a>
  <a class="right carousel-control" href="#carousel" data-slide="next">
    <span class="glyphicon glyphicon-chevron-right"></span>
  </a>
</div>
```

下面将详细分析一下轮播计数器、轮播内容和轮播图片控制器这 3 部分功能内部的具体实现原理。

(1)轮播计数器。在轮播容器内部添加轮播计算器.carousel-indicators 类，该类的作用是显示当前轮播内容的播放顺序和轮播内容的个数。使用 data-slide-to="0"定义播放顺序的下标。而轮播个数则由有序列表的<li>标签决定，一般有几个 li 就有几个轮播内容。应用代码如下。

```
<ol class="carousel-indicators">
  <li data-target="#carousel" data-slide-to="0" class="active"></li>
  <li data-target="#carousel" data-slide-to="1"></li>
  <li data-target="#carousel" data-slide-to="2"></li>
</ol>
```

(2)轮播内容。在轮播容器内部添加轮播内容.carousel-inner 类，而在该类内由多个轮播项目<div class="item">构成，在每个项目中可以添加一个图片和图片描述<div class="carousel-caption">。应用代码如下。

```
<div class="carousel-inner" role="listbox">
  <div class="item active">
    <img src="images/Carousel1.jpg" alt="" >
    <div class="carousel-caption">
      <h4>图片标题 1</h4>
      <p>描述文本 1</p>
    </div>
</div>
......
</div>
```

(3)轮播图片控制器。在轮播容器内部添加.carousel-control 类并配合使用.left 和.right 来实现一个向前播放和向后播放的控制器。应用代码如下。

```
<a class="left carousel-control" href="#carousel"  data-slide="prev">
  <span class="glyphicon glyphicon-chevron-left"></span>
</a>
<a class="right carousel-control" href="#carousel" data-slide="next">
  <span class="glyphicon glyphicon-chevron-right"></span>
</a>
</div>
```

轮播插件的触发是通过定义 data 属性来实现的，data 属性主要包括以下几种。

①data-ride 属性：取值 carousel，并将其定义在 carousel 上。

②data-traget 属性：取值 carousel 定义的 ID 名，并将其定义在轮播计数器的每个<li>标签上。

③data-slide 属性：取值有 2 个，pre 表示向左滑动，next 表示向右滑动。

④data-slide-to 属性：用来定义索引，可以直接跳转到指定索引，下标计数从 0 开始。

完整的轮播插件应用代码如下，示例页面为 Example15-9.html。

```
<h3>轮播演示</h3>
<div id="carousel" class="carousel slide" data-ride="carousel">
  <!--轮播计数器-->
  <ol class="carousel-indicators">
    <li data-target="#carousel" data-slide-to="0" class="active"></li>
    <li data-target="#carousel" data-slide-to="1"></li>
    <li data-target="#carousel" data-slide-to="2"></li>
  </ol>
  <!--轮播内容-->
  <div class="carousel-inner" role="listbox">
    <div class="item active">
      <img src="images/Carousel1.jpg" alt="" style="width:100%;">
      <div class="carousel-caption">
       <h4>图片标题 1</h4>
       <p>描述文本 1</p>
      </div>
    </div>
    <div class="item">
      <img src="images/Carousel2.jpg" alt="">
      <div class="carousel-caption">
       <h4>图片标题 2</h4>
       <p>描述文本 2</p>
      </div>
    </div>
    <div class="item">
      <img src="images/Carousel3.jpg" alt="">
      <div class="carousel-caption">
       <h4>图片标题 3</h4>
       <p>描述文本 3</p>
      </div>
    </div>
  </div>
  <!--控制按钮-->
  <a class="left carousel-control" href="#carousel" data-slide="prev">
    <span class="glyphicon glyphicon-chevron-left"></span>
  </a>
  <a class="right carousel-control" href="#carousel" data-slide="next">
    <span class="glyphicon glyphicon-chevron-right"></span>
  </a>
</div>
```

效果如图 15-26 所示。

图 15-26　轮播效果图

15.2.4　任务实施

服装品牌网页采用的是单页多屏可垂直滚动的页面效果。导航为响应式折叠导航条。导航下方为一个轮播展示品牌服装，再往下为导航各项内容展示。网页主要框架设计如图 15-27 所示。

HTML 项目主要代码为 Task15-3. html，CSS 项目代码为 Task15-3. css。

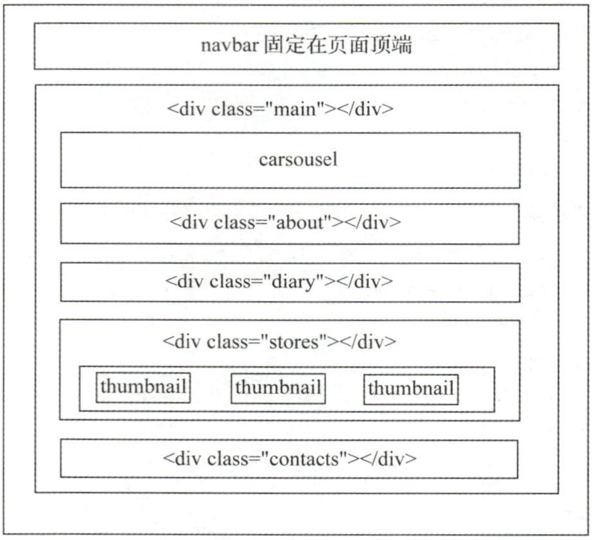

图 15-27　服装品牌网页框架设计

15.2.5　任务实训

按照之前学习的知识，完成如下前端学习网页的制作。PC 端显示屏和移动端显示屏的效果如图 15-28 和图 15-29 所示。

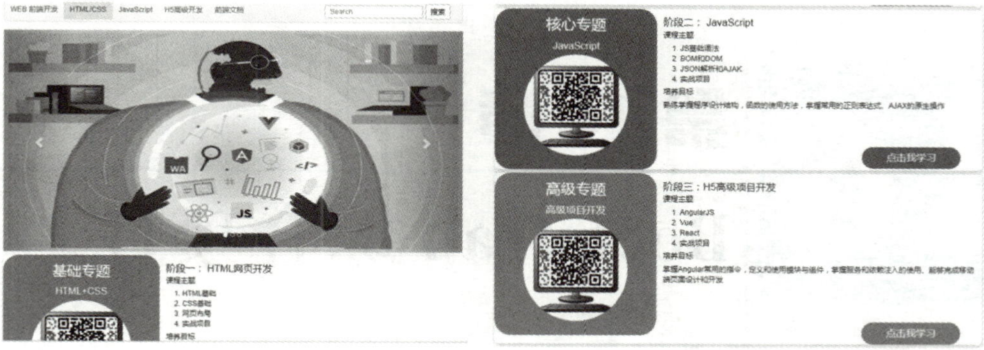

图 15-28　前端学习网页 PC 端显示屏效果图

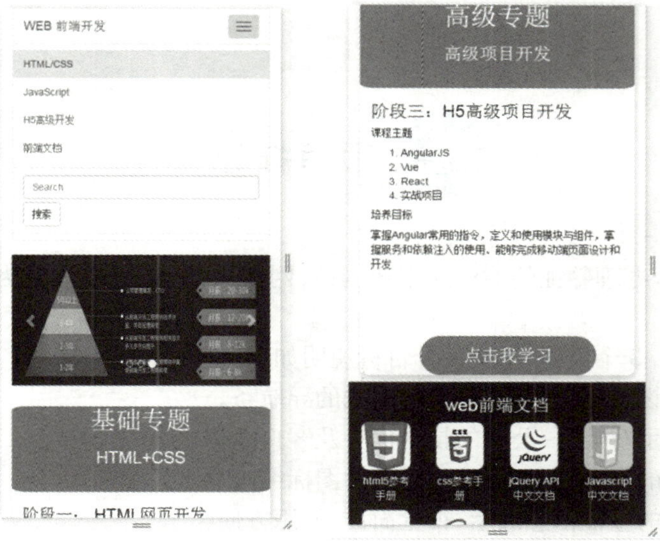

图 15-29　前端学习网页手机端显示屏效果图

HTML 项目主要代码为 Task15-4. html，CSS 项目代码为 Task15-4. css。

第16章 Bootstrap综合项目

16.1 项目描述

本项目是一个办理签证的响应式企业网站,网站以 Bootstrap 框架为技术基础,页面设计风格简洁、明亮。

网站主要包括 3 个页面,主要设计目标说明如下。

(1)页面整体设计风格清新,具有响应式的导航条。

(2)首页将展示欢迎语、公司的技术优势及客户评价。

(3)设计高效的服务展示区,使用醒目的图标突出显示。

(4)设计精致的签证信息展示,视觉简洁,使用方便。

(5)实现企业风格的配色方案。

16.2 项目分析

本项目是企业应用网站,主要包括 3 个页面,如图 16-1 所示。

第一部分为网站首页显示,主要为企业文化宣传和展示。

第二部分为签证指南,主要为签证概述、与签证相关的政策和签证分类介绍。

第三部分为签证服务,主要为签证办理流程介绍、签证办理国家选取及一些常用表格的下载。

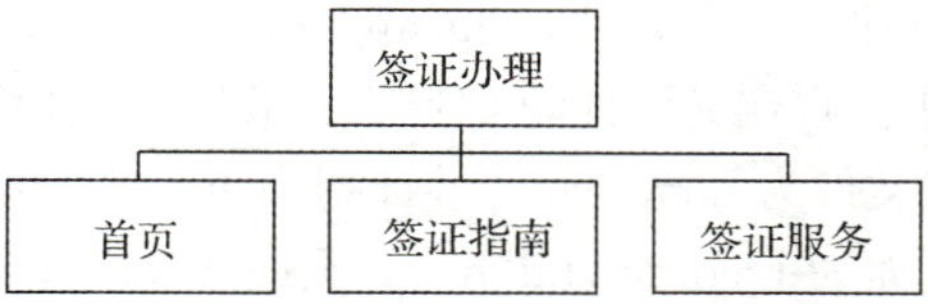

图 16-1　网站组织结构示意图

16.3 项目实现与测试

16.3.1　创建站点

本项目示例文件的核心是 Bootstrap V3.3.7 搭配 HTML5 网页标记和 CSS3 样式设计及 Font Awesome 4.7.0 图标字体库。网站具体存放文件夹说明如表 16-1 所示。

表 16-1　网站具体存放文件夹说明

文件夹名称	作　用
css	样式表文件
images	图片等多媒体素材
js	JavaScript 脚本文件
fonts	字体文件

站点文件的结构如图 16-2 所示。Bootstrap 框架文件整体放在名为 library 的文件夹中，在该项目中还使用了一个第三方框架文件 font-awesome.min.css，因此，需要将其与

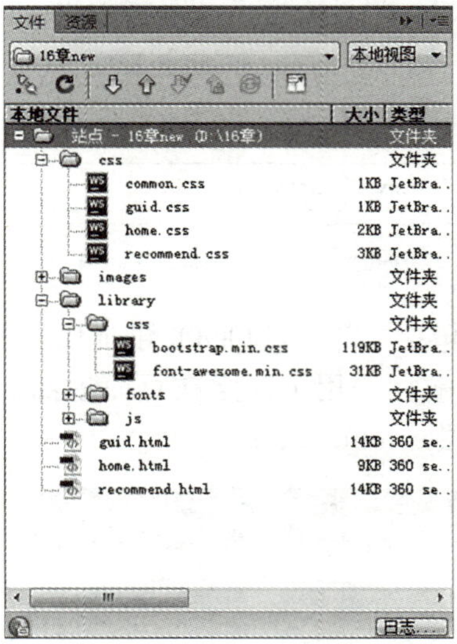

图 16-2　站点文件的结构

Bootstrap 的 CSS 文件存放在一起。另外，font-awesome. min. css 的 fonts 文件也需要加入 Bootstrap 的 fonts 文件夹中。自定义设计的 CSS 文件放在 css 文件夹中。其中 home. html 为网站首页，页面的 CSS 样式文件为 home. css。签证指南页面为 guid. html，页面的 CSS 样式文件为 guid. css。签证服务页面为 recommend. html，页面的 CSS 样式文件为 recommend. css。

16.3.2 各功能模块实现与测试

1. 首页设计(home. html)

在 Dreamweaver 中建立好站点，将图片放入 images 文件夹中，所有的 JavaScript 文件存放在 js 文件夹中，包含 jQuery 库文件和 Bootstrap 库文件。样式文件存放在 css 文件夹中，包括 Bootstrap 样式文件、font-awsome 样式文件和页面本身的样式文件。

新建 home. html 文件，在头部区域导入样式表文件和字体文件，在主体区域底部导入 jQuery 文件和 JavaScript 脚本文件。

首页需要展示广告图、公司优势、专业服务、客户的评价、签证的问答及版权等，首页的页面框架如图 16-3 所示。

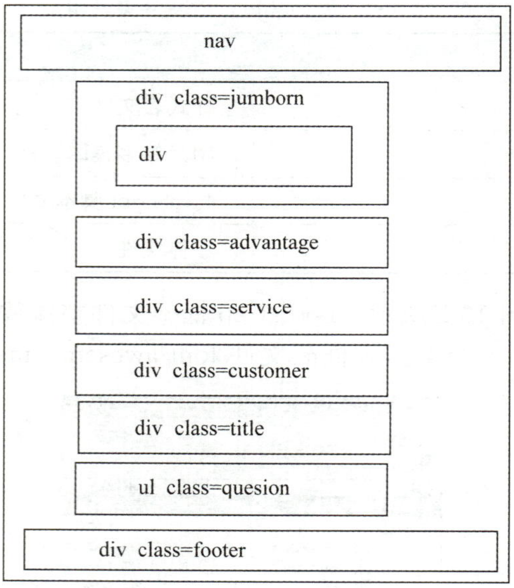

图 16-3　首页框架设计模块图

(1)设计导航栏。导航栏包括 3 部分：LOGO、导航和用户交互按钮，为了使导航栏可以一直显示在页面上，我们对导航栏采用了固定在页面顶部的样式。导航效果如图 16-4 所示。其中的 CSS 样式文件参照 common. css。

图 16-4　导航栏构成图

(2)设计巨幕区域。Bootstrap 提供了一个轻量、灵活的组件展示网站上的关键内容，称为巨幕。巨幕广告区采用了 2 层盒子进行信息展示。显示效果如图 16-5 所示。

图 16-5　巨幕显示效果

具体 HTML 代码如下。

```
<div class="jumbotron">
<div class="banner-content">
<h1>Sign Good Trip</h1>
<h3>美国|加拿大|日本</h3>
<h3>靠谱 安全</h3>
</div>
</div>
```

在巨幕的样式部分，英文字体采用了 CSS3 的@font-face 规则，该规则用于定义服务器字体。利用@font-face 规则，开发者可以使用计算机中未安装的字体。@font-face 规则的语法格式如下。

```
@font-face{
  font-family:< yourWebFontName>;
  src:<source>;
  [font-weight:<weight>];
  [font-style:<style>];
  }
```

其中，yourWebFontName 为自定义字体名称，它将被引用到 Web 元素中的 font-family，如 font-family:myFont。Source 为自定义字体的存放路径，注意字体文件需要读者先自行下载添加到站点文件中。font-weight 为定义字体是否为粗体，font-style 为字体样式，font-weight 和 font-style 样式不是必须设定的。具体 CSS 样式文件如下。

```
.jumbotron{
  background:url(../images/banner1.jpeg);
  color:#00F;
  text-align:center;
  height:500px;
  }
.banner-content{
  background:rgba(63, 77, 253, 0.5);
  width:60%;
  height:260px;
```

```
    margin:80px auto;
    color:#FFF;
    font-weight:800;
    padding-top:18px;
    border-radius:10%;
    }
  @font-face{
    font-family:myFont;
    src:url(../fonts/PinyonScript-Regular.ttf);
    }
  .banner-content h1{
    font-family:myFont;
    font-weight:600;
    text-shadow:5px 5px 0.3rem #a8d4fb;
    }
```

(3)设计优势和服务区域。优势和服务区域的设计采用了 Bootstrap 的栅格布局，均采用 1 行 4 列的布局。优势区域的每个栅格区域内采用缩略图进行内容展示。显示效果如图 16-6 所示。

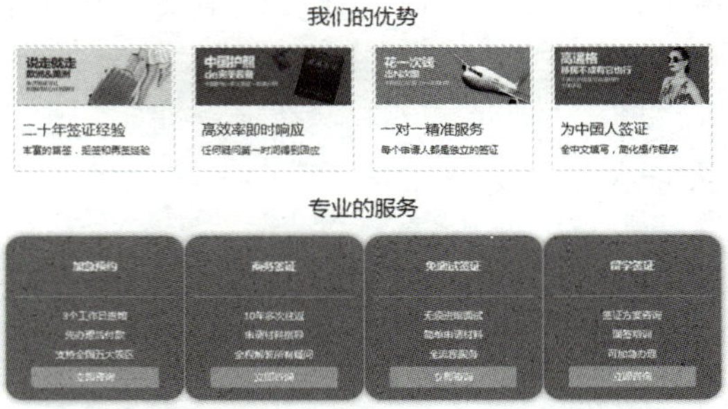

图 16-6　优势和服务区域效果图

(4)客服评价、签证问题和页脚区域。客服评价区域依然采用栅格布局，签证问题采用 <ul>结构显示。显示效果如图 16-7 所示。

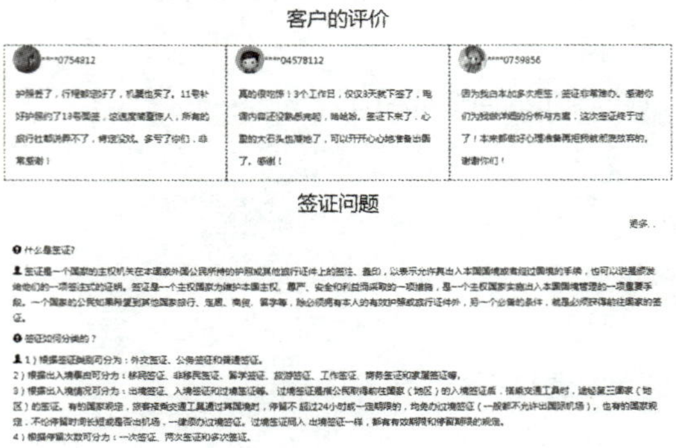

图 16-7　客户评价和签证问题效果图

页面完成后在浏览器中打开网站首页，显示效果如图 16-8 所示。

图 16-8　网站首页效果图

2. 签证指南设计(guid. html)

签证指南页面主要介绍签证的相关知识，因此采用列表项目进行展示，这样展示的内容和层次清晰，有利于用户阅读。考虑到移动端屏幕不适合页面的两列式布局，因此，在移动端将左侧侧边栏进行隐藏。签证指南的页面框架如图 16-9 所示。

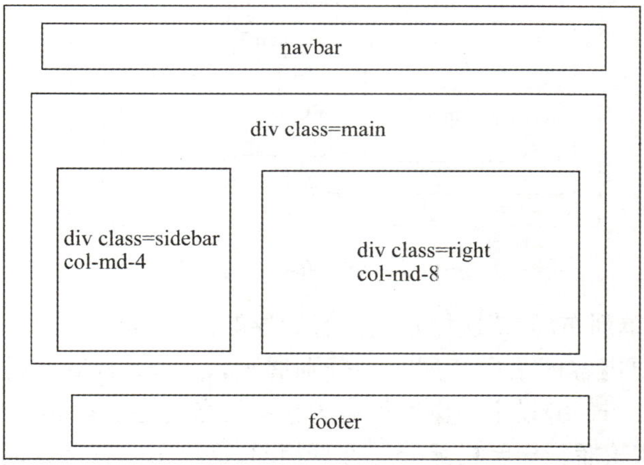

图 16-9　签证指南的页面框架

主体内容采用栅格布局，左侧栏占 4 列，右侧详细信息占 8 列。侧边栏展示的内容主要分为非移民签证信息和移民签证信息，设计上采用了嵌套的无序列表显示。由于右侧需要显示的内容较多，因此左侧边栏对右侧区域进行了滚动监听。其具体代码参见 guid. html，显示效果如图 16-10 所示。

3. 签证服务设计(recommend. html)

签证服务页面主要介绍签证的办理流程、热门签证国家推荐、签证进度查询及热门表格下载，主要内容展示区域采用两列式布局，在移动端屏幕自适应为单列布局。签证服务的页面框架如图 16-11 所示。

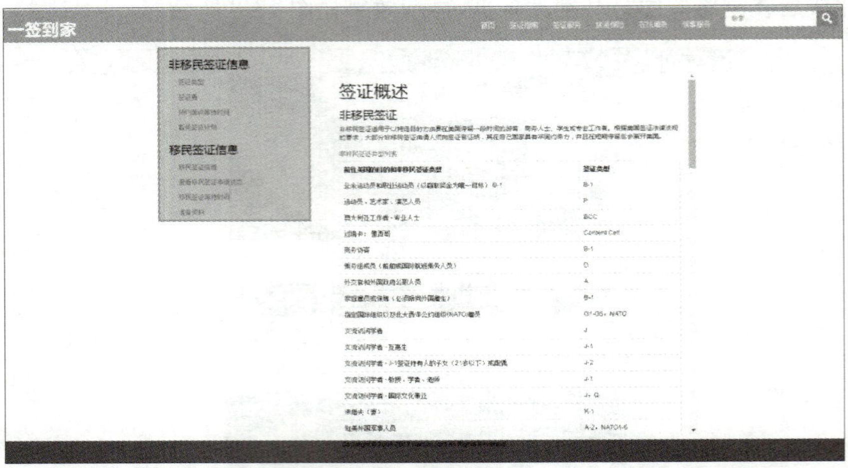

图 16-10　签证指南效果图

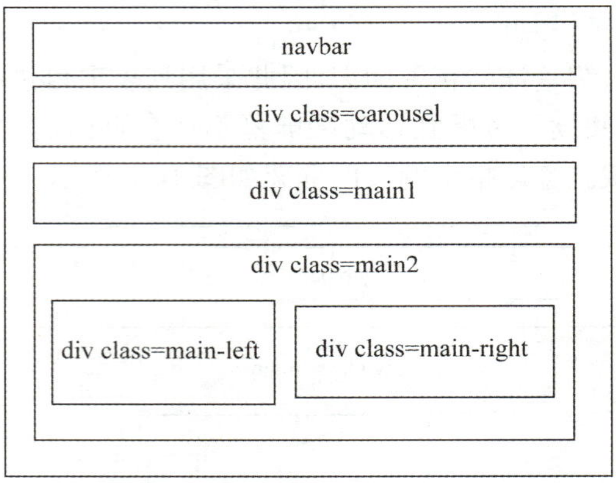

图 16-11　签证服务的页面框架

该页面主体采用单列布局，依次展示的内容为导航区域、轮播区域、办理流程、主要内容区和页脚。其中，主要内容区采用 2 列布局分别展示，在 CSS 样式文件中采用了媒体查询@media(max-width：screen)设定当浏览设备为移动设备时主要内容改变为单列布局。

(1)设计导航栏和轮播。导航栏部分与首页相同，这里不再详述。轮播采用了 3 幅图片展示，采用 Bootstrap 框架的 carousel 组件。导航和轮播效果如图 16-12 所示。

图 16-12　导航和轮播效果图

(2)签证办理流程。签证办理流程区域同样使用了栅格系统进行布局,每个流程项在桌面屏幕占 2 列,在移动设备端占 4 列。签证办理流程效果如图 16-13 所示。

图 16-13　签证办理流程效果图

(3)主要内容区。主要内容区分为左右两个区域进行布局,左侧区域分为区域选择和热门国家推荐,下方带有分页组件。右侧区域由 4 个盒子展示签证进度查询等情况。其中,领馆信息查询处采用模态框,在热门表格下载处采用 font-awesome 提供的动态图标,因此,读者在实现此次效果时须在头部文件中引入 font-awesome 的 CSS 文件、Bootstrap 的 jQuery 文件和 JavaScript 文件支持。主要内容区的效果如图 16-14 所示。

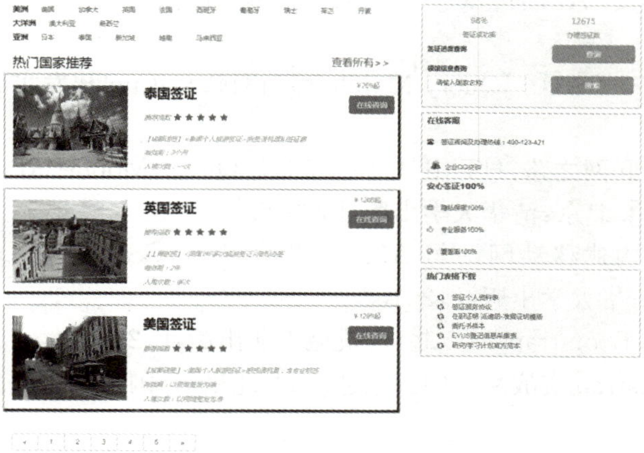

图 16-14　主要内容区的效果图

(4)页脚区。为保持网站设计风格的一致性,页脚设计与首页一致,这里不再详述。页面完成后,在浏览器中打开 recommend. html,效果如图 16-15 所示。

图 16-15　签证服务效果图

参 考 文 献

[1] 王庆桦,王新强. HTML5+CSS3 项目开发实战[M]. 北京:电子工业出版社,2017.

[2] 黑马程序员. HTML5 移动 Web 开发[M]. 北京:中国铁道出版社, 2017.

[3] 郑娅峰,张永强. 网页设计与开发:HTML、CSS、JavaScript 实例教程[M]. 3 版. 北京:清华大学出版社,2016.

[4] 周遥,李春城. HTML 5 网页开发实例详解[M]. 北京:清华大学出版社,2014.

[5] 王柯柯. 网页设计技术:HTML5+CSS3+JavaScript[M]. 北京:清华大学出版社,2017.

[6] 未来科技. jQuery Mobile 从入门到精通[M]. 北京:中国水利水电出版社,2017.

[7] 张欣毅. jQuery Mobile 移动网站开发[M]. 北京:清华大学出版社,2015.

[8] 李柯泉. 构建跨平台 APP:jQuery Mobile 移动应用实战[M]. 2 版. 北京:清华大学出版社,2017.

[9] 李晓斌. HTML5+CSS3+jQuery Mobile 移动网站与 App 开发实战[M]. 北京:人民邮电出版社,2018.

[10] 李晓斌. 移动互联网之路:HTML 5+CSS 3+jQuery Mobile APP 与移动网站设计从入门到精通[M]. 北京:清华大学出版社,2016.

[11] 刘鑫,陈素清. 构建移动网站与 APP:HTML 5+CSS 3+jQuery Mobile 入门与实战[M]. 北京:清华大学出版社,2016.

[12] 徐涛. 深入理解 Bootstrap[M]. 北京:机械工业出版社,2014.

[13] 未来科技. Bootstrap 实战从入门到精通[M]. 北京:中国水利水电出版社,2017.